海洋总有机碳光学原位传感器的研制与性能检测方法

毕卫红　付广伟
金　娃　刘学静　著

燕山大学出版社
·秦皇岛·

图书在版编目（CIP）数据

海洋总有机碳光学原位传感器的研制与性能检测方法/毕卫红等著. -- 秦皇岛 ：燕山大学出版社, 2022.6
ISBN 978-7-5761-0227-7

Ⅰ. ①海… Ⅱ. ①毕… Ⅲ. ①总有机碳－海洋光学－光敏传感器－研究 Ⅳ. ①TP212.1

中国版本图书馆 CIP 数据核字（2022）第 061043 号

海洋总有机碳光学原位传感器的研制与性能检测方法
毕卫红　付广伟　金娃　刘学静 著

出版人：陈　玉
责任编辑：唐　雷
责任印制：吴　波
封面设计：吴　波
出版发行：燕山大学出版社 YANSHAN UNIVERSITY PRESS
电　　话：0335-8387555
地　　址：河北省秦皇岛市河北大街西段 438 号
邮政编码：066004
印　　刷：涿州市般润文化传播有限公司
经　　销：全国新华书店

开　　本：710 mm×1000 mm　1/16
印　　张：17.75
版　　次：2022 年 6 月第 1 版
印　　次：2022 年 6 月第 1 次印刷
书　　号：ISBN 978-7-5761-0227-7
字　　数：282 千字
定　　价：92.00 元

内 容 简 介

本书叙述海洋总有机碳光学原位传感器的研制与性能检测方法。主要内容有：阐释海洋总有机碳的光谱特性，包括吸光特性、散射光特性和荧光特性；重点讲述光学原位传感器的传感理论模型的建模方法、研制过程；讲述海洋复杂环境参量对光谱法海洋总有机碳传感器的输出特性的影响规律与模型，在此基础上讲述海洋环境影响消除方法；讲述光谱法光学原位传感器标定方法和现场校正方法；最后讲述传感器性能的测试方法。

本书的出版将为研究海洋光学原位传感器的研究人员、研究生和本科生提供完整的研发技术和过程，提升其研发能力，也可作为相关领域研究开发人员的工具书。

目　　录

第 1 章　绪　　论

1.1 本书研究的背景和意义

水是生命存在与经济发展的必要条件，然而近年来，随着我国经济的迅猛发展，水资源质量却不断下降，水环境持续恶化，严重地威胁了社会的可持续发展和人类的生存。水环境中除了含有无机污染物外，更含有大量的有机污染物。有机污染物具有毒性，并且可以减少水中溶解氧的含量，对水环境产生较大影响，使水中的生物死亡，甚至危害人体的健康。

据《2016 中国近岸海域环境质量公报》显示，2016 年，全国近岸海域总体水质基本保持稳定，质级别为一般。按照监测点位计算，优良点位比例为 73.4%；2016 年，近岸海域国控环境质量监测点位由 301 个调整为 417 个，按照延续监测点位计算，优良点位比例为 70.7%。2016 年，全国入海河流断面 I-III 类水质断面比例为 46.8%，主要超标因子为化学需氧量、五日生化需氧量、高锰酸盐指数；全国直排海污染源污水排放总量 65.7 亿吨，主要超标因子为总磷、化学需氧量、氨氮、悬浮物、五日生化需氧量和总氮，2016 年四大海区近岸海域各类海水水质分类如表 1-1 所示。

表 1-1　2016 年四大海区近岸海域各类海水类别　　（单位：%）

海区	点位数/个	I 类海水	II 类海水	III 类海水	IV 类海水	劣 IV 类海水
渤海	81	28.4	44.4	17.3	4.9	4.9
黄海	91	38.5	50.5	4.4	5.5	1.1
东海	113	12.4	31.9	15.0	3.5	37.2
南海	132	47.7	40.2	6.1	0	6.1

据《2016 中国环境状况公报》显示，2016 年全国地下水 2104 个测站的水质量综合评价结果总体较差。地下水水质优良的测站比例为 2.9%，良好的

测站比例为 21.2%，无较好测站，较差的测站比例为 56.2%，极差的测站比例为 19.8%。而 2016 年全国地表水的 1940 个国考断面中，I 类有 47 个，占 2.4%；Ⅱ类有 728 个，占 37.5%；Ⅲ类有 541 个，占 27.9%；Ⅳ类有 325 个，占 16.8%；Ⅴ类有 133 个，占 6.9%；劣Ⅴ类有 166 个，占 8.6%。2016 年全国地表水水质类别比例分布图如图 1-1 所示。

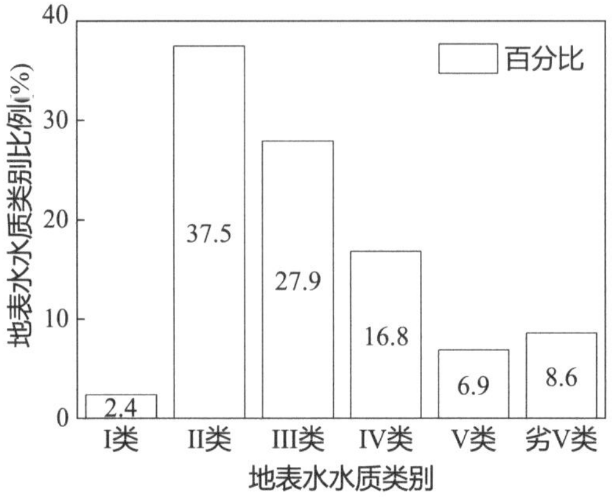

图 1-1　2016 年全国地表水水质类别比例

因此，我国目前的水环境防治形势异常严峻，水环境质量差、隐患多，海水和淡水水质均存在较为严重的污染问题，对水体质量的有效监控成为当务之急。

1.2 水质有机污染物化学检测方法国内外研究现状

水体有机物污染是我国水质污染存在的主要问题，可以通过对水中有机污染物的全面分析来评价水体受有机物污染程度的高低，但该方法实现起来十分困难。一般采用测定有机污染综合指标的方法来定量地反映水质有机污染的程度。有机污染综合指标主要有：总需氧量（TC）、耗氧量或高锰酸盐指数（COD_{Mn}）、生化需氧量（BOD）、化学需氧量（COD）、总有机碳（TOC）、溶解氧（DO）等，这里重点介绍化学需氧量和总有机碳。

（1）化学需氧量（Chemical Oxygen Demand，COD）是指在一定条件下，用强氧化剂处理水样时所消耗氧化剂的量，它反映了水中受还原性物质污染的程度，以氧的 mg/L 来表示，是水质检测的常规检查指标之一。

目前，我国测定水质 COD 的标准方法有重铬酸钾法（GB 11914—1989）和高锰酸钾法（GB 11892—1989）。前者适合分析高污染水质，即工业废水和生活污水，后者适合分析低污染水质，即地下水和较干净的地表水。对于海水水质 COD 的测定，《海洋检测规范 第 4 部分：海水分析》（GB 17378.4—2007）中规定的标准方法为碱性高锰酸钾滴定法。虽然这些国家标准方法具有测定结果相对可靠、重现性好的特点，但是仍存在很多不足，如加热回流时间长、所需试剂毒性较大且易造成二次污染、运行成本高、操作相对复杂等。

2017 年 5 月 1 日起，生态环境部发布了新版的《水质 化学需氧量的测定 重铬酸钾法》（HJ 828—2017）代替 GB 11914—1989，新版标准改进了旧版标准的不足，如将取样体积减半和将硫酸汞加入量由 0.4g 修改为根据样品中氯离子含量按比例加入，从而减少样品测定过程对环境的污染，增加了“干扰和消除”“质量保证和质量控制”章节等。许多学者也试图通过更换氧化剂和催化剂、改进消解方法以缩短消解时间等手段弥补标准方法的不足，但都没有从根本上解决问题。

上述标准方法属于湿化学法，而测定水质 COD 方法还有电化学法、快速消解分光光度法、光催化氧化法、臭氧氧化法和光谱测量法等，其中基于光谱分析的水质 COD 检测技术是重要的发展方向之一。

（2）总有机碳（Total Organic Carbon，TOC）是指溶解或悬浮在水中有机物的含碳量，以碳的 mg/L 来表示。即 TOC 是以含碳量表示水体中有机物总量的综合指标，所以能完全反映有机物对水体的污染程度。因此，TOC 是直接测量水中有机污染物较好的方法，它比 COD 和生化需氧量（Biochemical Oxygen Demand，BOD）更直接地反映水体受有机污染的程度。根据中华人民共和国生态环境部 2009 年发布的《水质 总有机碳的测定 燃烧氧化—非分散红外吸收法》（HJ 501—2009），水质总有机碳的检测采用基于非分散红外吸收法。

除了燃烧氧化—非分散红外吸收法外，传统的 TOC 测定方法还有湿法氧化（过硫酸盐）法、紫外（UV）氧化法和紫外（UV）-湿法（过硫酸盐）氧化法等，这些方法都是基于非分散红外吸收法探测总有机碳。

由于氧化方法不同，上述方法所针对的水体也不同。如催化燃烧氧化法适用于高污染的水体、工业废水及海水等；湿法氧化法适用于地表水、常规海水的检测而不适用于 TOC 高的水体；紫外（UV）氧化法适用于原水、工业用水；紫外（UV）-湿法（过硫酸盐）氧化法的使用范围广泛，可用于检测污染程度较高的水体等。

传统方法的测试方法复杂、测量时间长、检测速度慢、会造成二次污染、无法实时检测且设备维护量大，不适于大规模环保监测的发展需要。随着科技水平的不断提高，水质 TOC 的检测方法也有了进一步的发展与完善，新的测量方法和检测技术应运而生，如电阻法、电导法、臭氧氧化法、超声空化声致发光法、光谱法等新颖的检测方法正在受到人们的广泛关注并且已经得到应用，其中采用多波段的紫外光谱法对于水质 TOC 的检测试验结果非常理想。

（3）水质 COD 和 TOC 之间的关系研究：对于组成成分相对稳定的水体，在一定条件下，水质参数之间具有相互关联性，一些研究者也研究了一定条件下的 COD 和 TOC 之间的关系。

于西龙、陈光等对实际水样的 COD、TOC、BOD 值进行了测定，发现三者之间满足一定条件时存在线性相关性；万英等研究发现水体 COD、TOC 及 UV 吸光度值之间存在较强的线性相关关系；王海英等研究发现当地表水水质基质稳定时 TOC 和 COD_{Mn} 之间具有很好的相关性；Dubber 等利用 COD 与 TOC 的相关性研究了监测废水过程中以 TOC 替代 COD 以减少有毒分析废物的处置方法；袁蕾等对珠江口水体 TOC 与 COD 的相关关系进行了研究，结果显示 TOC 与 COD 显著正相关；Christian 等对污水的 BOD_5、COD、TOC 及三维荧光谱之间的相关性进行了研究，结果表明 COD 与 BOD_5 的线性相关系数 r 为 0.985，TOC 与 BOD_5 的线性相关系数 r 为 0.902，采用指数回归分析建立 TOC 或荧光强度与 BOD_5 的关系时相关系数 $r>0.95$。此外，研究者还对游泳池水、纺织印染废水、含氯化工废水、生物污水等水体进行了 TOC、COD 及 BOD 的相关性研究，研究结果均确定三者之间存在相关关系。

上述研究表明，对于组分相对稳定的水体，水质 COD 和 TOC 具有相关关系。

1.3 光谱法检测水质有机污染物的国内外研究现状

现代光谱学将光通过狭缝而形成的影像按波长或频率进行有序排列得到的光带（图谱）称为光谱；基于测量物质的光谱而建立的分析方法称为光谱分析法。近年来，光谱分析技术在多方面（如食品、生物、药品、环境安全检测等）均得到广泛应用。对传统的水质检测方法而言，采用光谱技术对水质参数进行检测是当前的重要发展方向之一。

自从1965年日本学者Norio Ogura首次采用紫外吸收光谱法直接测定水质COD以来，国内外研究人员对基于光谱法直接检测水质COD及水体中其他物质（如生化需氧量、总有机碳、总悬浮固体、硝酸盐氮等）的检测方法进行了大量的探索和研究，该方法已经成为水质COD检测中除国标法外最有效的检测手段，适合对环境水样COD快速在线监测。

目前，基于光谱技术的水质检测方法主要有紫外-可见（Ultraviolet-Visible，UV-Vis）吸收光谱法、近红外（Near-infrared，NIR）吸收光谱法、荧光（Fluorescence）光谱法。本节分别对基于上述光谱技术检测水质COD的方法进行介绍。

1.3.1 基于单一谱源的水质 COD 检测方法的研究

1.3.1.1 紫外-可见光谱法

基于单一谱源检测水质是最早被采用的方法，紫外-可见吸收光谱法因操作简便、重复性好、分析快速等优点而应用较广。紫外光谱采集系统示意图如图 1-2 所示。

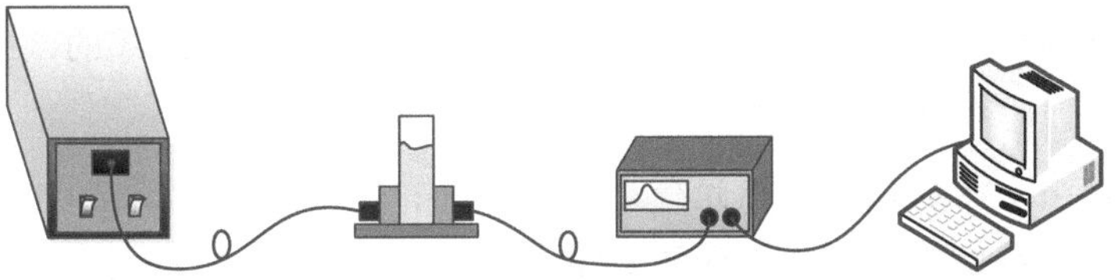

图 1-2　紫外光谱采集系统示意图

紫外-可见光谱检测方法又分为单波长检测法、多波长检测法和宽光谱检测法。

（1）单波长检测

2010 年，陈洪雷等在 251nm 处采用等导数值紫外光谱法来预测制浆废水的 COD，预测相对误差在±10%以内。2013 年，吴国庆采用 254nm 单波长紫外吸收光谱法设计了一种化学需氧量检测传感器，并用于实际水样的监测，该传感器检测水质 COD，相对标准偏差 RSD 为 0.55%，检出限为 0.143mg/L。

（2）多波长检测

2011 年，蒋然等利用 440nm 和 560nm 的双波长光谱法测定低污染水样的 COD 时发现，相比于单波长的检测方法，该方法检测具有更高的灵敏度和准确性。赵友全（2010 年）、顾建（2012 年）和邵敏超（2013 年）等研究团队均通过 254nm 处的紫外吸光度检测水质 COD，并采用 546nm 可见光对浊度进行修正，预测决定系数均超过 0.98。2014 年，汤斌等研究了溶液在 245nm、300nm、360nm 和 560nm 处浊度对紫外-可见吸收光谱法检测水质 COD 的影响，为光谱法检测水质 COD 数据进行数据预处理提供了一种新途径。

（3）宽光谱检测

2000 年，Charef 等利用波长范围在 200—350nm 的 UV-Vis 光谱对城市污水 COD 进行测量，检测结果与传统方法相比具有很好的一致性，决定系数 R^2 达到 0.952。2003 年，Langergraber 等利用 200—750nm 的 UV-Vis 光谱结合 PLS 方法建模对市政污水的 COD 等水质参数实现了在线原位测量，其中 COD 校正模型的决定系数最高可达 97.8%。2008 年，Lourenco 等采用 UV-Vis 法对污水处理厂的水样的 TOC 进行检测并建立了 PLS 回归模型，预测效果良好。2012 年，冯巍巍等基于全光谱分析方法设计了一种水质 COD 监测系统，并将实验水样测量值与实验室结果进行比较，拟合曲线的决定系数 R^2 为 0.9981。

2014 年，汤斌采用微型光纤光谱仪、利用紫外-可见光谱法设计了水质双光程差分检测探头，完成水样的 COD、TOC 等多参数的检测，其中 COD 的测量范围为 0—500mg/L；Agustsson 等基于漫反射方法实现了对废水水质 COD 浓度和浊度的非接触式监测，采用 200—1100nm 的紫外-可见光谱结合 PLS 算法进行建模，COD 的检测限为 30mg/L，决定系数 R^2 为 0.85；Chen 等提出一种基于可变光程（0.5—18mm）的 UV-Vis 光谱测量废水 COD 的方法，将坡谱的概念用于建模，预测效果比单一波长的模型效果更优，得到的残差预测偏差 RPD 为 3.72；Brito 等基于 UV-Vis 光谱结合 PLS 回归对污水的 COD 进行了检测，结果表明 UV-Vis 光谱数据结合 PLS 校正模型能够可靠地对污水的 COD 进行评估；毕卫红等以浓度为 1—800mg/L 的 COD 标准液的紫外吸收光谱数据为研究对象，采用 PLS 算法对不同谱区进行建模，并研究了硝酸盐和温度对紫外光谱法检测 COD 的影响；刘雪梅等采用紫外-可见光谱技术对养殖水体的 COD 进行了检测，建立了 LS-SVM 模型，其预测集决定系数 R^2=0.82；潘杨等采用 UV-Vis 光谱对城市水体污染进行表征，通过计算抽滤前、后水样在可见光区的扫描曲线面积来区分城市水体不同的污染程度。

2015 年，汤斌等采用 UV-Vis 光谱检测水质 COD，基于最小二乘支持向量机进行建模，提高了模型的预测精度和泛化能力；2016 年，赵友全等利用主成分分析法结合欧式距离对水样的紫外吸收谱进行分析，用 PLSR 建模实现了水样的分类和水质 COD 的精确测量，测量误差最小为 5%；王晓明等采用 UV-Vis 光谱结合极限学习机（ELM）算法对养殖水体水质 COD 进行了检验，最优模型的 R^2=0.82，RMSEP=14.48mg/L。

由以上工作可以看出，紫外吸收光谱可以实现对水质 COD 的检测。

1.3.1.2 近红外光谱法

由于存在水中有机物的近红外光谱区的吸收强度相对较弱、光谱信噪比较低、易受外界条件影响等多方面因素，使得近红外吸收光谱法分析水质的研究基本上处于实验室研究阶段。

2000 年，Dabakk 等采用近红外光谱法结合 PLS 算法分析了湖水过滤悬浮物的化学组成，并建立了 TOC、总磷（TP）、420nm 处的吸光度及 pH 之间的关系。

2007年，Sousa等通过测量过滤污水中悬浮物的近红外光谱反射率（NIRR），预测城市污水的COD值，得到的预测均方根误差RMSEP为19mg/L，相关系数r为0.97；何金成等运用近红外光谱法检测水质COD，验证了近红外光谱法测量废水COD的可行性。

2008年，徐立恒采用近红外光谱的一阶导数谱分析水体COD和BOD_5，所建模型的预测相关系数分别为0.991和0.998，取得了较好的效果。2009年，

Yang等利用近红外光谱、采用PLS建模来快速检测污水中的COD和BOD含量，相关系数r分别为0.9542和0.9652。

2011年，陈维维等采用近红外透射光谱建立污水水质COD近红外光谱分析的优化模型，为设计近红外光谱仪器提供了参考；粟晖等采用近红外光谱法测定生化废水的COD，利用主成分分析-欧氏空间距离聚类法结合PLS算法建立校正模型，其预测相关系数r为0.9384，预测标准差（RMSEC）为61.89mg/L；Pan等采用近红外透射光谱建立污水COD近红外光谱分析的优化模型，模型的复杂性大大降低，相关系数R^2>0.966。

2014年，Dahlbacka等利用NIR光谱对造纸厂制浆废水的COD进行了在线测量，所得预测均方根误差大约为被测水样COD浓度的1/10。2016年，伍鲧等用傅里叶变换近红外（FT-NIR）光谱技术对污泥厌氧发酵过程中的上层污水COD进行了检测，模型的预测相关系数r为0.9786。

以上工作表明，近红外光谱应用于水质COD的检测是可行的。

1.3.1.3 荧光光谱法

人们早在 16 世纪就发现了荧光现象，但直到 19 世纪中期才研究清楚荧光产生的原理和条件。近年来，随着激光、微处理器和电子学等一些新的科学技术的引入，大大推动了荧光分析法在理论方面的进展，如今，荧光分析法已经发展成为分析化学中一种重要且有效的光谱化学分析方法。荧光分光光度计是荧光分析中最常用到的仪器，由光源、单色器、狭缝、样品池、信号检测放大系统和信号读出与记录系统组成。荧光分光光度计检测系统示意图如图 1-3 所示。

2004年，Lee等通过三维荧光光谱检测污水中的COD，发现在Ex/Em=270nm/350nm处所得到的COD值与采用湿化学方法得到的COD值相关性最好，其相关系数达到0.9148。

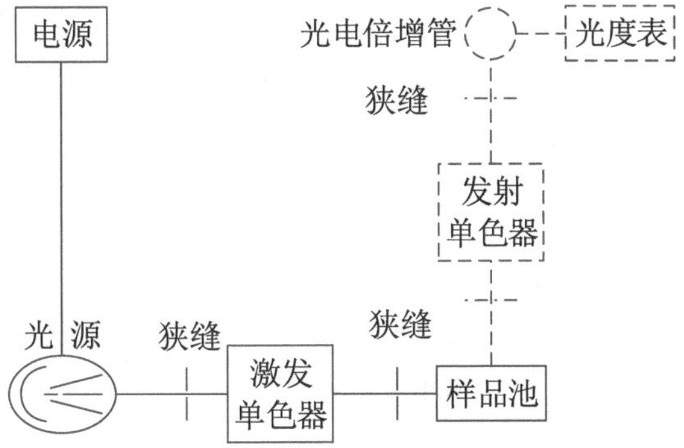

图 1-3　荧光分光光度计检测系统示意图

2009年，Janhom等采用三维荧光光谱对酿酒厂污水水质进行监测，发现三维荧光光谱法可提供很多有机物组成细节。2010年，武晓莉等采用三维荧光光谱数据的选择性模型组合方法对水质COD和TOC进行检测，结果表明子模型组合后可有效提高组合模型预测精度和稳定性；Hur等利用同步荧光光谱及其一阶导数对不同地区污水管道系统中不同水样的BOD和COD进行了检测，结果得到BOD和COD的相关系数r分别为0.92和0.94。

2011年，Stedmon等采用荧光基于平行因子分析（PARAFAC）算法对饮用水TOC进行了检测，结果表明荧光可以有效地检测饮用水的污染情况；Bieroza等利用PARAFAC对三维荧光光谱数据建模，发现模型预测的TOC与实测TOC的相关性在90%以上。

2012年，Old等通过分析2007年1月至2008年6月发生的暴雨事件，成功地监测了英国Devon流域不同污染源和排水水体中溶解有机物（DOM）的荧光强度的变化；杜树新等研究了三维荧光光谱的特征区域选择方法，采用三维荧光光谱法对污水的COD进行了检测，最优决定系数R^2=0.9678。

2013年，Bridgeman等采用荧光光谱法研究城市污水的荧光信号与生化需氧量（BOD）及COD之间的关系，发现未过滤的稀释污水样品的T1峰（Ex/Em=280nm /350nm）的强度与BOD及COD的相关性最优，相关系数r分别为0.92和0.85。

2015年，Yang等综述了荧光光谱法在饮用水及污水处理系统中的应用，强调了PARAFAC方法的重要性和实用性；Bridgeman等研究了基于T峰与C峰等荧光参数对污水中生化需氧量和总有机碳等水质参数进行在线监测的方法，测量范围为0—18mg/L时相关系数可达0.98；李卫华等采用PARAFAC方法对污水处理厂及受纳水体上下游样品的COD进行了三维荧光光谱解析，发现类蛋白质荧光强度得分可与样品COD值建立相关曲线，污水厂与受纳水体样品的相关系数分别为0.930和0.913。

2016年，Elfrida等综述了荧光光谱技术应用于废水水质评价的研究进展，并强调通过稀释的方式可降低废水样品的内滤效应，以提高水样荧光强度与BOD及TOC等水质参数之间的相关性。

2017年，Qian等基于三维荧光光谱提出一种平行因子框架聚类分析方法（PFFCA），用于分析复杂的混合溶液样本和受污染的湖泊与河流水样中的溶解有机物（DOM），并与平行因子分析法（PARAFAC）进行对比，结果表明，PFFCA对于分析DOM在天然水体中的特性具有重要的意义。

以上工作可以看出，荧光光谱法可以很好地完成对水质COD的检测工作。

综上，基于光谱法对水质参数的检测是可行的，而且采用光谱法检测水质COD可以得到满意的预测结果。

1.3.2 基于光谱法的水质TOC检测方法的研究

2008年，Lourenco等人对污水处理厂出口采集到的水样的UV-Vis光谱数据进行了研究，使用偏最小二乘法（Partial Least Squares Regression，PLS）分别建立了三种不同的光谱数据与水样TOC浓度的关系模型，模型的预测均方根误差分别为2.3mg/L、1.0mg/L和4.4mg/L。

2010年，武晓莉等人对水样荧光的激发波长进行了选择，建立了基于三维荧光光谱的水质TOC选择性组合模型，研究结果表明组合模型的预测均方根误差相比于单一模型的预测均方根误差减小了6.1%。

2011年，吴元清等人在对污水处理厂采集的水样光谱数据进行预处理后，采用主元回归、PLS、支持向量机（Support Vector Machine，SVM）等方法建立回归模型，对水体中的有机物含量进行了预测。研究结果表明：基于紫外吸收光谱法建立的数学模型可以实现对水中有机污染物浓度的测量，原始光谱的噪声较小时，使用光谱预处理技术会影响预测精度。

2011年，Bieroza等人使用人工神经网络和平行因子分析相结合的方法对水质TOC的三维荧光光谱数据进行降维处理，然后建立了PLS预测模型，模型的决定系数R^2为0.93。

2014年，汤斌设计并制作出了基于UV-Vis法的侵入式水质检测探头，该探头运用光程差的方法有效降低了检测COD、TOC等水质参数时的干扰噪声。

2014年，曹泓等人采用UV-Vis法对水产养殖场的有机物浓度进行了检测，建立了光谱数据与有机物浓度之间的SVM预测模型，模型的相关系数为0.89，均方根误差为15.46mg/L。

2015年，Bridgeman等人采集了从三家自来水公司抽取的200多份水样的荧光光谱，研究了荧光C峰和T峰与TOC浓度之间的关系，结果表明水中TOC含量较低时，荧光C峰与TOC浓度的相关性较好，相关系数为0.75。

2016年，Elfrida等人综述了光谱技术评估废水质量的研究进展，通过分析发现废水的荧光T峰和C峰的荧光强度相比可饮用水的荧光强度高，对废水进行氯化处理后，荧光C峰几乎完全被去除，通过稀释样品浓度的方法能够限制内部的过滤效应。

2018年，俞巧君等人提出了一种基于半监督学习的紫外-可见光谱自适应检测供水系统有机污染物事件的方法，该方法将动态正交投影校正和支持向量回归（Support Vector Regressio，SVR）模型结合在一起，通过动态更新正交投影校正和SVR模型，即使在基线漂移很大时，也能提供对有机物的准确检测。

2020年，Radzevicius等人对农场包装房的水质进行了监测，使用PLS方法建立了紫外吸收光谱和水中有机物浓度的回归模型，预测了特定波长下的UV-Vis吸光度的极限值，在320nm处的吸收极限值为7.39—7.41cm^{-1}。

1.3.3 多光谱联用及光谱信息融合建模方法研究现状

信息融合（information fusion）起初被称为数据融合（data fusion），随着信息技术的广泛发展，具有更广义化概念的“信息融合”被提出来。信息融合的方式，从处理信息对象的层次上分，可分为数据级融合、特征级融合和决策级融合。

多光谱联用及多光谱信息融合技术在很多方面都有应用报道：

2006年，Pizarro等采用电子舌和FT-IR光谱融合技术对苹果的种类进行分类识别和定量分析，发现低抽象层次的数据融合可以改进苹果品种的分类。2007年，Casale等成功地用电子鼻和紫外-可见分光光度计结合多元分析方法对特级初榨橄榄油的地理来源进行了分类。2008年，Ramos等利用拉曼光谱和X射线荧光光谱对赭石颜料进行了分类，结果表明拉曼/X荧光光谱融合可以提高分类结果的准确率。

2010年，Casale等采用电子鼻、NIR及UV-vis光谱结合化学计量学算法和数据融合理论对利古里亚橄榄油真伪及产地进行了分类研究；Wu等联合使用可见光谱和近红外光谱并采用混合变量选择算法对葡萄汁进行了无损检测。2011年，Anibal等将紫外-可见光谱和核磁共振谱进行融合并对烹饪香料中的禁用染料进行分类，准确率在97%—100%之间。

2013年，Pizarro等将橄榄油的可见光谱指纹及其物理化学参数与多元数据的融合分析相结合对西班牙特级初榨橄榄油的产地进行了溯源分类，正确率明显提高；Alamprese等采用紫外-可见、近红外、中红外光谱对碎牛肉中掺杂的火鸡肉进行了检验，结果表明三光谱联用的方法提高了检验效果；Jiang等利用NIR/UV光谱融合技术对中药注射剂中的六皂苷和四多糖含量进行检测，结果表明数据融合策略可以使检测精度明显提高。

2015年，Martelo-Vidal等联合UV-vis和NIR光谱，利用人工神经网络（ANN）成功测定了水溶液中的乙醇、葡萄糖、甘油、酒石酸、苹果酸、乙酸及乳酸的含量。

多光谱联用及多光谱信息融合技术在水质参数的检测方面也有应用报道：

2007年，武晓莉等采用紫外吸收光谱和三维荧光光谱对水质COD和TOC进行检测，结果表明，采用光谱数据融合法分析水质参数可提高分析精度，COD的预测均方根误差RMSEP减小了34.7%，而相关系数r增大了6.6%。2009年，Sarraguca等联合利用UV-Vis和NIR光谱对污水的COD、NO_3-N等参数进行了估计，证明光谱法可作为污水处理过程中的替代方法。2010年，穆海洋等利用光谱信息融合理论研制了一种多参数水质分析仪，可快速检测COD、TOC等水质参数。

2012年，Hur等采用三维荧光光谱和UV光谱联用的方法分析了城市河流水体的BOD、COD及总氮（TN）等水质参数，表明UV_{220}、C3荧光峰和C1荧光峰分别对应BOD、COD和总氮具有最高的相关系数；Qin等采用多传感器系统结合UV-Vis光谱和浊度仪检测生活污水中的COD、总悬浮物（TSS）和油污浓度，COD的相关系数*r*最高为0.945。2013年，侯迪波等提出采用光谱法检测水质时，近红外光谱可作为紫外光谱的参考和补充，荧光光谱与紫外-可见光谱具有很强的互补性。

2014年，曹泓和吴国庆等均基于紫外和近红外光谱进行多源光谱融合，对水质COD进行了测定，证明了通过多光谱融合建模可有效地提高COD的预测精度；2014年，Chen等基于可变光程UV-Vis光谱并利用数据融合对废水COD进行了检测，得到特征级融合（MLDF）方法的RPD为3.29，特征级融合模型预测性能优于单光程模型。

以上工作表明，基于多光谱融合的方法要比单一光谱法检测COD和TOC的预测精度高。

综上所述，目前国内外基于光谱法进行水质COD和TOC检测的研究中应用最广泛的方法是UV-Vis光谱法，荧光光谱法主要用于对水中DOM的分析表征，而NIR光谱法以及组合光谱法在水质检测方面的应用相对较少。在预测模型建立算法的选择上应用最多的是偏最小二乘法（PLS），基于数据融合技术、结合化学计量学算法的测量方法是目前国内外该领域的研究热点。

1.4 国内外相关产品的研究现状

1.4.1 国外相关产品的研究现状

目前，国外生产的用于检测水质COD的仪器设备众多，如美国哈希公司生产的哈希max II系列COD分析仪，采用重铬酸钾法对水质COD进行分析，测试量程10—5000mg/L，如图1-4 a所示；日本岛津公司生产的UVM-4020紫外吸收光谱法在线COD分析仪采用加权五波长紫外吸收，最小测定时间为1分钟，可以替代传统的重铬酸钾法COD检测仪，实现环保、快速过程在线分析，如图1-4 b所示。此类仪器的缺点是设备体积庞大，不适用于水质COD的原位监测。

a—哈希 max II COD 分析仪

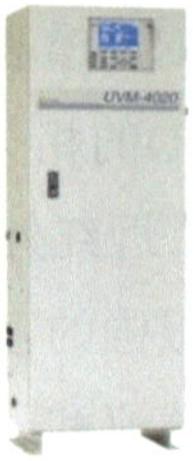

b—UVM-4020 COD 在线分析仪

图 1-4 国外 COD 分析仪器

目前国外已研制出基于宽光谱法的水质多参数测量仪，可同时测量多种水质参数。如德国 TriOS 公司生产的 OPUS 水质光学传感器，如图 1-5 所示，该传感器采用 200—720nm 紫外可见光谱对水体的 COD、TOC、BOD 等重要指标进行检测，其中水质 COD 的检测范围可达 0—2200mg/L。此类仪器具有操作方便快速、无二次污染、重复性好、维护工作少且可原位在线监测等优点，但也存在价格昂贵的缺点。

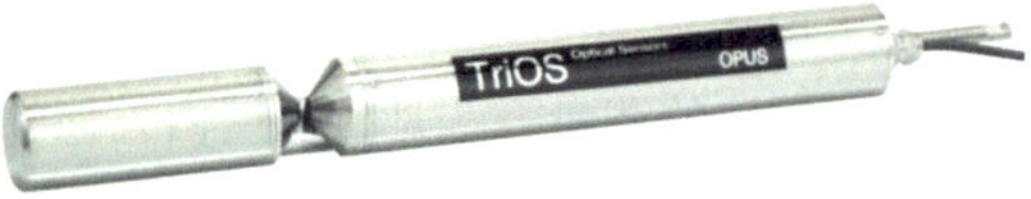

图 1-5 德国 TriOS OPUS 光学传感器

1.4.2 国内相关产品的研究现状

国内使用的COD在线测试与离线分析仪大部分采用化学方法，设备体积庞大、操作复杂且费时费力。国内在相关产品的研发方面也有一些成果，如北京科诺科仪分析仪器有限公司生产的COD分析仪KN-COD20采用快速消解分光光度法，测定时间为20min，检出限为2mg/L，测定范围为0—10 000mg/L，如图1-6 a所示；聚光科技（杭州）股份有限公司研发的SWA-2000系列COD在线分析仪采用紫外全谱法对水体的COD、pH、温度、浊度、溶解氧、氨氮等进行在线监测等，如图1-6 b所示。

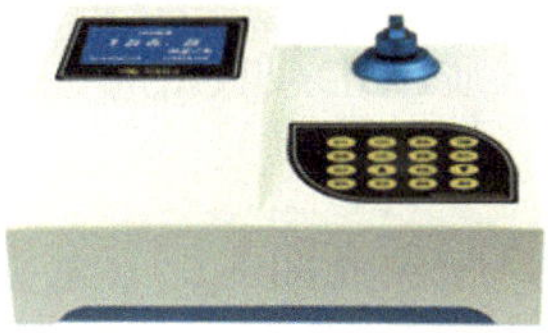

a—KN-COD20 COD 分析仪

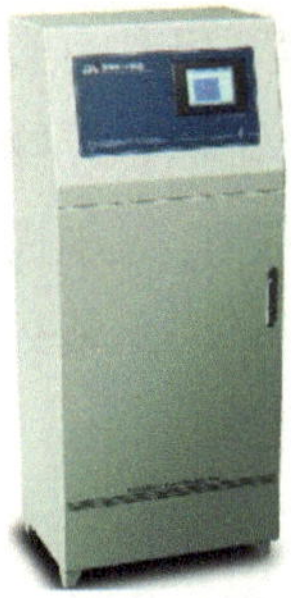

b—SWA-2000 COD 在线分析仪

图 1-6　国产 COD 检测设备

目前，国内基于光谱法的水质 TOC 传感器或分析仪器基本上还处于在研阶段，市面上还没有成熟的国产 TOC 产品。

综上所述，单一谱源检测水质参数的方法已得到广泛的应用，但基于多光谱联用的检测方法报道较少，且相关报道中的预测误差较大。国内外基于光谱法在线检测水质 TOC 的研究取得了显著的成果，国外已经研制出了成熟的产品，但是国内的大多数研究仍然停留在实验室阶段，无法实现 TOC 的原位检测。另外，国内的分析仪绝大多数采用的是进口产品，且多采用化学方法，存在检测精度不高、检测限偏低、产生二次污染等缺点。

本书首先利用紫外吸收光谱和三维荧光光谱法对水质 COD 进行检测，然后利用信息融合技术将紫外/荧光和荧光进行多光谱融合对水质 COD 检测的方法进行研究。多光谱融合的方法有效弥补了紫外光谱低浓度检测和荧光光谱高浓度检测误差大的缺点，对实现海水或淡水水质 COD 免试剂、无污染、低成本、快速地检测，具有重要的意义。

1.5 水质 COD、TOC 在线检测技术存在的问题

光谱分析具有快速、灵敏、操作简单等优点，可用来实时反映水质变化的情况。目前国内外生产的基于光谱技术的水质分析仪器大多采用紫外吸收光谱法，该方法具有重复性好、稳定性和抗干扰能力强的优点。此外，有机物在紫外区域几乎都有特征吸收，只是吸收程度存在差异；除少量无机盐离子外，大部分水中无机物在紫外区都没有或只有微弱吸收；在较高水质COD

或TOC浓度下仍具有较好的预测性能。而紫外吸收光谱法也存在不足之处，如无法区分无机悬浮物的消光性和有机物的吸光度；当溶液中物质浓度较低时测量精度差，灵敏度低；不能区分有机物的种类及分布情况，只能反映有机物的总量。因此紫外光谱法检测低浓度的水质COD或TOC时，可能会产生较大的误差。

由于大部分自然水体中的有机物都可以产生荧光而大部分无机物都无荧光，因此采用三维荧光光谱法也可以对水质的有机污染情况进行分析。三维荧光技术属于指纹监测技术，能提供水体中有机物的组成和分类等信息，而且三维荧光光谱法的测量灵敏度比紫外光谱法的灵敏度高2—3个数量级，对低浓度物质的检测精度要高于紫外光谱法，可与紫外光谱法进行互补。而在高浓度COD或TOC的条件下荧光具有不稳定性，受环境因素影响较大，容易发生自吸收、内滤效应、荧光猝灭等现象而导致荧光强度降低；而且直接测得的荧光中包含水的拉曼散射峰和瑞利散射峰，这些散射峰属于和有机物无关的干扰信息，必须去除；此外，荧光法检测水质参数时无参比光路，因此仪器长期运行的稳定性较差。

水体中的有机溶解物和悬浮物是消光的主要物质，当光射入水样时，水中的溶解物质产生吸收和荧光效应，而悬浮物会产生散射光及其他干扰信号。由于水中溶解物质对光的吸收和悬浮物对光的散射机理不同，一般很难定量地分析。另外，除了悬浮物的影响外，还有外界环境因素的影响，如水样的温度、无机盐离子浓度、重金属离子、水样pH等也会对光谱法检测水质参数造成影响，因此必须采取有效手段降低干扰带来的影响，以提高紫外吸收光谱和荧光光谱检测水质参数的预测精度。

1.6 课题来源及主要研究内容

本书得到国家重点研发计划“海水总有机碳光学原位传感器及在线监测仪研发、TOC 光学原位传感器研发”和河北省科技计划项目“陆源排放物对近海环境水质影响与在线监测技术”的资助。

参考文献

[1] 中华人民共和国生态环境部. 2016 中国近岸海域环境质量公报[R]. 北京: 中华人民共和国生态环境部, 2017.

[2] 中华人民共和国生态环境部. 2016 中国环境状况公报[R]. 北京: 中华人民共和国生态环境部, 2017.

[3] 黄慧坤. 辨析高锰酸盐指数、化学需氧量、生化需氧量[J]. 云南环境科学, 2004, 23(增刊): 181-182.

[4] 国家环境保护总局. 水和废水监测分析方法[M]. 4 版. 北京: 中国环境科学出版社, 2002: 2-6.

[5] Moore W A, Kroner R C, Ruchhoft C C. Dichromate Reflux Method for Determination of Oxygen Consumed[J]. Analytical Chemistry, 1949, 21(8): 953-957.

[6] Baker James R, Milke Mark W, Mihelcic James R. Relationship between chemical and theoretical oxygen demand for specific classes of organic chemicals[J]. Water Research, 1999, 33(2): 327-334.

[7] Kim Yoon-Chang, Sasaki Satoshi, Yano Kazuyoshi, et al. Relationship between theoretical oxygen demand and photocatalytic chemical oxygen demand for specific classes of organic chemicals[J]. The Analyst, 2000, 125(11): 1915-1918.

[8] 彭斌. 化学需氧量测定方法的改进及质量控制[J]. 水资源研究, 2010, 18(3): 28-29.

[9] Kolb Marit, Bahadir Müfit,Teichgraber Burkhard. Determination of chemical oxygen demand (COD) using an alternative wet chemical method free of mercury and dichromate[J]. Water Research, 2017, 122(19): 645-654.

[10] 邱婧伟,于国峰,赵静,等. 低污染低成本 COD 快速测定方法的研究[J]. 环境科学与技术, 2012, 35(8): 129-132.

[11] Vyrides I, Stuckey D C. A modified method for the determination of chemical oxygen demand (COD) for samples with high salinity and low organics[J]. Bioresource Technology, 2009, 100(2): 979-982.

[12] 孙庆. 重铬酸钾法测定 COD 存在问题及改进研究进展[J]. 科技展望, 2015 (9): 43-46.

[13] Gutiérrez-capitán M, Baldi A, G ó mez R, et al. Electrochemical Nanocomposite-Derived Sensor for the Analysis of Chemical Oxygen Demand in Urban Wastewaters[J]. Analytical chemistry, 2015, 87(4): 2152-2160.

[14] Wang Jun, Li Kan, Yang Chen, et al. Ultrasound electrochemical determination of chemical oxygen demand using boron-doped diamond electrode[J]. Electrochemistry Communications, 2012, 18(18): 51-54.

[15] 沈碧君,赵洋甬,徐运,等. 快速消解分光光度法测定高氯废水中低浓度化学需氧量[J]. 化学分析计量, 2016, 25(3): 69-72.

[16] 王广喜,魏文霞. 快速消解分光光度法测定低浓度水样化学需氧量的不确定度评定[J]. 环境科学与管理, 2013, 38(3): 137-139.

[17] El-mekkawi D M, Galal H R, Wahab R M, et al. Photocatalytic activity evaluation of TiO2 nanoparticles based on COD analyses for water treatment applications: a standardization attempt[J]. Springer Berlin Heidelberg, 2016, 13(4): 1077-1088.

[18] Gimeno O, García-araya J F, Beltrán F J, et al. Removal of emerging contaminants from a primary effluent of municipal wastewater by means of sequential biological degradation-solar photocatalytic oxidation processes[J]. Chemical Engineering Journal, 2016(290): 12-20.

[19] Silvestre I C C,Frigerio C, Santos J L, et al. Quantum dots assisted photocatalysis for the chemiluminometric determination of chemical oxygen demand using a single interface flow system[J]. Analytica Chimica Acta, 2011, 699(2): 193-197.

[20] 刘岩. 基于臭氧氧化化学发光新体系的海水化学需氧量(COD)现场测量仪研制[D]. 青岛: 中国海洋大学, 2012: 28-29.

[21] Jin Baohui, He Ying, Shen Jincan, et al. Measurement of chemical oxygen demand (COD) in natural water samples by flow injection ozonation chemiluminescence (FI-CL) technique[J]. Journal of Environmental

Monitoring, 2004, 6(8): 673.
[22] 侯迪波,张坚,陈泠,等. 基于紫外-可见光光谱的水质分析方法研究进展与应用[J]. 光谱学与光谱分析, 2013, 33(7): 1839-1844.
[23] 代海,马铃,周智勇,等. 湿法氧化-非分散红外吸收测定水中总有机碳[J]. 广州化工, 2016, 44(23): 102-103, 156.
[24] 谭丽菊. 海水中总有机碳自动在线分析仪的研制和应用[D]. 青岛: 中国海洋大学, 2010: 4-5.
[25] 石爱军,李振声,庄树春,等. 废水中有机污染指标监测方法的选择[J]. 中国环境监测, 2002, 18(2): 4-7.
[26] Maccraith B, Grattan, et al. Results of a cross-comparison study: Optical monitoring of total organic carbon (TOC) of a limited range of samples[J]. Sensors and Actuators, B: Chemical, 1994, 22(2): 149-153.
[27] 张立琛,张朋亮. 一种直接电导率法 TOC 分析仪的设计[J]. 电子技术与软件工程, 2016 (15): 137.
[28] Jasim Saad Y, Saththasivam Jayaprakash. Advanced Oxidation Processes to Remove Cyanotoxins in Water[J]. Desalination, 2016(406): 83-87.
[29] 刘岩,朱苹,徐珊珊,等. 海水总有机碳(TOC)分析技术研究[J]. 海洋技术, 2009, 28(1): 66-69.
[30] 刘岩,侯广利,孙继昌,等. 水质总有机碳 TOC 分析方法的研究[J]. 山东科学, 2005, 18(5): 1-5.
[31] 于西龙,张学典,潘丽娜,等. COD 与 TOC、BOD 相关性的研究及其在水环境监测中的应用[J]. 应用激光, 2014, 34(5): 455-459.
[32] 陈光,刘廷良,孙宗光. 水体中 TOC 与 COD 相关性研究[J]. 中国环境监测, 2005, 21(5): 9-12.
[33] 万英,刘桥,蒋梁中. 水质在线监测仪COD/TOC/UV的比较研究[J]. 控制工程, 2004, 11(2): 93-95.
[34] 赵英杰,杨唐,李璞. UV254 与 COD、TOC 相关分析及氯氯离子对测定 UV254 的影响[J]. 安徽农业科学, 2015, 43(7): 253-255.
[35] 陈坤,李捷,徐庆彤,等. 渤海西部陆域河流 COD-Mn 与 TOC 浓度分布及相关性研究[J]. 湖北农业科学, 2016, 55(8): 1926-1930.

[36] 袁蕾,张纯超,吕彦儒. 珠江口水体 TOC 与 COD 关系研究[J]. 海洋环境科学, 2015, 34(5): 700-705.
[37] Christian Evelyn, Batista Jacimaria R, Gerrity Daniel. Use of COD, TOC, and Fluorescence Spectroscopy to Estimate BOD in Wastewater[J]. Water Environment Research, 2017, 89(2): 168-177.
[38] 付龙,吴俊奇,赵昕,等. 表征游泳池有机物污染的尿素、耗氧量和 TOC 三个指标的相关性分析[J]. 给水排水, 2016, 42(5): 103-105.
[39] 金淑聪,靳银燕. 纺织印染废水中 TOC 值和 COD 值的相关性[J]. 干旱环境监测, 2007, 16(4): 250-253.
[40]黎松强,吴馥萍. 有机化工废水 COD 与 TOC 的相关性[J]. 精细化工, 2007, 24(3): 282-286.
[41] 林琦. 有机废水中 COD 与 TOC 的比值的探讨[J]. 福建分析测试, 2006, 15(3): 46-49.
[42] Kumar Amrish, Jain Sunil Kumar. Development and Validation of UV-Spectroscopy Based Stability Indicating Method for the Determination of Fluoxetine Hydrochloride[J]. Analytical Chemistry Letters, 2016, 6(6): 894-902.
[43] Liu Rongxia, Chen Liangliang, Zhang Hongyan, et al. A label-free single photonic quantum well biosensor based on porous silicon for DNA detection[J]. Optoelectronics Letters, 2013, 9(3): 225-228.
[44] Dong Ming, Sui Yue, Li Guolin, et al. Mid-infrared carbon monoxide detection system using differential absorption spectroscopy technique[J]. Tianjin University of Technology, 2015, 11(6): 469-472.
[45] Ogura Norio. Ultraviolet absorbing materials in natural water[J]. Nippon Kagaku Zasshi, 1965, 86(12): 1286-1288.
[46] 陈洪雷,陈元彩,詹怀宇,等. 等导数值光谱法测定制浆废水COD[J]. 中华纸业, 2010, 31(1): 6, 64-67.
[47] 吴国庆. 基于光谱吸收的水质化学需氧量检测方法的研究[D]. 秦皇岛: 燕山大学, 2013: 87-89.
[48] 蒋然. 一种检测低浓度化学需氧量的双波长光谱方法[J]. 光谱学与光谱

分析, 2011, 31(7): 2007-2010.

[49] 赵友全,王慧敏,刘子毓,等. 基于紫外光谱法的水质化学需氧量在线检测技术[J]. 仪器仪表学报, 2010, 31(9): 1927-1932, 2010.

[50] 顾建,赵友全,郭翼,等. 一种投入式光谱法紫外水质监测系统[J]. 安全与环境学报, 2012, 12(6): 100-104.

[51] 邵敏超,夏凤毅,盛成龙,等. 双波长紫外吸收法有机废水 COD 测量技术与仪器设计[J]. 环境工程学报, 2013, 7(1): 396-400.

[52] 汤斌,魏彪,吴德操,等. 一种紫外-可见光谱法检测水质 COD 的浊度影响实验研究[J]. 光谱学与光谱分析, 2014, 34(11): 3020-3024.

[53] Charef Azedine, Ghauch Antoine, Baussand Patrick, et al. Water quality monitoring using a smart sensing system[J]. Measurement, 2000, 28(3): 219-224.

[54] Langergraber G, Fleischmann N, Hofstädter F. A multivariate calibration procedure for UV/VIS spectrometric quantification of organic matter and nitrate in wastewater[J]. Water Science & Technology, 2003, 47(2): 25-32.

[55] Lourenço N D, Menezes J C, Pinheiro H M, et al. Development of PLS calibration models from UV-Vis spectra for TOC estimation at the outlet of a fuel park wastewater treatment plant[J]. Environmental Technology, 2008, 29(8): 891-898.

[56] 冯巍巍,李玲伟,李未然,等. 基于全光谱分析的水质化学耗氧量在线监测技术[J]. 光子学报, 2012, 41(8): 883-887.

[57] 汤斌. 紫外-可见光谱水质检测多参数测量系统的关键技术研究[D]. 重庆: 重庆大学, 2014: 29-32.

[58] Agustsson Jon, Akermann Oliver, Barry Andrew, et al. Non-contact assessment of COD and turbidityconcentrations in water using diffuse reflectance UV-Vis spectroscopy[J]. Environmental Science: Processes & Impacts, 2014, 16(8): 1897-1902.

[59] Chen Baisheng, Wu Huanan, Li Sam Fong Yau. Development of variable pathlength UV－vis spectroscopy combined with partial-least-squares regression for wastewater chemical oxygen demand (COD) monitoring[J].

Talanta, 2014(120): 325-330.

[60] Brito R Salgado, Pinheiro H M, Ferreira F, et al. In situ UV-Vis spectroscopy to estimate COD and TSS in wastewater drainage systems[J]. Urban Water Journal, 2014, 11(4): 261-273.

[61] 毕卫红,李建国,吴国庆. 紫外光谱法检测COD中硝酸盐与温度影响的研究[J]. 光谱学与光谱分析, 2014, 34(3): 717-720.

[62] 刘雪梅,章海亮. 基于LS-SVM紫外可见光谱检测水产养殖水体COD研究[J]. 光谱学与光谱分析, 2014, 34(10): 2804-2807.

[63] 潘杨,黄勇,申杰,等. 吸收光谱法表征城市水体表观污染[J]. 安全与环境工程, 2014, 21(1): 42-47.

[64] 汤斌,赵敬晓,魏彪,等. 一种紫外-可见光谱检测水质COD预测模型优化方法[J]. 中国环境科学, 2015, 35(2): 478-483.

[65] 赵友全,李霞,刘潇,等. 基于 PCA 的水质紫外吸收光谱分析模型研究[J]. 光谱学与光谱分析, 2016, 36(11): 3592-3596.

[66] 王晓明,章海亮,罗微,等. 基于 UV-vis 检测养殖水体中化学需氧量含量研究[J]. 光谱学与光谱分析, 2016, 36(1): 177-180.

[67] Dabakk E, Matsnilsson, Geladi Paul, et al. Inferring lake water chemistry from filtered seston using NIR spectrometry[J]. Water Research, 2000, 34(5): 1666-1672.

[68] Sousa C A, Lucio M M, Neto F O, et al. A method for determination of COD in a domestic wastewater treatment plant by using near-infrared reflectance spectrometry of seston[J]. Analytica chimica acta, 2007, 588(2): 231-236.

[69] 何金成,杨祥龙,王立人,等. 近红外光谱法测定废水化学需氧量[J]. 浙江大学学报（工学版）, 2007, 41(5): 752-755, 789.

[70] 徐立恒. 近红外光谱法快速测定水体有机污染物的方法研究[J]. 分析试验室, 2008, 27(增刊): 448-450.

[71] Yang Qiong, Liu Zhenyao, Yang Jidong. Simultaneous Determination of Chemical Oxygen Demand (COD) and Biological Oxygen Demand (BOD5) in Wastewater by Near_Infrared Spectrometry[J]. J. Water Resource and Protection, 2009, 1(4): 286-289.

[72] 陈维维,潘涛,廖辛炎. 污水化学需氧量近红外光谱分析的波段选择[J]. 佳木斯大学学报（自然科学版）, 2011, 29(3): 370-378.

[73] 粟晖,姚志湘,黎国梁,等. 生化废水 COD 的近红外光谱法测定[J]. 光谱实验室, 2011, 28(6): 3040-3043.

[74] Pan Tao, Chen Weiwei, Chen Zenghai, et al. Waveband Selection for NIR Spectroscopy Analysis of Wastewater COD[J]. Key Engineering Materials, 2011(480-481): 393-396.

[75] Pan Tao, Chen Zenghai, Chen Jiemei, et al. Near-infrared spectroscopy with waveband selection stability for the determination of COD in sugar refinery wastewater[J]. Analytical Methods, 2012, 4(4): 1046-1052.

[76] Dahlbacka John, Nyström Josefina, Mossing Torgny, et al. On-Line Measurement of the Chemical Oxygen Demand in Wastewater in a Pulp and Paper Mill Using Near Infrared Spectroscopy[J]. Spectral Analysis Reviews, 2014, 2(4): 19-25.

[77] 伍鲧,田士玉,张二杨,等. 污泥厌氧发酵过程中基于近红外光谱的 COD 定量分析[J]. 安徽建筑大学学报, 2016, 24(3): 54-58.

[78] 叶晓东. 若干大分子问题的荧光研究[D]. 合肥: 中国科学技术大学, 2006: 17-18.

[79] Lee S, Ahn K H. Monitoring of COD as an organic indicator in waste water and treated effluent by fluorescence excitation-emission (FEEM) matrix characterization[J]. Water Science and Technology, 2004, 50(8): 57-63.

[80] Janhom Tansiphorn, Wattanachira Suraphong, Pavasant Prasert. Characterization of brewery wastewater with spectrofluorometry analysis[J]. Journal of Envionmental Management, 2009, 90(2): 1184-1190.

[81] 武晓莉,李艳君,吴铁军. 基于选择性模型组合的三维荧光光谱水质分析方法[J]. 光谱学与光谱分析, 2010, 30(4): 996-1001.

[82] Hur Jin, Lee Bo-Mi, Lee Tae-Hwan, et al. Estimation of Biological Oxygen Demand and Chemical Oxygen Demand for Combined Sewer Systems Using Synchronous Fluorescence Spectra[J]. Sensors, 2010, 10(4): 2460-2471.

[83] Stedmon Colin A, Seredyńska-sobecka Bożena, Boe-hansen Rasmus, et al. A

potential approach for monitoring drinking water quality from groundwater systems using organic matter fluorescence as an early warning for contamination events[J]. Water Research, 2011, 45(18): 6030-6038.

[84] Bieroza Magdalena,Baker Andy, Bridgeman John. Classification and calibration of organic matter fluorescence data with multiway analysis methods and artificial neural networks: an operational tool for improved drinking water treatment[J]. Environmetrics, 2011, 22(3): 256-270.

[85] Old G H, Naden P S, Granger S J, et al. A novel application of natural fluorescence to understand the sources and transport pathways of pollutants from livestock farming in small headwater catchments[J]. Science of The Total Environment, 2012, 417-418(4): 169-182.

[86]杜树新,杜阳锋,袁之报. 三维荧光光谱的特征区域选择方法[J]. 发光学报, 2012, 33(3): 341-345.

[87] Shuxin Du, Yuanqing Wu, Zhibao Yuan. Detection of COD in the Wastewater Treatment Process Based on Fluorescence Excitation-Emission Matrix Spectrometry[J]. Applied Mechanics and Materials, 2012(178/179/180/181): 599-602.

[88] Bridgeman John, Baker Andy, Carliell-marquet Cynthia, et al. Determination of changes in wastewater quality through a treatment works using fluorescence spectroscopy[J]. Environmental Technology, 2013, 34(23): 3069-3077.

[89] Yang Liyang, Hur Jin,Zhuang Wane. Occurrence and behaviors of fluorescence EEM-PARAFAC components in drinking water and wastewater treatment systems and their applications: a review[J]. Environmental Science & Pollution Research, 2015, 22(9): 6500-6510.

[90] Bridgeman J, Baker A,Brown D, et al. Portable LED fluorescence instrumentation for the rapid assessment of potable water quality[J]. The Science of the total environment, 2015(524/525): 338-346.

[91] 李卫华,刘怡心,王伟,等. 污水处理厂及受纳水体样品的三维荧光光谱解析[J]. 光谱学与光谱分析, 2015, 35(4): 940-945.

[92] Elfrida M Carstea, Bridgeman John, Baker Andy, et al. Fluorescence spectroscopy for wastewater monitoring: A review[J]. Water Research, 2016, 95(3): 205-219.

[93] Qian Chen, Wang LongFei, Chen Wei, et al. Fluorescence Approach for the Determination of Fluorescent Dissolved Organic Matter[J]. Analytical Chemistry, 2017, 89(7): 4264-4271.

[94] Lourenco N D, Menezes J C, Pinheiro H M, et al. Development of PLS Calibration Models from UV-Vis Spectra for TOC Estimation at the Outlet of A Fuel Park Wastewater Treatment Plant[J]. Environmental Technology, 2008, 29(8): 891-898.

[95] 吴元清, 杜树新, 严赟. 水体有机污染物浓度检测中的紫外光谱分析方法[J]. 光谱学与光谱分析, 2011, 31(1): 233-237.

[96] Bieroza M, Baker A, Bridgeman J. Classification and Calibration of Organic Matter Fluorescence Data with Multiway Analysis Methods and Artificial Neural Networks: An Operational Tool for Improved Drinking Water Treatment[J]. Environmetrics, 2011, 22(3): 256-270.

[97] Cao H, Qu W T, Yang X L, et al. Research on Rapid Determination of Organic Matter Concentration in Aquaculture Water Based on Ultraviolet/Visible Spectroscopy[J]. Spectroscopy and Spectral Analysis, 2014, 34(11): 3015-3019.

[98] Bridgeman J, Baker A, Brown D, et al. Portable LED Fluorescence Instrumentation for the Rapid Assessment of Potable Water Quality[J]. The Science of the Total Environment, 2015, 524(35): 338-346.

[99] Yu Q J, Yin H, Wang K, et al. Adaptive Detection Method for Organic Contamination Events in Water Distribution Systems Using the UV-Vis Spectrum Based on Semi-Supervised Learning[J]. Water, 2018, 10(11): 1566.

[100] Radzeviius A, Dapkien M, Sabien N, et al. A Rapid UV/Vis Spectrophotometric Method for the Water Quality Monitoring at On-Farm Root Vegetable Pack Houses[J]. Applied Sciences, 2020, 10(24): 9072.

[101] 韩崇昭,朱洪艳,段战胜. 多源信息融合[M]. 2 版. 北京: 清华大学出版社, 2010: 6-8.

[102] Raol Jitendra R. Multi-Sensor Data Fusion with MATLAB[M]. New York: CRC Press, 2010: 3-9.

[103] Rudnitskaya Alisa, Kirsanov Dmitri, Legin Andrey, et al. Analysis of apples varieties comparison of electronic tonge with different analytical teechniques[J]. Sensors and Actuators B: Chemical, 2006, 116(1): 23-28.

[104] Casale Monica, Armanino Carla, Casolino Chiara, et al. Combining information from headspace mass spectrometry and visible spectroscopy in the classification of the Ligurian olive oils[J]. Analytica Chimica Acta, 2007, 589(1): 89-95.

[105] Ramos Pablo Manuel, Ruisánchez Itziar, Andrikopoulos Konstantinos S. Micro-Raman and X-ray fluorescence spectroscopy data fusion for the classification of ochre pigments[J]. Talanta, 2008, 75(4): 926-936.

[106] Casale Monica, Casolino Chiara, Oliveri Paolo, et al. The potential of coupling information using three analytical techniques for identifying the geographical origin of Liguria extra virgin olive oil[J]. Food Chemistry, 2010, 118(1): 163-170.

[107] Wu Di, He Yong, Nie Pengcheng, et al. Hybrid variable selection in visible and near-infrared spectral analysis for non-invasive quality determination of grape juice[J]. Analytica Chimica Acta, 2010, 659(1): 229-237.

[108] Anibal Carolina V Di, Callao M Pilar, Ruisánchez Itziar. 1H NMR and UV-visible data fusion for determining Sudan dyes in culinary spices[J]. Talanta, 2011, 84(3): 829-833.

[109] Pizarro C, Rodríguez S, Pérez N, et al. Classification of Spanish extra virgin olive oils by data fusion of visible spectroscopic fingerprints and chemical descriptors[J]. Food Chemistry, 2013, 138(2): 915-922.

[110] Alamprese Cristina, Casale Monica, Sinelli Nicoletta, et al. Detection of minced beef adulteration with turkey meat by UV-vis, NIR and MIR spectroscopy[J]. LWT-Food Science and Technology, 2013, 53(1): 225-232.

[111] Jiang Cheng, Liu Yin, Qu Haibin. Data fusion strategy based on near infrared spectra and ultraviolet spectra for simultaneous determination of ginsenosides and saccharides in Chinese herbal injection[J]. Analytical Methods, 2013, 5(17): 4467.

[112] Martelo-vidal M J, Vázquez M. Application of artificial neural networks coupled to UV-VIS-NIR spectroscopy for the rapid quantification of wine compounds in aqueous mixtures[J]. CyTA-Journal of Food, 2015, 13(1): 32-39.

[113] 武晓莉. 信息融合及集成学习在水质光谱分析中的应用研究[D]. 杭州: 浙江大学, 2007: 31-32.

[114] 武晓莉,李艳君,吴铁军. 多源光谱信息融合在水质分析中的应用[J]. 分析化学, 2007, 35(12): 1716-1720.

[115] Sarraguça M C, Paulo A, Alves M M. Quantitative monitoring of an activated sludge reactor using on-line UV-Visible and near-infrared spectroscopy[J]. Analytical & Bioanalytical Chemistry, 2009, 395(4): 1159-1166.

[116] 穆海洋,李艳君,单战虎,等. 便携式多源光谱融合水质分析仪的研制[J]. 光谱学与光谱分析, 2010, 30(9): 2586-2590.

[117] Hur Jin, Cho Jinwoo. Prediction of BOD, COD, and Total Nitrogen Concentrations in a Typical Urban River Using a Fluorescence Excitation-Emission Matrix with PARAFAC and UV Absorption Indices[J]. Sensors, 2012, 12(1): 972-986.

[118] Qin Xusong, Gao Furong, Chen Guohua. Wastewater quality monitoring system using sensor fusion and machine learning techniques[J]. Water Research, 2012, 46(4): 1133-1144.

[119] 侯迪波,张坚,陈泠,等. 基于紫外-可见光光谱的水质分析方法研究进展与应用[J]. 光谱学与光谱分析, 2013, 33(7): 1839-1844.

[120] 曹泓. 基于多源光谱数据融合的水产养殖水质有机物浓度快速检测研究[D]. 杭州: 浙江大学, 2014: 58-70.

[121] 吴国庆,毕卫红. 多源光谱特征组合的 COD 光学检测方法研究[J]. 光谱

学与光谱分析, 2014, 34(11): 3071-3074.

[122] Chen Baisheng, Wu Huanan, Li Sam Fong Yau. Development of variable pathlength UV - vis spectroscopy combined with partial-least-squares regression for wastewater chemical oxygen demand (COD) monitoring[J]. Talanta, 2014(120): 325-330.

[123] 杨鹏程,杜军兰,李燕,等. 紫外吸收光谱法结合 PLS 对多组分溶液中硝酸盐浓度的测定[J]. 海洋技术, 2013, 32(2): 115-119.

[124] Thomas O, Constant D. Trends in optical monitoring[J]. Water science and technology: a journal of the International Association on Water Pollution Research, 2004, 49(1): 1-8.

第 2 章　光谱法水质 COD、TOC 检测的理论基础

2.1 引言

光谱分析法通过样品对入射光的特征吸收得到特定光谱的特征，从而得到样品中有机物组成与含量的信息。在检测水体中TOC含量的所有方法中，光谱法相对于传统的化学方法具有检测速度快、无二次污染、能够实现原位检测等优点，克服了化学方法的先天性缺陷。首先从分子的微观机制角度阐述紫外吸收光谱检测TOC的可行性；然后介绍几种常用的光谱预处理技术；最后介绍本章建立TOC检测模型的方法。本章主要研究紫外吸收光谱和三维荧光光谱分析的微观机制与水质COD光谱检测技术的理论基础，具体包括用于水质COD检测的紫外吸收光谱和三维荧光光谱的基本理论与化学计量学的常用算法。结合实际水样的紫外吸收光谱和三维荧光光谱的特性，证明了紫外吸收光谱和三维荧光光谱结合化学计量学方法检测水质有机污染物指标的可行性。在此基础上，提出本书的实验思路和理论模型的建立方法，为后续章节的相关研究奠定了理论基础。

2.2 水质 COD 光谱检测技术的基础理论

根据量子理论，物质是由一些同类微粒（即原子、分子、离子）组成的，这些粒子处于能量高低不同的能级上。当电子受到光、热、电的激发时，会从一个能级跃迁到另一个能级。光谱按照粒子能级跃迁方向的不同，可分为吸收光谱和发射光谱；根据检测物质的结构，光谱又可分为原子光谱和分子

光谱。本书仅讨论分子光谱中的紫外吸收光谱以及分子荧光光谱。

2.2.1 紫外吸收光谱分析的微观机制

有机物在紫外波段有很好的吸收特性，紫外光的波长范围是 10—380nm，紫外光的波长分为两个区段。波长在 10—200nm 称为远紫外区，目前这个区域在有机化学中极少用到；波长在 200—380nm 称为近紫外区，一般的紫外光谱是指这一区域的吸收光谱。而波长在 380—780nm 范围的称为可见光谱。利用溶液中分子对紫外光和可见光的吸收，根据最大吸收波长的强度变化可对待测样品进行定量分析。

分子的电子结构和分子吸收光后电子状态的变化可用分子轨道理论说明，在有机化合物分子中有形成单键的 σ 电子、有形成双键的 π 电子、有未成键的孤对 n 电子。物质中存在的共价键可分为 σ 键、σ*键、π 键和 π*键。在紫外吸收光谱中，电子的跃迁有 σ→σ*、n→σ*、π→π*和 n→π*四种类型，各种跃迁类型所需要的能量依下列次序：σ→σ* > n→σ* > π→π* > n→π*。紫外吸收光谱的电子跃迁类型、吸收带等与紫外吸收峰的关系如表 2-1 所示。由表 2-1 分析可知，一般紫外可见光谱仪对只能产生 200 nm 以下吸收的 σ→σ*的跃迁无法测量，只能检测 190—850 nm 范围的单色光，即一般的紫外可见光谱仪只能测量 n→σ*、n→π*的跃迁和部分 π→π*跃迁的吸收。

表 2-1　电子跃迁类型与紫外吸收峰的关系

跃迁类型	吸收带	λ_{max}/nm	特征	典型基团	ε_{max}
σ → σ*	远紫外区	150	远紫外测定	C—C、C—H（紫外光区检测不到）	—
n → σ*	端吸收 E_1 带	150-230 <190	紫外区短波长端至远紫外区的强吸收 芳香环的双键吸收	—OH、—NH_2、—X、—S	— >200
π → π*	K（E_2）带 B 带	<217 250-260	共轭多烯、-C=C-C=O-等的吸收 芳香环、芳香杂环化合物的芳香环吸收	（—C=C—C=C—）$_n$	>10000 >100
n → π*	R 带	200-400	含 n 电子基团的吸收	C=O、C=S、—N=O、—N=N—、C=N 等	<100

K 带是 2 个或 2 个以上 π 键共轭时，π 电子向 π*反键轨道跃迁的结果，

可简单表示为 π→π*。R 带是与双键相连接的杂原子（例如 C=O、C=N、S=O 等）上未成键电子的孤对电子向 π*反键轨道跃迁的结果，可简单表示为 n→π*。E_1 带和 E_2 带是苯环上三个双键共轭体系中的 π 电子向 π*反键轨道跃迁的结果，可简单表示为 π→π*。B 带也是苯环上三个双键共轭体系中的 π→π*跃迁和苯环的振动相重叠引起的，但相对来说，该吸收带强度较弱。以上各吸收带相对的波长位置由大到小的次序为：R、B、K、E_2、E_1，但一般 K 和 E 带常合并成一个吸收带。

水质 COD 或 TOC 的标准样品为按不同比例配制的邻苯二甲酸氢钾溶液，邻苯二甲酸氢钾的线性分子式为 $HOOCC_6H_4COOK$，结构式如图 2-1 所示。

邻苯二甲酸氢钾溶于水后会发生水解，形成邻苯二甲酸，化学方程式为：

$$HOOCC_6H_4COOK+H_2O \rightarrow C_6H_4(COOH)_2+K^++OH^- \qquad (2\text{-}1)$$

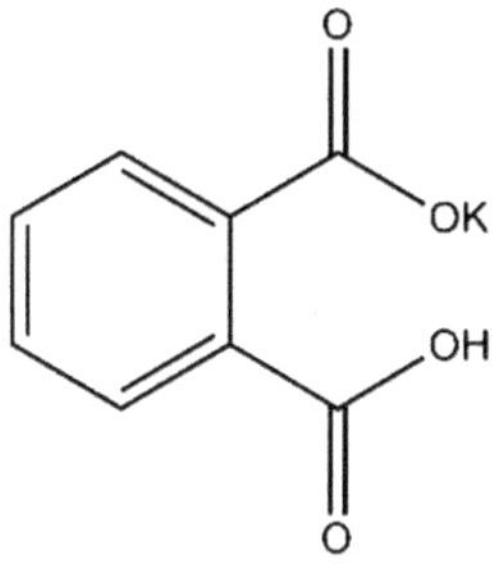

图 2-1　邻苯二甲酸氢钾结构式

芳香族和杂芳香族化合物光谱的特征谱带为B带，如苯的B带在230—270 nm的近紫外范围内有一宽峰，它包含多重峰或称精细结构，当芳环上连有发色基团（含有π键的C=C、C≡C、苯环以及C=O等不饱和基团）时，还可以观察到芳环的特征B带。浓度范围在1—55 mg/L的邻苯二甲酸氢钾标准溶液的紫外吸收光谱如图2-2所示。

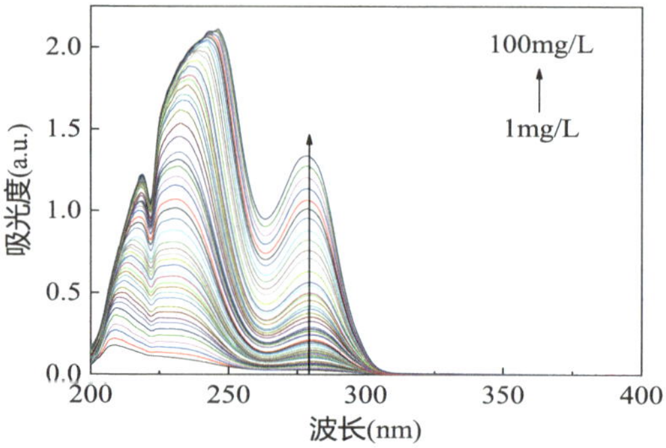

图 2-2　邻苯二甲酸氢钾溶液的紫外吸收光谱

由图2-2可知，标准液在近紫外区域有明显的吸收峰，尤其在220—310nm区间内，紫外吸光度与溶液浓度之间有很好的相关性，310nm后（包括可见光区）几乎无吸收。不难看出，邻苯二甲酸氢钾溶液的紫外吸收光谱完全符合K带和B带的吸收特征。由于邻苯二甲酸氢钾的苯环上连有C=O不饱和基团，因此不但可以观察到225—275nm范围内的K吸收带，同时也可以观察到B吸收带，B带的$\lambda_{max}=280$nm。

波长在255—285nm处的紫外吸光度与浓度范围为1—55mg/L的邻苯二甲酸氢钾标准液浓度值之间的关系如图2-3所示。

由图2-3可知，邻苯二甲酸氢钾溶液的浓度与紫外单波长吸光度值之间存在良好的线性关系。因此，采用紫外吸收光谱检测水质COD是可行的。

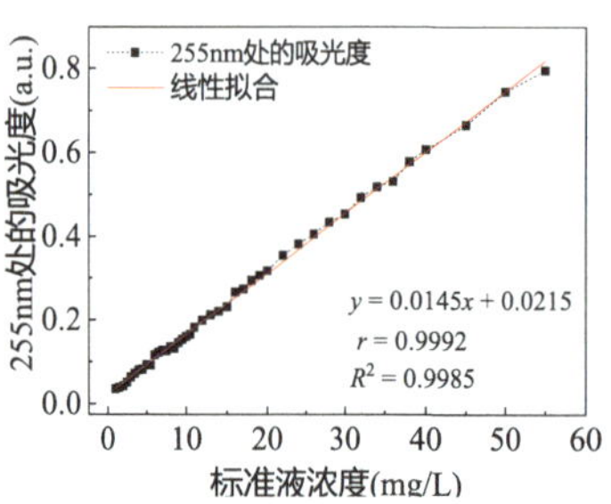

a—255nm 处溶液浓度与吸光度的关系

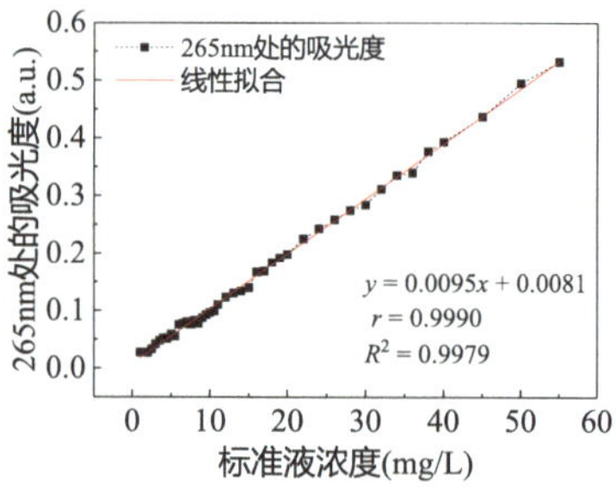

b—265nm 处溶液浓度与吸光度的关系

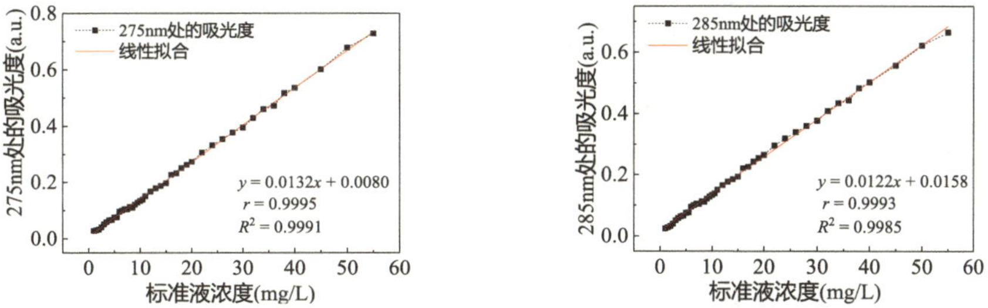

c—275nm 处溶液浓度与吸光度的关系　　d—285nm 处溶液浓度与吸光度的关系

图 2-3　不同波长处的紫外吸光度与标准液浓度值的关系

2.2.2 分子荧光光谱分析的微观机制

当紫外线照射到某些物质上时，这些物质就会发射出各种颜色和不同强度的可见光，而当紫外光停止照射时，这种光也随之很快消失，这种光被称为荧光。

三维荧光光谱是由激发波长-发射波长-荧光强度三维坐标（分别对应坐标系中的Y轴-X轴-Z轴）所表征的矩阵光谱（Excitation-Emission Matrix Spectra，EEMs）。它可以获得激发波长与发射波长同时变化时的荧光强度信息。因此，荧光物质都有两种特征的光谱，即激发光谱和发射光谱。三维荧光光谱图有两种表示方式：一种是三维投影图即3D视图，另一种是等高线荧光光谱图。

图 2-4 为某河水水样去除散射后的三维荧光光谱图。其中，图 2-4 a 为三维光谱图，图 2-4 b 为等高线图。

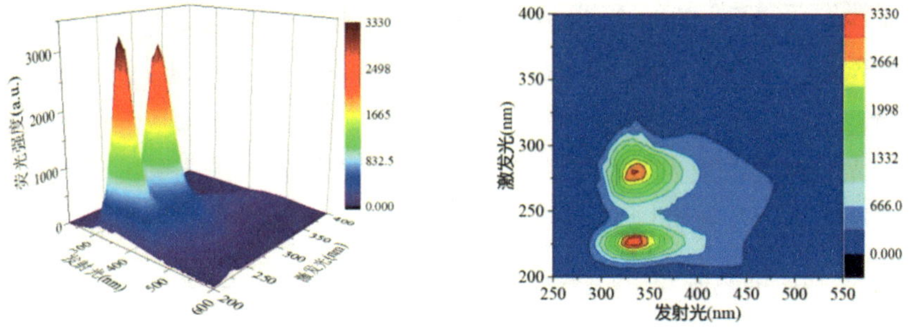

a—三维光谱图　　b—等高线图

图 2-4　某河水水样去除散射后的三维荧光光谱图

被紫外光照射激发后，某些物质在回到基态的过程中发射出比原激发波长更长的荧光，产生分子荧光光谱。利用荧光光谱的灵敏度和选择性高的特点可以对荧光物质的分子结构进行研究，也可以通过荧光的强度对物质进行定量分析。与产生荧光过程有关的能级跃迁过程如图 2-5 所示。

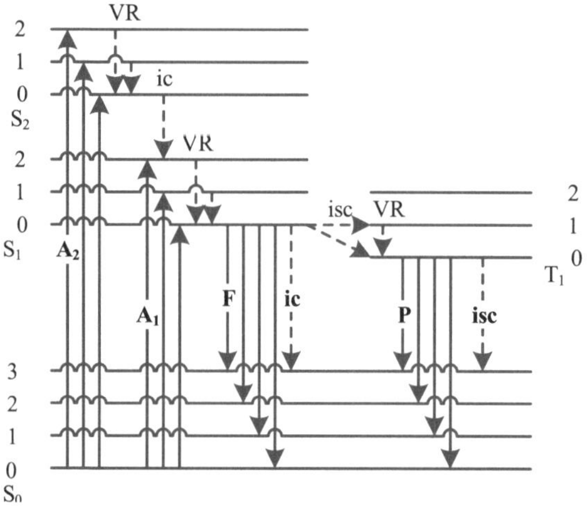

图 2-5　荧光产生及有关能级跃迁过程示意图

电子激发态的多重态用 $2S+1$ 表示，S 为电子自旋角动量量子数的代数和，其数值为 0 或 1。根据 Pauli 不相容理论，S=0，该分子便处于单重态（或称单线态），用符号 S 表示。大多数有机物分子的基态处于单重态。S=1，分子处于激发的三重态（或称三线态），用符号 T 表示。符号 S_0、S_1、S_2 分别表示分子的基态、第一和第二电子激发单重态，T_1 和 T_2 则分别表示第一和第二电子激发三重态。A_1、A_2 表示吸收辐射，F 表示荧光，P 表示磷光；VR 表示振动松弛，ic 为内转化，isc 表示系间窜越。A_1、A_2、F、P 属于辐射跃迁；VR、ic、isc 属于非辐射跃迁。

荧光是物质在吸光后发出的辐射，设入射至某溶液的光强度为 I_0，透射出的光强度为 I_t，因此溶液吸收的光强度 $I_a = I_0 - I_t$。若溶液产生的荧光强度为 I_f，物质的荧光量子产率为 Y_f，则 I_f、I_a、Y_f 之间存在以下关系：

$$I_f = Y_f I_a \tag{2-2}$$

而吸收的光强度 $I_a = I_0 - I_t$，于是 I_f 可表示成：

$$I_f = Y_f(I_0 - I_t) = Y_f I_0 \left(1 - \frac{I_t}{I_0}\right) \tag{2-3}$$

由朗伯-比尔（Lambert-Beer）定律可知 $\frac{I_t}{I_0} = \mathrm{e}^{-abc}$，因此有：

$$I_f = Y_f I_0 (1 - \mathrm{e}^{-abc}) \tag{2-4}$$

而 e^{-abc} 可以表示为：

$$\mathrm{e}^{-abc} = 1 - abc + \frac{(abc)^2}{2!} - \frac{(abc)^3}{3!} + \frac{(abc)^4}{4!} + \cdots \tag{2-5}$$

当 abc 非常小（<<0.05）时，$\mathrm{e}^{-abc} \approx 1 - abc$，代入式（2-4）后得：

$$I_f = Y_f I_0 abc \tag{2-6}$$

当用摩尔吸光系数 ε 代替 a 时，I_f 可表示为：

$$I_f = 2.303 Y_f I_0 \varepsilon bc \tag{2-7}$$

由式（2-7）可知，若要求溶液的荧光强度与荧光物质的浓度成正比，就必须保证溶液的浓度足够小。当 $\varepsilon bc \geqslant 0.05$ 时，荧光强度和溶液的浓度呈非线性关系，此时应考虑幂级数中的二次方或三次方项，以满足荧光强度和溶液浓度之间的关系。以上即为荧光分析中定量检测溶液中荧光物质浓度的理论依据。

2.2.3 三维荧光光谱特征荧光峰的特点

自然水体中溶解有机物（DOM）组分主要分为三大类：腐殖质类、色氨酸类和酪氨酸类物质。对于清洁水体，一般存在五个主要荧光峰，各荧光峰命名及具体位置如表 2-2 所示。

表 2-2　荧光峰命名及位置

荧光峰	荧光物质类型	激发波长/nm	发射波长/nm
A	类腐殖质	237—260	400—500
C	类腐殖质	300—370, 290—325	400—500, 370—430
B	类酪氨酸	225—237, 270—275	309—321, 304—312
T1	类色氨酸	275—280	330—368
T2	类色氨酸	225—237	340—381

本部分所涉及的全部水样中，T1 峰和 T2 峰最为明显，而 A、B、C 三个荧光峰相对很弱，因此本部分研究的是标准液和实际水样的水质 COD 与三维荧光光谱的 T1 峰、T2 峰荧光强度之间的关系模型，并研究外界环境因素对 T1 峰和 T2 峰处的荧光强度、T1 峰和 T2 峰的中心位置的影响规律，根据影响规律建立相应的补偿模型，以对外界环境因素带来的影响进行有效的抑制。

水样的 COD 值和水样三维荧光光谱的 T1 峰与 T2 峰的荧光强度之间存在相关关系。浓度为 1mg/L、20mg/L、40mg/L 和 60mg/L 的邻苯二甲酸氢钾标准溶液去除散射后的三维荧光光谱等高线图如图 2-6 所示。

由图2-6可知，随着邻苯二甲酸氢钾标准液浓度的增大，其三维荧光光谱的T1峰（Ex/Em=275nm/348nm）处的荧光强度逐渐增强，而T2峰（Ex/Em=225nm/340nm）处的荧光强度是逐渐减弱的。

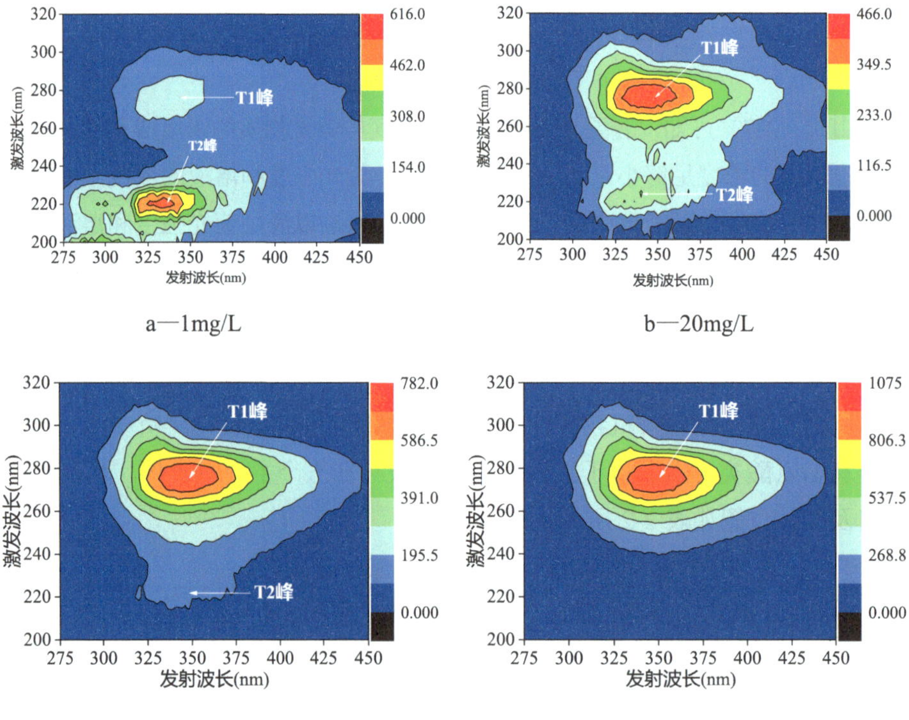

a—1mg/L　　b—20mg/L

c—40mg/L　　d—60mg/L

图 2-6　标准液的三维荧光光谱等高线图

也可以将不同浓度标准液的三维荧光光谱在同一个激发波长下的发射波长进行展开，从而得到在固定激发波长下二维的荧光发射光谱图。如浓度为1—55mg/L的邻苯二甲酸氢钾标准溶液在激发波长Ex=275nm、发射波长Em=275—450nm时的荧光发射光谱如图2-7所示。

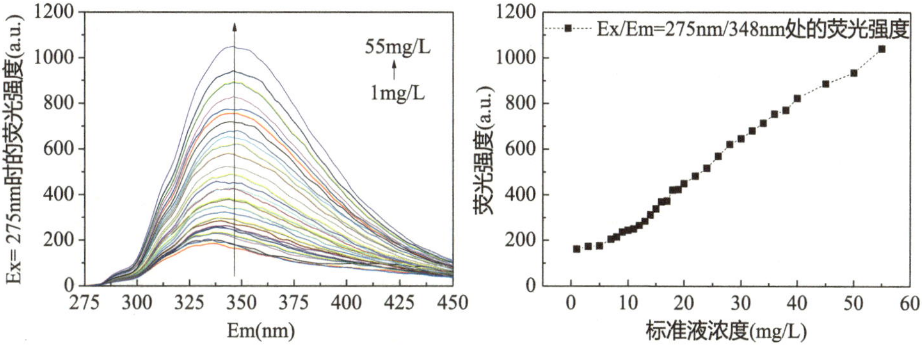

a—Ex=275nm 时的荧光发射光谱　　b—T1 峰处荧光强度与标准液浓度的关系

图 2-7　Ex=275nm 时标准液的荧光发射光谱图

由图 2-7 a 可知，Em=348nm 处的荧光强度即为三维荧光光谱中 T1 峰（Ex/Em=275nm/348nm）中心位置的荧光强度；由图 2-7 b 可知，T1 峰中心位置处的荧光强度与标准液浓度之间存在较好的相关性，可以通过化学计量学算法对水体中有机污染物的浓度进行预测。

2.3 水质 TOC 光谱检测技术的基础理论

在检测水体中 TOC 含量的所有方法中，光谱法相对于传统的化学方法具有检测速度快、无二次污染、能够实现原位检测等优点，克服了化学方法的先天性缺陷。因此，本书主要研究的是基于多波长紫外光谱的总有机碳检测，利用水体中有机物对紫外光谱的吸收特性，建立光谱检测模型。

2.3.1 紫外吸收光谱法检测 TOC 的原理

世间万物分解到一定程度就会发现都是由粒子组成的，而且这些粒子在不断地运动变化中。根据量子理论，这些粒子具有一定的能量，符合能量守恒定律，具有低能量的粒子处在低能级上，具有高能量的粒子处在高能级上。在稳定状态下，各个粒子在属于自己的能量轨道上运动，当有外界能量介入时，处于低能量轨道 E_1 上的粒子在吸收了足够多的能量后，将从低能量轨道 E_1 跳变到高能量轨道 E_2。跳变到高能量轨道 E_2 上的粒子有可能从 E_2 又跳回 E_1，在返回的过程中将吸收的能量释放出来，形成发射光谱，如图 2-8 所示；跳变到高能量轨道 E_2 上的粒子也有可能在 E_2 上继续保持稳定的运动状态，形成吸收光谱，如图 2-9 所示。

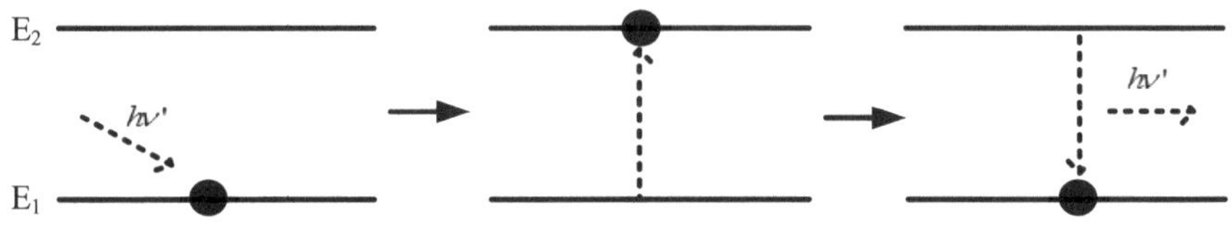

图 2-8　粒子受激辐射能级跃迁示意图

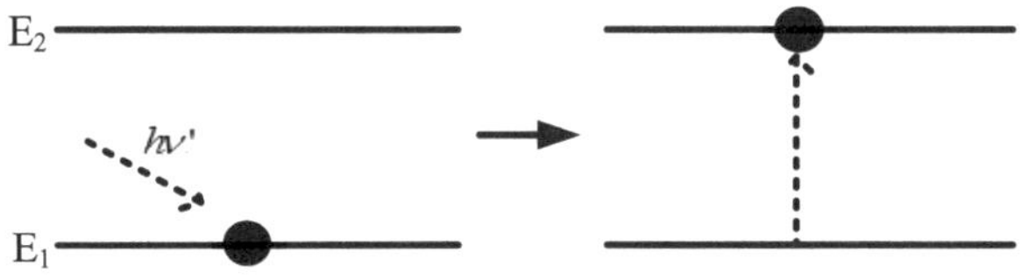

图 2-9　粒子受激吸收能级跃迁示意图

在图 2-9 中，当处于 E_1 轨道上的粒子与特定频率的光产生作用，即吸收一定的能量后，从 E_1 跳变到 E_2，具体吸收的能量大小 ΔE 的数学表达式为：

$$\Delta E = E_2 - E_1 = h\nu' = \frac{hc}{\lambda} \tag{2-8}$$

式中：E_2、E_1——激发态能量和基态能量；

h——普朗克常量 $(6.63\times10^{-34}\,\mathrm{J\cdot S})$；

ν'——频率；

c——光速 $(3\times10^{8}\,\mathrm{m/s})$；

λ——光的波长。

根据粒子产生光谱的不同形态，光谱还可以分为离散的原子光谱和连续的分子光谱。本书仅讨论有机物对紫外光的吸收而形成的分子光谱，有机化合物中因为存在 σ 电子、π 电子以及 n 电子，所以在紫外光所处的波段具有明显的吸收。而且这些电子通常情况下以共价键的形式存在于有机物化合中，大体上可以分为四种类型，分别为 σ 键、σ*键、π 键和 π*键。有机化合物中的单个电子或者电子对在吸收了紫外光的能量后产生跃迁变化，形成了紫外吸收光谱，电子跃迁的形式有 σ→σ*、n→σ*、π→π*和 n→π*，如图 2-10 所示。本部分所用的光谱仪的测量范围为 200—1100mm，σ→σ*的跃迁超出了光谱仪的检测范围，其余的三种跃迁都可以检测，而且能够检测到的三种形式的跃迁很好地反映了有机物对紫外光的吸收特性。

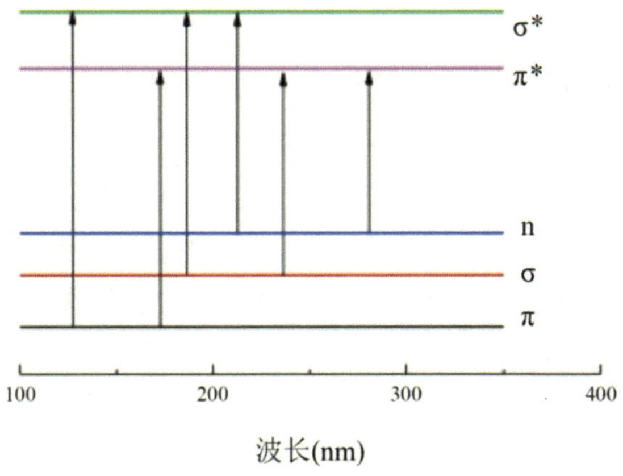

图 2-10　电子能级跃迁示意图

Lambert-Beer定律是分析溶液中有机物对紫外光吸收的基本定律，也是紫外光吸收定量分析的基础。该定律指出：一束平行单色光垂直通过具有一定厚度 l 的被测溶液时，一部分入射光的能量被溶液中具有吸收特性的粒子所吸收，在没有散射和反射的情况下，剩余的入射光均通过被测溶液，光强从 I_0 降低至 I_t，如图2-11所示。

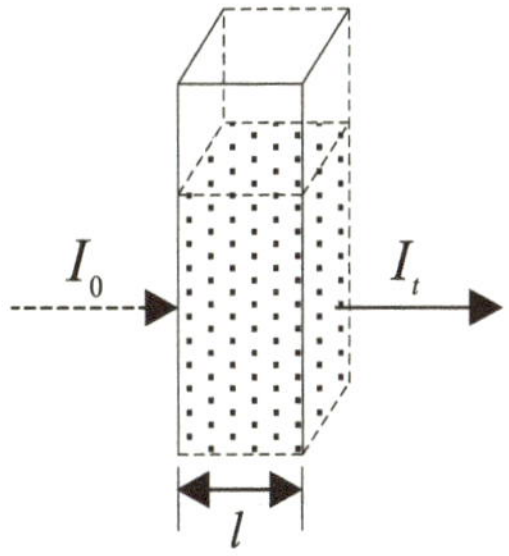

图 2-11　Lambert-Beer 定律示意图

Lambert-Beer 定律的数学表达式为：

$$A(\lambda)=\lg\left(\frac{I_0}{I_t}\right)=\lg\left(\frac{1}{T}\right)=\varepsilon cl \tag{2-9}$$

式中：$A(\lambda)$——吸光度；

I_t——透射光强度；

I_0——入射光强度；

T——透射比；

c——浓度；

l——探测光穿过溶液的距离；

ε——摩尔吸光系数。

利用Lambert-Beer定律建立特征波长处的紫外光谱与水质TOC浓度的关系模型，可以实现对水体中TOC含量的检测。当被测溶液中存在多种互不相关的物质时，可以利用吸光度的加和性对所有物质的吸光度进行测量，加和性数学公式为：

$$A=A_1+A_2+A_3+\cdots+A_n=\sum_{i=0}^{n}\varepsilon_i c_i l \tag{2-10}$$

式中：$A_1, A_2, A_3, \cdots, A_n$——各物质的吸光度；

ε_i——各物质吸光系数；

c_i——各物质浓度；

A——总吸光度。

综上所述，根据紫外光谱的微观机制分析，有机化物对紫外光具有很好的吸收特性，能够利用此特性对有机物进行检测；根据 Lambert-Beer 定律，定量分析不同比例 TOC 溶液的紫外吸光度，依据 TOC 样品浓度与吸光度之间的对应关系建立 TOC 与紫外光谱之间的关系模型，实现对水体中 TOC 含量的测量。

2.3.2 光谱预处理

理想条件下，使用光谱仪采集到的光谱数据是不包含除被测物质本身信息外的其他噪声信息的。但是实际的实验条件并不能达到理想条件，光谱仪采集到的光谱信息通常包含外界的噪声，这是因为光谱仪在使用过程中会受到操作人员的技术水平、外界环境因素的影响，光谱仪本身也会引入无关的噪声，造成信噪比下降，以至于对测量结果的精度产生影响。因此，在使用光谱仪采集到的光谱数据之前，应该先对这些光谱数据进行预处理，减小或消除测量光谱过程中引入的噪声信息，提高测量精度。光谱预处理方法主要有以下几种。

（1）均值中心化

均值中心化是对光谱仪采集到的光谱数据中的每一个数据减去它的数学期望，这也是所有光谱处理中最简便的方法。经过均值中心化处理后，每一列数据的数学期望正好为零。数学公式为：

$$x_{ij}' = x_{ij} - \overline{x}_j \tag{2-11}$$

式中：x_{ij}——原始数据矩阵中的第 i 行第 j 列的元素；

x_{ij}'——经过均值中心化处理后第 i 行第 j 列的元素；

$\overline{x}_j$——矩阵中第 j 列元素的数学期望。

（2）数据平滑处理

数据平滑处理，通常也被称作数字滤波处理，此种方法是进行光谱预处理的常用方法，处理过程是选取一定宽度的光谱过滤窗口，消除光谱信息中的高频部分。数据平滑处理方法主要有两种，一种是采用滑动窗口的方法进行平均处理，另一种方法是采用卷积的方法进行处理，此种方法被称为 Savitzky-Golay卷积法，是最常用的方法。

Savitzky-Golay是基于最小二乘原理进行平滑处理的方法，该方法将过滤窗口的宽度设置为$n=2m+1$，窗口中的每一个数据都可以用一个$k-1$阶的多项式表示，数学表达式为：

$$y_i = a_0 + a_1 i + a_2 i^2 + \cdots + a_{k-1} i^{k-1} = \sum_{j=0}^{k-1} a_j \cdot i^j \tag{2-12}$$

式中：$a_j (j=0,1,2,\cdots,k-1)$——拟合系数。

一般地要求 $n > k$，此时式（2-12）写为：

$$y_i = \begin{pmatrix} 1 & i & i^2 & \cdots & i^{k-1} \end{pmatrix} \begin{pmatrix} a_0 \\ a_1 \\ a_2 \\ \vdots \\ a_{k-1} \end{pmatrix} + \varepsilon_i \tag{2-13}$$

将原始的 n 个数据点代入式（2-13）可得：

$$\begin{pmatrix} y_{-m} \\ y_{-m+1} \\ \vdots \\ y_m \end{pmatrix} = \begin{pmatrix} 1 & -m & \cdots & (-m)^{k-1} \\ 1 & -m+1 & \cdots & (-m+1)^{k-1} \\ \vdots & \vdots & & \vdots \\ 1 & m & \cdots & m^{k-1} \end{pmatrix} \begin{pmatrix} a_0 \\ a_1 \\ \vdots \\ a_{k-1} \end{pmatrix} + \begin{pmatrix} \varepsilon_{-m} \\ \varepsilon_{-m+1} \\ \vdots \\ \varepsilon_m \end{pmatrix} \tag{2-14}$$

式（2-14）可以简化表示为：

$$\boldsymbol{Y}_{(2m+1)\times 1} = \boldsymbol{X}_{(2m+1)\times k} \boldsymbol{A}_{k\times 1} + \boldsymbol{E}_{(2m+1)\times 1} \tag{2-15}$$

$\boldsymbol{A}$ 的最小二乘解为：$\hat{\boldsymbol{A}} = \left(\boldsymbol{X}^{\mathrm{T}}\boldsymbol{X}\right)^{-1}\boldsymbol{X}^{\mathrm{T}}\boldsymbol{Y}$，将其代入式（2-15），可得 $\hat{\boldsymbol{Y}}$ 为：

$$\hat{\boldsymbol{Y}} = \boldsymbol{X}\hat{\boldsymbol{A}} = \boldsymbol{X}(\boldsymbol{X}^{\mathrm{T}}\boldsymbol{X})^{-1}\boldsymbol{X}^{\mathrm{T}}\boldsymbol{Y} = \boldsymbol{B}\boldsymbol{Y} \tag{2-16}$$

式中：$\boldsymbol{B}$——平滑系数。

从上述分析中可以看出，窗口宽度大小的选择会影响平滑处理的效果，所以在处理中应多选取几个窗口宽度，找到效果最好的窗口宽度值。

（3）导数处理

导数处理是通过对光谱数据进行求导处理来达到消除噪声的目的，使用最多的是对光谱数据求取一阶导数或二阶导数，可以有效减少背景噪声的扰乱，进而提高测量精度，其一阶导数和二阶导数的数学表达式为：

$$\frac{d_y}{d_\lambda} = \frac{y_{i+1} - y_i}{\Delta\lambda} \tag{2-17}$$

$$\frac{d_y^2}{d_{\lambda^2}} = \frac{y_{i+1} - 2y_i + y_{i-1}}{\Delta\lambda^2} \tag{2-18}$$

（4）多元散射校正

使用紫外光谱仪测量水样的紫外吸收光谱时，如果水样比较浑浊，水样中的悬浮颗粒对测量的影响将不能忽略。这些悬浮颗粒将导致一部分紫外光被散射所损耗，若直接使用原始光谱数据将会导致测量结果偏大，而多元散射校正法能够有效避免被测水样对探测光谱的散射影响，在使用原始光谱数据之前进行多元散射校正，可以有效提高测量精度。具体方法如下：

第一步，计算被测样品所有光谱数据的均值：

$$\overline{A(i)} = \frac{\sum_{i=1}^{n} A(i)}{n} \tag{2-19}$$

式中：$A(i)$——第 i 个样品的光谱；

n——需要校正的光谱数；

$\overline{A(i)}$——平均光谱。

第二步，计算原始光谱与 $\overline{A(i)}$ 的最小二乘回归，表达式为：

$$A(i) = r(i) * \overline{A(i)} + a(i) \tag{2-20}$$

式中：$r(i)$——回归常数；

$a(i)$——回归系数。

第三步，对每组光谱数据进行校正：

$$A(i)_{(MSC)} = \frac{A(i) - a(i)}{r(i)} \tag{2-21}$$

式中：$a(i)_{(MSC)}$——多元散射校正光谱。

2.3.3 紫外吸收光谱数据建模方法

紫外光谱仪测量被测溶液时得到的是波长维度的连续谱，由于其数据量过大，直接使用连续的紫外吸收光谱较难快速建立光谱数据与被测溶液浓度之间的数学模型，所以在建模之前应对连续光谱进行特征提取，选取出建模所需的多组特征光谱数据，其实质就是研究多组光谱数据与 TOC 含量间的关系模型。因此，通过建立特征光谱与 TOC 间的多元线性回归模型，实现对水体中 TOC 含量的检测。建模过程如下。

第一步，列出回归方程的一般形式：

$$Z = f(y_1, y_2, \cdots, y_m) + \varepsilon \tag{2-22}$$

式中：$f(y_1, y_2, \cdots, y_m)$——m 元回归函数；

Z——回归变量；

ε——随机误差。

当$m>1$时，式（2-22）可以写成如下形式：

$$Z = b_0 + b_1 y_1 + \cdots + b_m y_m + \varepsilon \tag{2-23}$$

第二步，进行参数估计。

为了得到回归参数的估计值，需要对变量进行观测，假设变量的$n(n>m)$次独立观测数据为：

$$(z_i, y_{i1}, y_{i2}, \cdots, y_{im}), i = 1, 2, \cdots, n$$

则这些数据应该满足式（2-23），即有：

$$\begin{cases} z_1 = b_0 + b_1 y_{11} + \cdots + b_m y_{1m} + \varepsilon_1 \\ z_2 = b_0 + b_1 y_{21} + \cdots + b_m y_{2m} + \varepsilon_2 \\ \qquad\vdots \\ z_n = b_0 + b_1 y_{n1} + \cdots + b_m y_{nm} + \varepsilon_n \end{cases} \tag{2-24}$$

其中$E(\varepsilon_i) = 0$，$Cov(\varepsilon_i, \varepsilon_j) = \delta_{ij}\sigma^2 (i, j = 1, 2, \cdots, n)$，$\delta_{ij} = \begin{cases} 0, i \neq j \\ 1, i = j \end{cases}$。

设 $\boldsymbol{Z} = (z_1, z_2, \cdots, z_n)^{\mathrm{T}}$，$\boldsymbol{Y} = \begin{pmatrix} 1 & y_{11} & y_{12} & \cdots & y_{1m} \\ 1 & y_{21} & y_{22} & \cdots & y_{2m} \\ \vdots & \vdots & \vdots & & \vdots \\ 1 & y_{n1} & y_{n2} & \cdots & y_{nm} \end{pmatrix}$，

$\boldsymbol{\beta} = (b_0, b_1, \cdots, b_m)^{\mathrm{T}}$，$\boldsymbol{\varepsilon} = (\varepsilon_1, \varepsilon_2, \cdots, \varepsilon_n)^{\mathrm{T}}$，

则式（2-24）可以写为：

$$\begin{cases} \boldsymbol{Z} = \boldsymbol{Y\beta} + \boldsymbol{\varepsilon} \\ \boldsymbol{\varepsilon} \sim N(0, \sigma^2) \end{cases} \tag{2-25}$$

式中：$\boldsymbol{Y}$——自变量矩阵；

$\boldsymbol{\beta}$——回归方程系数组成的列向量；

$\boldsymbol{\varepsilon}$——随机误差，$E(\varepsilon)=0$，$Var(\varepsilon)=\sigma^2 I_n$。

为获得 $\boldsymbol{\beta}$ 参数的估计值，可采用最小二乘（LS）进行估计，即选择相应的 $\boldsymbol{\beta}$ 值，使

$$\boldsymbol{Q}(\boldsymbol{\beta})=\sum_{i=1}^{n}\boldsymbol{\varepsilon}_i^{\ 2}=(\boldsymbol{Z}-\boldsymbol{Y\beta})^{\mathrm{T}}(\boldsymbol{Z}-\boldsymbol{Y\beta})$$

达到最小。

将 $\boldsymbol{Q}(\boldsymbol{\beta})$ 对 $\boldsymbol{\beta}$ 求导数，并令其为 0，则计算表达式为：

$$\frac{\partial \boldsymbol{Q}}{\partial \boldsymbol{\beta}}=-2\boldsymbol{Y}^{\mathrm{T}}(\boldsymbol{Z}-\boldsymbol{Y\beta})=0$$

记 $\boldsymbol{L}=\boldsymbol{Y}^{\mathrm{T}}\boldsymbol{Y}$，则有：

$$\boldsymbol{L\beta}=\boldsymbol{Y}^{\mathrm{T}}\boldsymbol{Z} \tag{2-26}$$

式（2-26）为正规方程，其中 $\boldsymbol{Y}$ 为 $n\times(m+1)$ 阶矩阵，一般假定 $rank(\boldsymbol{Y})=m+1$。由线性代数理论可知，$\boldsymbol{L}=\boldsymbol{Y}^{\mathrm{T}}\boldsymbol{Y}$ 为满秩矩阵，其 $rank(\boldsymbol{L})=m+1$，式（2-26）有唯一解，记为：

$$\hat{\boldsymbol{\beta}}=\boldsymbol{L}^{-1}\boldsymbol{Y}^{\mathrm{T}}\boldsymbol{Z} \tag{2-27}$$

将 $\hat{\boldsymbol{\beta}}$ 代回原模型（2-22），得到 $\boldsymbol{Z}$ 的估计值：

$$\hat{z}=\hat{b}_0+\hat{b}_1 y_1+\cdots+\hat{b}_m y_m \tag{2-28}$$

式（2-28）表示为 $\hat{\boldsymbol{Z}}=\boldsymbol{Y}\hat{\boldsymbol{\beta}}$，它的残差为 $\boldsymbol{e}=\boldsymbol{Z}-\hat{\boldsymbol{Z}}$，可作为 $\boldsymbol{\varepsilon}$ 的估计，计算 $\boldsymbol{e}$ 的平方和的数学表达式为：

$$\boldsymbol{Q}=\sum_{i=1}^{n}e_i^2=\sum_{i=1}^{n}(z_i-\hat{z}_i)^2 \tag{2-29}$$

式中：$\boldsymbol{Q}$——残差平方和；

e_i^2——残差的平方。

当 $|\boldsymbol{L}|\neq 0$ 时，式（2-27）中的 $\hat{\boldsymbol{\beta}}$ 为参数 $\boldsymbol{\beta}$ 的 LS 估计量。在实际问题的解决中，称 $\hat{z}=\hat{b}_0+\hat{b}_1 y_1+\cdots+\hat{b}_m y_m$ 为经验性回归方程。

第三步，进行统计分析。

设 $\hat{\boldsymbol{\beta}}$ 是 $\boldsymbol{\beta}$ 的线性无偏最小方差估计，$\hat{\boldsymbol{\beta}}$ 服从正态分布，数学表达式为：

$$\hat{\boldsymbol{\beta}} \sim N(\boldsymbol{\beta}, \sigma^2(\boldsymbol{Y}^{\mathrm{T}}\boldsymbol{Y})) \tag{2-30}$$

求 Q 的数学期望，$E(Q)=(n-m-1)\sigma^2$，且

$$\frac{Q}{\sigma^2} \sim \chi^2(n-m-1) \tag{2-31}$$

由此得到 σ^2 的无偏估计，表达式为：

$$s^2 = \frac{Q}{n-m-1} = \hat{\sigma}^2 \tag{2-32}$$

式中：s^2——剩余方差；

s——剩余标准差。

对 z 的样本方差 $S=\sum_{i=1}^{n}(z_i-\bar{z})^2$ 进行分解，有：

$$S = Q+U, U=\sum_{i=1}^{n}(\hat{z}_i-\bar{z})^2 \tag{2-33}$$

式中：U——回归平方和，反映自变量对 z 的影响；

Q——残差平方和，反映随机误差对 z 的影响。

第四步，回归模型的假设检验。

令原假设为：

$$\mathrm{H}_0 : b_j = 0, j=1,2,\cdots,m$$

当 H_0 成立时，U 和 Q 满足：

$$F=\frac{U/m}{Q/(n-m-1)} \sim F(m, n-m-1) \tag{2-34}$$

在显著水平 α 下有 $1-\alpha$ 分位数 $F_{1\text{-}\alpha}(m,n-m-1)$，若 $F<F_{1\text{-}\alpha}(m,n-m-1)$，则接受 H_0，否则拒绝 H_0。

U 与 S 的比值定义为：

$$R^2=\frac{U}{S} \tag{2-35}$$

式中：R^2——为决定系数。

在 0 到 1 之间，$R=\sqrt{R^2}$ 称为复相关系数，R 越大表示 z 与 $y_1,y_2,\cdots,y_m$ 线性相关性越好。

2.4 紫外吸收光谱的基础理论

2.4.1 紫外吸收光谱的形成机理

大自然所有的物质都是由分子、原子、离子组成的，这些粒子各自活跃在属于自己的位置，在特定的、分立的轨道上运动、互不影响，不同轨道上的电子具有分立的能量，这些能量值即为能级。但是这些粒子的状态不稳定，容易受到外界各种环境的干扰，运动状态会相应改变，发生能级跳变，从一个能级跳跃到相邻的能级或者更远的能级上，这种现象称为能级跳跃。当光线照射到物质表面，部分频率的光被选择性吸收，光的强度会逐渐变弱，这种物理现象被称为物质对光的吸收现象。产生吸收光谱的条件是分子或原子状态的改变，发生吸收现象的同时，物质内部能量增加，物质中的分子或原子从基态上升为激发态。当物质所吸收的电磁辐射能与该物质的几个能级间跃迁所需要的能量满足$\Delta E=hv$ 的关系时，将产生吸收光谱，满足以下公式：

$$M^*-M=hv \tag{2-36}$$

式中：M——基态能量；

M^*——激发态能量；

h——普朗克常数（6.63×10^{-34} J·s）；

v——光频率。

有机化合物分子中的外层电子受到能量冲击后会产生能级跃迁，由式（2-8）可知，通过相关公式计算出光的频率，可以得到光的波长，计算方程为：

$$M^*-M=\frac{hc}{\lambda} \tag{2-37}$$

式中：λ——光的波长；

c——真空中的光速（3×10^8m/s）。

在有机化合物分子中有形成单键的 σ 电子、有形成双键的 π 电子、有未成键的孤对 n 电子。

这三种类型的电子均与紫外吸收光谱有密不可分的联系，在紫外吸收光谱中，电子的跃迁有 σ→σ*、n→σ*、π→π*和 n→π*四种类型，其中 σ→σ*跃迁需要的能量最高，所需能量顺序如下排列：σ→σ*>n→σ*>π→π*>n→π*。一般紫外可见光谱仪对 σ→σ*的跃迁无法测量，只能检测其余三种（190—850nm）跃迁范围的单色光。

2.4.2 朗伯-比尔定律

朗伯-比尔定律是紫外吸收光谱法检测分析 TOC 浓度的理论基础，同时也是吸收光谱的基本定律，是描述物质对某一波长光吸收的强弱与吸光物质的浓度和溶液厚度之间的关系，示意图如图 2-12 所示。其定义如下：当一束平行单色光垂直通过某一均匀非散射的吸光物质时，其吸光度 A 与吸光物质的浓度 c 及吸收层厚度 l 成正比，与透光度 T 成反比关系，吸收物质浓度越大，被测物质的厚度越大，光强度的减弱越明显。朗伯-比尔定律的适用需满足入射光为平行单色光且垂直照射、吸光物质为均匀非散射体系和吸光质点之间无相互作用等条件，才能较为精确地进行各种分析检测实验。

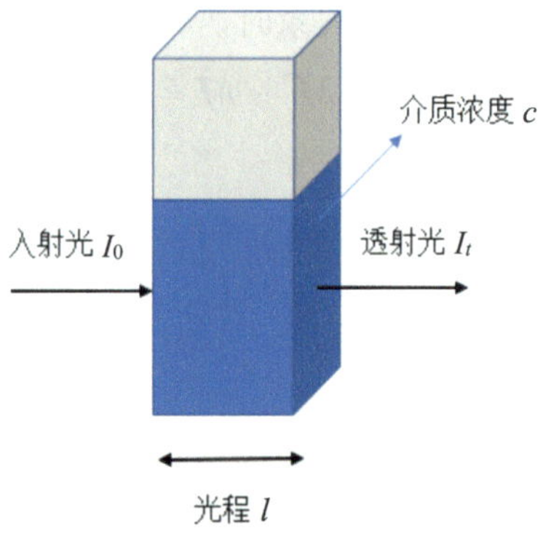

图 2-12　朗伯-比尔定律示意图

朗伯-比尔定律用公式表达可表示为：

$$A = \lg\frac{I_0}{I_t} = \lg\frac{1}{T} = \varepsilon lc \tag{2-38}$$

式中：A——吸光度；

I_0——入射光强度；

I_t——透射光强度；

T——透光度；

ε——摩尔吸收系数；

l——光程；

c——物质的浓度。

在进行光谱法测量物质与吸光度关系时，由于物质可能含有多种元素，则多种元素对光的吸收度有所差异，评价物质总吸光度的大小就需要借助吸光度的加和性。加和性的定义为：当物质由多种元素组成时，各个元素之间不发生相互关系和作用，则在某一波长下物质的介质总吸光度 A_{total} 是各元素在该波长下吸光度 A_i 的加和，称为吸光度的加和性，用公式表达为：

$$A_{\text{total}} = A_1 + A_2 + \cdots + A_n = \sum_{i=1}^{n} \varepsilon_i c_i b_i \tag{2-39}$$

式中：c——被测物质浓度；

b——光程；

ε——吸收系数。

其中吸收系数 ε 是指物质在单位光程和单位浓度下的吸光度，易受到溶液的物理特性和其他吸收杂质的干扰，吸收系数 ε 的数值越大，则光谱法检测被测样本的灵敏度越高，所以 ε 可以作为判定物质吸光物理性质的重要参数和依据。

紫外吸收光谱中可以得到各个数据吸收带的 $\lambda_{\max}$ 和 $\varepsilon_{\max}$ 两个重要评价标准。这两个参数反映了自然界物质分子中生色团或者生色团与助色团的相互关系，即分子共轭体系的特征。分子中不同生色团的相互关系可分为共轭和非共轭关系，前者中各生色团吸收可以相互累加，发生谱带的吸收峰强度的变化，表现形式为发生增色和减色效应；后者的吸收峰会重新产生，部分基团可以使吸收峰位置发生谱带变化的红移或蓝移现象。

鉴于此，本书将重点研究总吸光度与海水 TOC 数值、海水物理性质及影响到入射光的能量的参数之间的关系，研究被测模型受各个干扰因素影响而发生的变化和规律，并对各影响因素进行适当补偿和校正。重点研究海水物质中不同生色团的紫外吸收机理、吸收峰位置与偏移机制，为海水 TOC 的光谱检测方法提供理论指导和抗干扰优化基础。

2.4.3 浊度对紫外吸收光谱检测的影响机理

浊度可以定义为溶液对光线通过时所产生的阻碍程度，它包括悬浮物对光的散射和溶质分子对光的吸收。海水的浊度不仅与水中悬浮物质的含量有关，而且与它们的大小、形状及折射系数等有关，如图 2-13 所示，浊度是影响水质检测的一项重要指标。传统国标燃烧法测量海水中 TOC 物质的浓度时需提前使用过滤设备对水样进行反复的过滤提取，以最大限度地减少水样中的各种悬浮物颗粒。而光谱法检测 TOC 浓度是海水实时原位测量，无法进行水样的过滤，因此不可忽略浊度对于检测的影响。当传感器发出的光与水中固体颗粒发生相互作用时，可产生反射、吸收、透射、散射等情况，这些影响产生的多反射散射光谱可能会覆盖原有的水质样本的结构和组成信息。因此本书将研究浊度对紫外吸收光谱检测水样的吸收影响规律，并在原理光谱层面进行浊度的补偿和校正，提高光谱法检测 TOC 浓度的准确性。

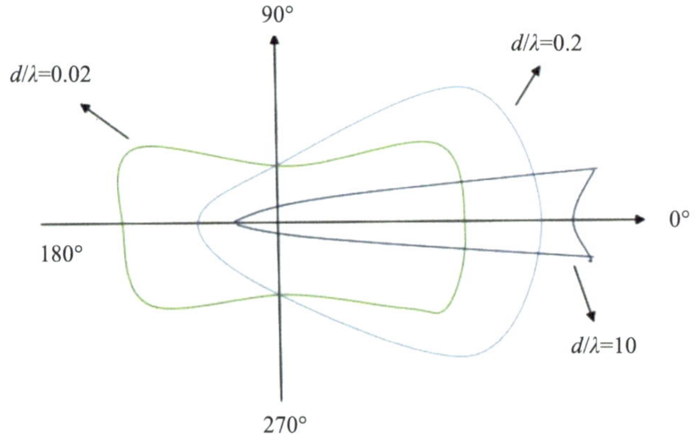

图 2-13　介质粒径与波长比值和入射光与散射光的角度关系

2.4.4 温度对紫外吸收光谱检测的影响机理

海水温度是海洋水温状况中最重要的因素之一，常作为研究水团性质的因素，描述水团的运动，也是反映海水热状况的物理量。相关研究表明，世界海洋的水温变化，一般在-2—30℃，整个海洋面积超过一半以上的年平均水温为 20℃左右，并不会发生较大梯度的改变。温度的变化宏观上是数字的增减，微观上会影响海洋物质分子层面的改变。采用光谱法测量时，当外界温度发生较大变化时，溶液中的物质运动状态会发生改变，如图 2-14 所示。紫外吸收与物质的电子结构有非常密切的联系，可能使物质的激发态电子发生变化进而影响光谱法测量结果。本书将研究不同水温下，化合物的紫外吸收光谱同化合物基本物理化学结构的联系与变化方式，为紫外吸收光谱测量 TOC 的模型优化提供支持。

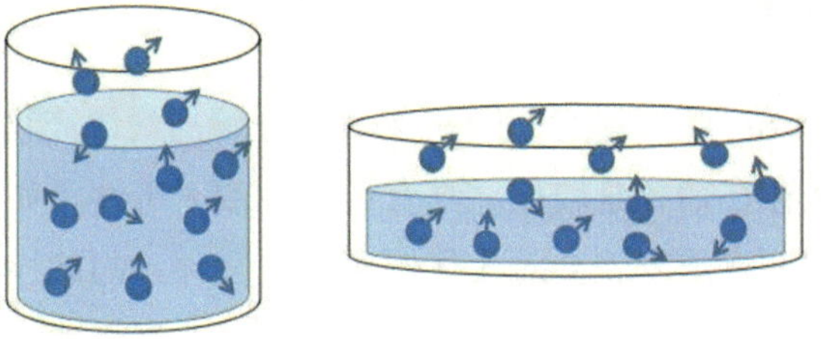

图 2-14　温度变化对物质运动状态的改变

2.4.5 pH 对紫外吸收光谱检测的影响机理

海水的 pH 变化主要是由空气中二氧化碳浓度值的多少决定的，二氧化碳溶于水生成碳酸可以调节海水的 pH，海水的 pH 一般在 7.5—8.2 的范围变化，不会发生突然较大幅度的增加或者降低，因此可以保护海洋生物的生长与生活。当海水的环境受到人类活动或者极端天气影响使其酸碱度发生变化时，可能会引起物质生色团中共轭与非共轭的关系发生变化，从而改变介质紫外吸收光谱的峰值或者使该光谱发生红移或者蓝移现象，如图 2-15 所示。本书将研究这些峰移现象与规律，分析传感器工作最佳海水环境的酸碱度变化，为海水 TOC 检测建模优化提供补偿信息。

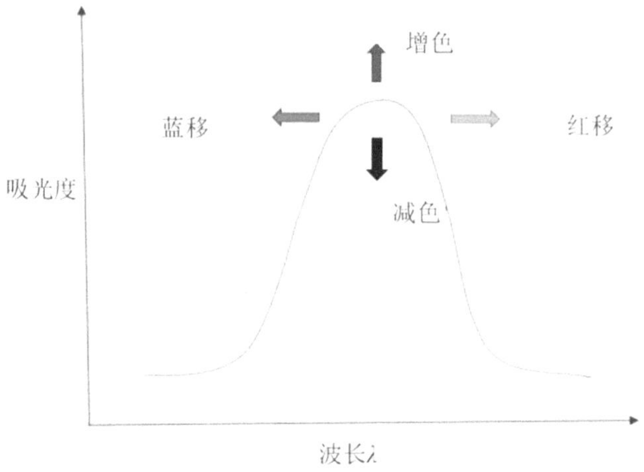

图 2-15　吸收光谱谱带变化图

2.4.6 硝酸盐氮对紫外吸收光谱检测的影响机理

硝酸盐氮（NO_3-N）是含氮有机物氧化分解的最终产物。水中的硝酸盐氮以硝酸盐形态存在，含量较低，具有低毒性或无毒性，如果饮用水中的硝酸盐氮含量超过一定浓度就会对人体健康产生危害，因此检测水中的硝酸盐氮含量逐渐成为科研人员的研究对象，检测方法发展迅速。其中紫外分光光度法利用紫外吸收光谱进行浓度测量，原理是根据硝酸根离子在紫外区220nm 波长处的吸收而测定硝酸盐氮。溶解的有机物在 220nm 处和 275nm 处均有吸收，而硝酸根离子在 275nm 处没有吸收。本书将利用国标硝酸盐氮标准液进行相关实验，研究和分析海水中硝酸盐氮对紫外吸收光谱检测 TOC 的影响。

2.4.7 盐度对紫外吸收光谱检测的影响机理

海水盐度的定义为海水中全部溶解固体与海水重量的比值，国际上常用盐度来表示海水中盐类物质的质量分数。研究资料表明，地球海洋的平均盐度为 35‰。海水含盐量是海水的重要特性，因此对海洋中盐度的分布及其变化规律的研究，在海洋科学中占有重要的地位。采用紫外吸收光谱法测量海水 TOC 时，海水盐度主要影响成分为 NaCl，NaCl 可能在紫外波段存在吸收，与 TOC 物质的吸收波段存在交集，不能忽视其对光谱法测量 TOC 结果的干扰，需经相关实验研究和分析海水盐度对吸收光谱和传感器的影响。因此本书将研究 NaCl 对 TOC 标准液的吸收光谱的影响，开展相关实验，找出二者之间的关系，为优化传感器奠定基础。

2.5 TOC 紫外三维荧光形成机制

2.5.1 荧光产生过程

生活中的大部分物质都是由微小的分子粒子或者原子粒子构成的，分子又可以由原子构成，原子又是由每时每刻运行的原子核和电子构成。根据量子力学原理可知，原子核外的电子以原子核为中心在核外轨道上高速运转。根据核外轨道上的能量大小分级别，距离原子核较近的轨道所具有的能量较小，称为低能级；距离原子核较远的轨道所具有的能量较大，称为高能级。高能级与低能级之间的能量差是量化的，具体公式表达为：

$$\Delta E = E_2 - E_1 = h\nu' = hc / \lambda \tag{2-40}$$

式中：h——普朗克常量，大小为 6.63×10^{-34} J·s；

c——真空中的光速，大小为 3×10^{8} m/s；

λ——光子的波长。

荧光是物质经某个特征波长激发光进行照射后，从而发出大于激发光波长的光物理现象。其本质是物质分子吸收了激发光的能量，短波长的激发光使其周围的电子由基态跃迁到能量更高的第一激发态，或是第二激发态的高能级状态。电子在激发态的状态很不稳定，它们会以多种不同的形式释放吸收的能量，电子释放能量之后从而回到基态，这是一个很复杂的过程。在电子从激发态回到基态的过程中会以光子形式释放吸收的能量，从而产生了荧光，荧光衰减的时间一般可以从皮秒到微秒量级。原子荧光是光致发光原理，荧光会在激发光源停止照射的时候立即停止。有机物荧光的产生主要是组成有机物的分子吸收不同波长的光，致使有机物分子从基态被激发到激发态，激发态是一个不稳定的状态，造成了有机物分子过一段时间会回到基态，这一过程也叫分子的去活化，在这种复杂的分子运动过程中会产生荧光。

有机物分子外的电子个数大部分都是偶数，在没有受到激发时，这些电子都会成对存在于各个低轨道中。同一个轨道中两个电力的自旋方向绝对是相反的，这种现象叫作自旋配对。当原子核外的所有电子进行自旋配对的时候，该状态就被称为单重态，用G=0表示，分子此时的状态用G表示。大部分有机物分子的原子核外部电子都是自旋配对，所以分子的状态都是处于单重态。如果核外的电子在吸收能量进行跃迁的过程中电子自旋方向没有变化，将会处于激发单重态而不会发生状态变化；如果在跃迁过程中的电子自旋方向发生变化，因而产生两个不配对的自旋电子，用G=1表示，这时分子状态被称为激发的三重态，用符号T表示。T_1和T_2分别代表第一和第二电子激发三重态，符号G_0、G_1和G_2分别代表分子的基态、第一和第二电子激发单重态。

2.5.2 三维荧光光谱技术概述

在一般的情况下，对各类物质激发出的荧光光谱图大部分都是二维曲线平面图。二维光谱图明显的缺点就是信息量较少，而三维的荧光光谱较二维的荧光光谱具有信息量丰富、灵敏度高、选择性好等优点，能更全面地反映出物质的真实情况。所以，本书采用三维荧光光谱技术应用在水体 TOC 的检测方面，可以获得更多关于水体中有关 TOC 的有用信息，有利于提高检测精度。三维荧光光谱图有三维的立体图和二维等高线图两种常用表现形式，三维立体图比较形象且直观，可以直接从立体图中看出荧光的具体位置，但是会存在因视角的不同而造成荧光峰被遮挡的可能性，不能全面看见所有的有用光谱信息；三维荧光光谱技术的应用中更为常用的是等高线图，因为它不仅能提供荧光峰的变化趋势和荧光强度信息，还可以直接看到所有的荧光峰，荧光峰的不同颜色代表着不同荧光强度，而且不存在被遮挡的问题，从而可以直观地获取更多光谱信息。三维荧光光谱图的两种表现形式如图 2-16 所示。

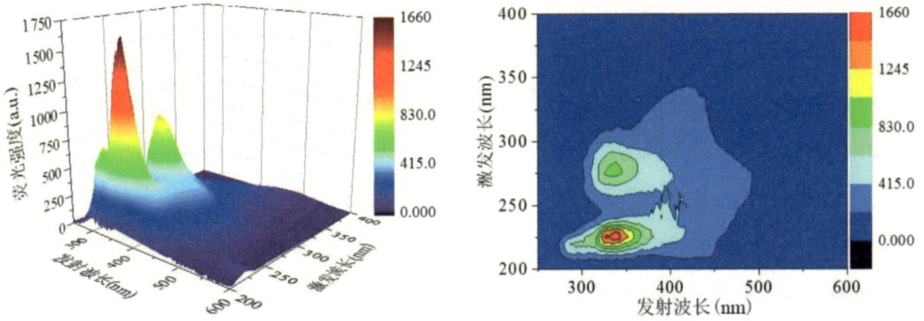

a—立体图 b—等高线图

图 2-16 三维荧光立体图和等高线图

2.6 TOC 三维荧光光谱分析

2.6.1 实验样本与仪器

实验样本采用浓度为 1000mg/L 的邻苯二甲酸氢钾（Potassium Hydrogen Phthalate，KHP）作为溶质的 TOC 标准液，分子式为 $C_8H_5O_4K$。配置 TOC 标准液采用量程为 10—100μL、100—1000μL、0.5—5mL 以及精度分别为 0.1μL、1μL、0.001mL 的高精度移液枪，量程为 100mL 的烧杯，一次性塑料离心管和胶头吸管若干。

仪器采用日本 Hitachi 公司研发的 F-7000 型的荧光分光光度计，光源采用 150W 的大功率氙灯，仪器的设置参数为：激发光波长范围：200—400nm，间隔为 5nm，发射波长范围：200—600nm，间隔为 2nm；实验溶液载具采用石英玻璃材质的比色皿，实验室条件：温度为 24—26℃，湿度为 50%—60%。

2.6.2 光谱采集与分析

首先，经过重蒸馏水按比例稀释成不同浓度的实验样本。采用 F-7000 型的荧光分光光度计对配置完成的 1mg/L、35mg/L 高低浓度的 TOC 标准液以及秦皇岛海域海水、秦皇岛市汤河口水域的水样进行荧光的激发并采集三维荧光光谱数据。但是，采集的三维荧光原始光谱中存在很强的散射峰以及各类倍频散射峰，产生的散射峰噪声会掺杂在原始的荧光光谱中，对三维荧光光谱中的荧光峰造成了一定的影响，甚至可以将有用的荧光峰数据信息淹没。目前，对三维荧光光谱图去除散射的方法有背景扣除法、插值法，其中 Delaunay 三角形内插值法应用较为广泛。所以需要采用 Delaunay 三角形内插值法去除光谱中各类散射峰，而此算法的优点就是在去除各类噪声的基础上基本不会改变光谱中的有用信息，可以有效提高荧光光谱数据的信噪比。通过 Delaunay 三角形内插值法处理之后三维荧光光谱图如图 2-17 所示。

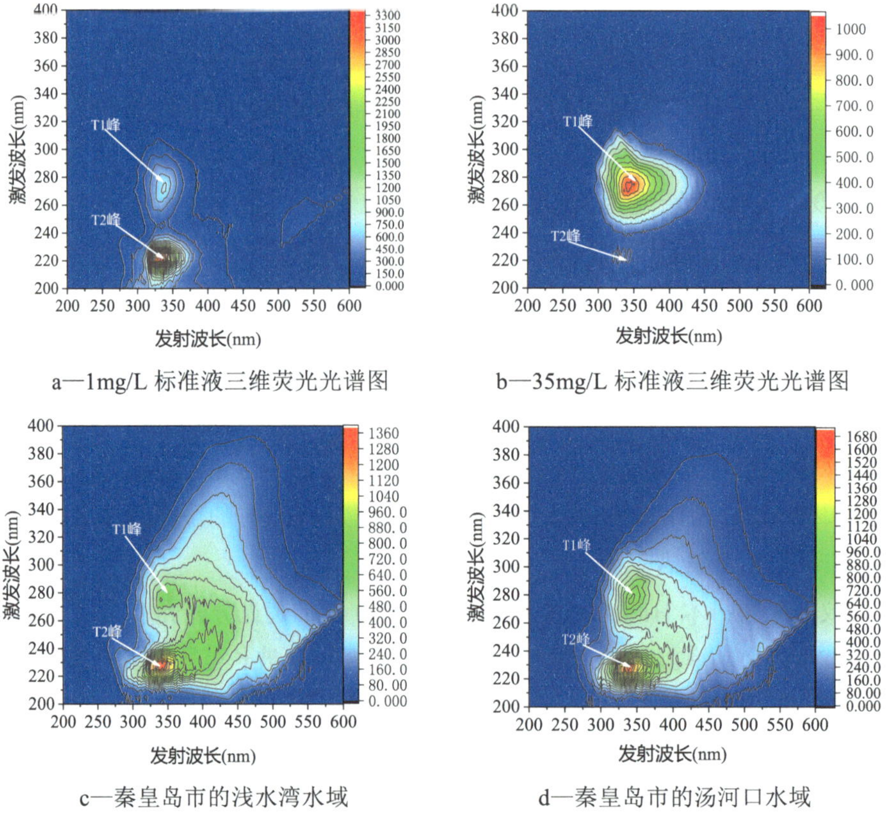

a—1mg/L 标准液三维荧光光谱图　　b—35mg/L 标准液三维荧光光谱图

c—秦皇岛市的浅水湾水域　　d—秦皇岛市的汤河口水域

图 2-17　TOC 标准液以及多水域水样的三维荧光光谱图

由图 2-17 可知，在以中心波长为 215—285nm 作为激发波长的条件下，可以在 305—430nm 之间激发出效果较好的三维荧光。从图 2-17 中的 a、b 可知，当采用 215—235nm 范围内的波长作为激发波长时，在低浓度 TOC 的溶液中，T2 荧光峰的效果较好，而溶液中的 TOC 浓度逐渐升高时，

T2 荧光峰会慢慢减弱而逐渐消失，从而使测量高浓度 TOC 的荧光光谱因没有荧光峰数据而失去意义。而采用 255—285nm 范围内的波长作为激发波长时，溶液中的 TOC 浓度不断变化，而光谱中的 T1 荧光峰一直存在，所以更具有普适性。对图 2-17 三维荧光光谱中激发波长为 255—285nm 对应的荧光光谱曲线提取如图 2-18 所示。

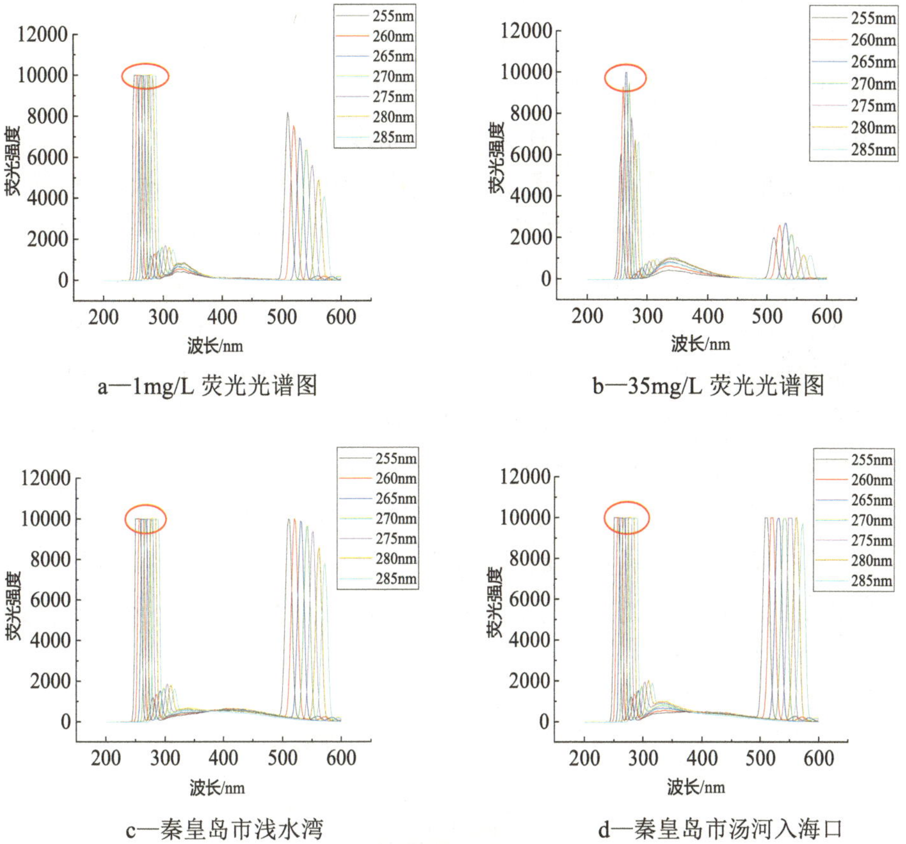

a—1mg/L 荧光光谱图　　b—35mg/L 荧光光谱图

c—秦皇岛市浅水湾　　d—秦皇岛市汤河入海口

图 2-18　255—285nm 作为激发波长的三维荧光光谱曲线

通过对图 2-18 的荧光光谱曲线图进行分析可知，圈范围内激发波长的光谱过度饱和是因为光源的能量过高，但是对于荧光光谱数据属于无用数据，对于后续荧光光谱数据的预处理以及建模基本无影响，采用 255—285nm 作为激发波长可以在 305—430nm 之间激发出效果较好的荧光峰，产生的荧光峰数据也更具有普适性。

2.7 TOC 特征波长的选择

现在的仪器以及传感器大部分都采用大功率连续光源作为激发光源，明显的缺点就是功耗过大以及对于电源的要求较高，因此，采用毫瓦级别功耗的LED代替大功率光源，对降低功耗具有重要意义。考虑到方案的可实现性和复杂度，在保证满足荧光光谱法技术对数据信息的要求下，牺牲大功率连续光源部分激发波长产生的荧光光谱信息。本书采用的谱扫描间隔10nm，所以采用中心波长为215nm、225nm、235nm、255nm、265nm、275nm、285nm的LED作为激发光源可以在305—430nm之间激发出效果较好的三维荧光。又因现在市场上没有中心波长为215nm、225nm、235nm的紫外LED，所以最终采用中心波长为255nm、265nm、275nm、285nm的紫外LED阵列作为激发光源代替连续的大功率光源。

现在市面上有很多因其灯体结构不同而分类成不同封装的LED，如SMT型封装、COB型封装、TO39型封装等，而因为封装不同会使LED的配光曲线不同，会造成LED发光的发散角度不同，也会导致LED光束的单位能量密度有差别，最终根据LED光束能量的不同而用于不同的用途。通过对同一中心波长不同封装的LED配光曲线进行对比可知，TO39封装的LED发光的发散角度最小，可以使LED光束能量更加聚集，通过光照产生的单位能量密度更强。TO39封装的LED实物图以及配光曲线如图2-19、2-20所示。

图 2-19　TO39 型封装 LED 实物图

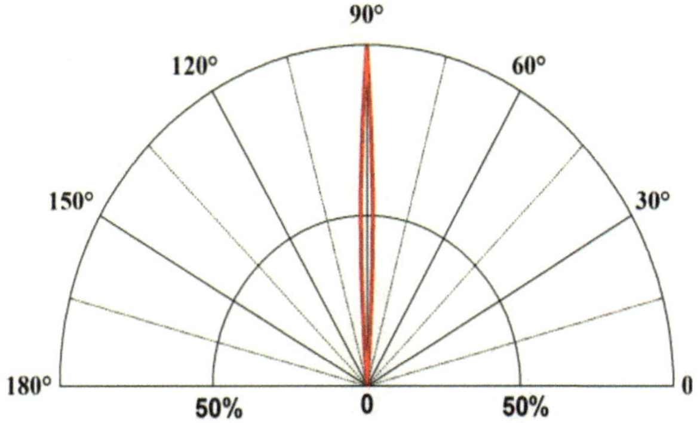

图 2-20　TO39 型封装 LED 的配光曲线

所以，通过综合考虑最终采用封装为 TO39 型，中心波长为 255nm、265nm、275nm、285nm 的紫外 LED 组成阵列作为实验的激发光源代替传统的大功率光源。

2.8 定量分析建模理论

2.8.1 光谱法检测水质 COD 的基本流程

基于光谱法的定量分析建模主要是利用化学计量学（Chemometrics）方法建立光谱信息与水质参数之间的关系模型。化学计量学是将数学、统计学和计算机科学应用于化学的一门新兴的交叉学科，是化学量测的基础理论与方法学，已经成为当今化学发展的前沿领域之一。化学计量学的出现和应用，使得光谱分析进入了一个新时代，光谱和化学计量学的结合已成为一种快速和高效的分析技术。

本书采用紫外光谱和荧光光谱数据对水质的 COD 进行检测，基于多光谱的方法对水质参数进行定量分析主要有以下三方面的工作：

（1）光谱的预处理及特征光谱的提取；

（2）基于特征光谱数据建立定量分析模型，包括单一谱源的模型和多光谱信息融合模型的建立，并对比模型效果，选出最优模型；

（3）以最优模型作为分析模型，对待测样品的相关参数进行预测分析。

基于光谱法检测水质 COD 的基本流程如图 2-21 所示。

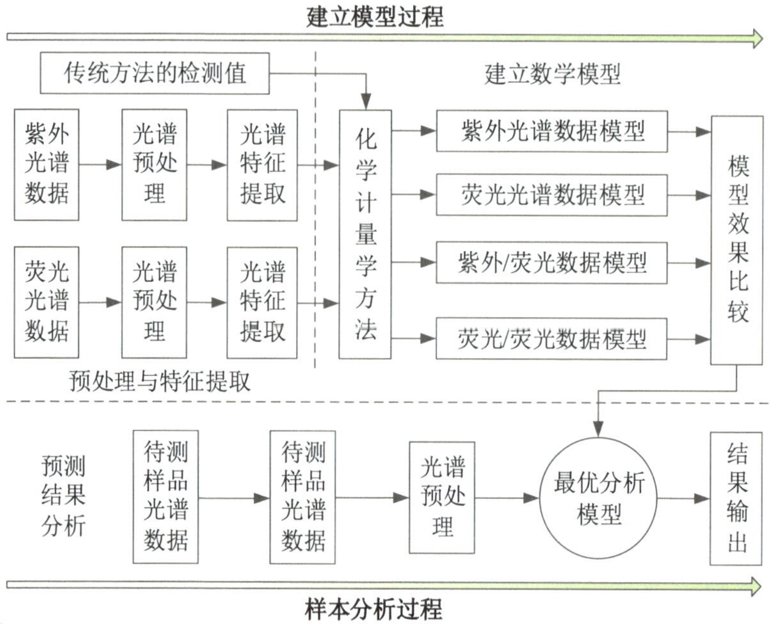

图 2-21　基于光谱法检测水质 COD 的基本流程图

由图 2-21 可知，基于光谱法检测水质 COD 的基本流程分为建立分析模型过程和样本分析过程两个主要过程。建立模型过程又包括光谱的预处理和特征光谱的提取以及不同数学模型的建立过程，最后经过模型效果的对比选择出最优分析模型，用于对预测集样本进行分析。

2.8.2 光谱预处理技术

通过实验采集的样品光谱中除了含有其本身的化学组成及浓度信息外，也会受到样品自身物理性质的影响，加之实验仪器的性能、实验环境及实验人员在操作过程中引入的误差等影响，都会引入与样品无关的干扰信息，这些干扰信息会造成光谱的基线平移或漂移、光谱信噪比下降等，从而影响光谱分析结果。因此，这些光谱数据在使用前应进行预处理。本节将用不同的方法分别对紫外和三维荧光光谱数据进行预处理。

2.8.2.1 紫外光谱数据的预处理

本书所用到的实际水样（海水水样 22 份，地表水水样 31 份）的紫外吸收光谱图如图 2-22 所示。从图 2-22 中可以看出，原始的紫外光谱存在噪声和基线的漂移。选择合适的光谱预处理方法可以有效抑制背景噪声及减小外界因素的影响，提高谱图与样品本身化学成分之间的相关性，从而提高预测模型的鲁棒性和适用性。

下面针对几种常用的二维光谱预处理方法进行介绍，并采用各预处理方法对原始光谱数据进行预处理。

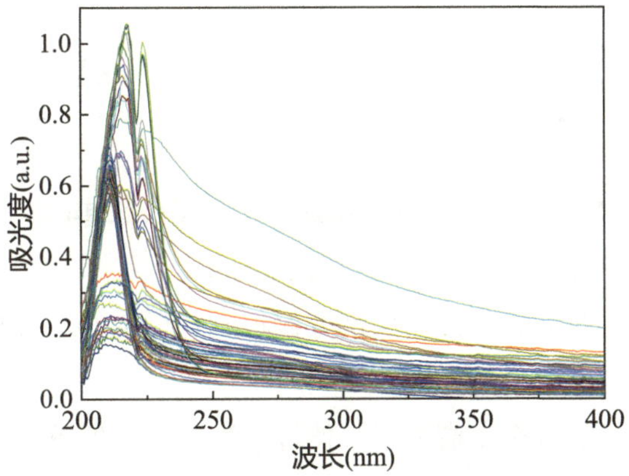

图 2-22　实际水样的紫外吸收光谱曲线

（1）数据平滑（Smoothing）

通过对光谱数据的平滑处理可以减小误差以改进数据，提高光谱的信噪比。

Savitzky-Golay 多项式平滑（SG 平滑）是一种常用的数据平滑处理方法，在进行平滑处理时使用最小二乘拟合对移动窗口内的光谱数据进行最小二乘多项式拟合。该方法的平滑过程也可看作一种加权平均的过程，表达式如式（2-41）所示：

$$p_i = \frac{\sum_{j=-m}^{m} p_{i+j} w_j}{\sum_{j=-m}^{m} w_j} \tag{2-41}$$

原始光谱经过 SG 平滑后的效果如图 2-23 所示。由图 2-23 可知，原始光谱经过 SG 平滑后，光谱曲线的噪声明显降低而光谱的形状未发生改变。

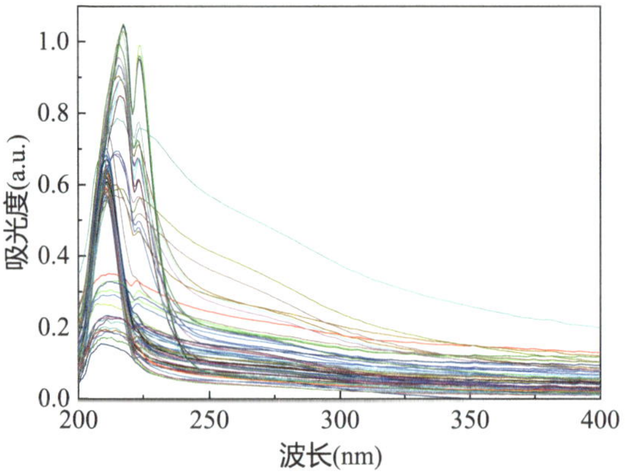

图 2-23 实际水样紫外光谱 SG 平滑预处理结果

（2）数据规范化处理（Data Enhancement）

数据规范化处理算法包括消除常数偏移量、标准正态变换、矢量归一化和最小最大归一化等。

消除常数偏移量是将光谱平移，使每一列的元素值的最小值置零，其公式为：

$$x'_{ij} = x_{ij} - \min(x_j) \tag{2-42}$$

标准正态变换（Standard Normal Variate，SNV）假设光谱曲线的光谱数据服从一定的统计分布，则可以利用该统计分布对光谱曲线进行校正，SNV 也被称作标准归一化。其公式为：

$$X_{i(\mathrm{SNV})} = \frac{X_i - \mu}{\sigma} \tag{2-43}$$

式中：X_i——原始光谱数据；

μ——光谱数据平均值；

σ——光谱数据的标准偏差。

实际水样的紫外吸收光谱数据经消除常数偏移量和标准正态变换处理后的效果如图 2-24 所示。其中，图 2-24 a 为原始紫外光谱数据经 SG 平滑后再进行消除常数偏移量的效果，图 2-24 b 为标准正态变换预处理的效果。

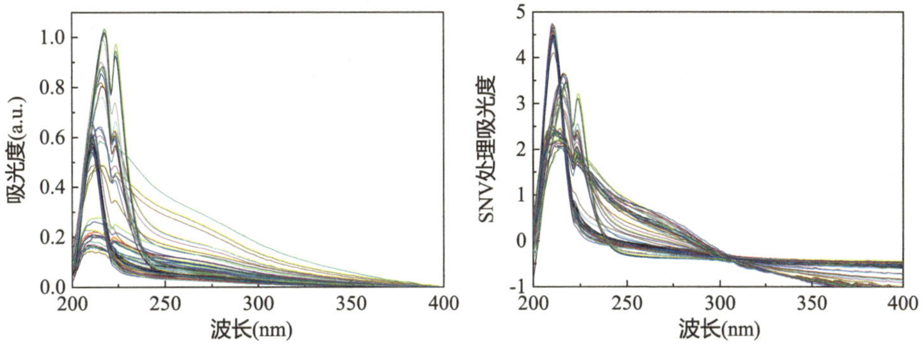

a—消除常数偏移量　　　　　　　　b—标准正态变换处理

图 2-24　实际水样紫外光谱的消除偏移量和标准归一化预处理效果

矢量归一化（Vector Normalization，VN）处理是将原始光谱数据矩阵中每一个元素减去该元素所在列的均值后再除所在列所有元素的平方和方根的操作，其公式为：

$$x'_{ij} = \frac{x_{ij} - \overline{x_j}}{S_j} \tag{2-44}$$

式中：$\overline{x_j} = \frac{1}{n}\sum_{i=1}^{n} x_{ij}$ ——数据矩阵的第 j 列元素的平均值；

$S_j = \sqrt{\sum_{i=1}^{n} {x_{ij}}^2}$ ——数据矩阵的第 j 列元素的平方和方根。

最小最大归一化（Minimum Maximum Normalization，Min-Max Nor）处理可将量纲不统一的各种变量幅值变换到[0, 2]范围内的数据。首先将原始数据矩阵减去一个线性偏移，然后乘以一个常数 k，使得 Y 轴最大值为 2。该方法还适用于不同数据类型和数据取值范围差别较大的数据集预处理。其公式为：

$$x'_{ij} = k[x_{ij} - \min(x_j)] \tag{2-45}$$

式中：min（x_j）——原始矩阵中第 j 列元素的最小值；

k ——原始矩阵中第 j 列元素的常数。

实际水样的紫外吸收光谱数据经最小最大归一化和矢量归一化处理后的

效果如图 2-25 所示。其中，图 2-25 a 为原始紫外光谱数据经最小最大归一化预处理的效果，图 2-25 b 为矢量归一化预处理的效果。

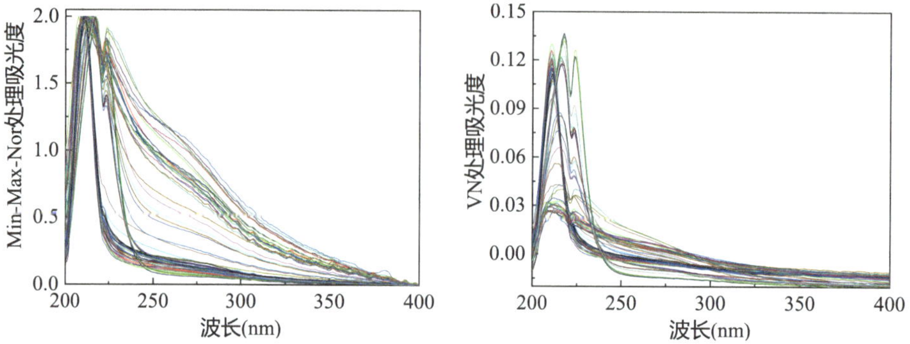

a—最小最大归一化处理　　　　b—矢量归一化处理

图 2-25　实际水样紫外光谱的归一化处理结果

（3）多元散射校正（Multiplication Scattering Correction，MSC）

当待测对象的光谱数据和浓度信息之间存在较好的线性相关性时，该预处理算法可以取得较好的效果，多波长模型中常用 MSC 作为预处理方法。具体的算法过程为：

先计算平均光谱：

$$\overline{X_i}=\frac{1}{n}\sum_{i=1}^{n}X_i \tag{2-46}$$

然后进行一元回归：

$$X_i=m_i\bar{X}+b_i \tag{2-47}$$

最后对每条光谱进行校正：

$$X_{i(\mathrm{MSC})}=\frac{1}{m_i}(X_i-b_i) \tag{2-48}$$

式中：$\overline{X_i}$——样本的平均光谱；

X_i——第 i 个样本的光谱；

n——待校正的光谱数量；

m_i——回归方程的斜率；

b_i——回归方程的截距。

经过校正后得到的紫外吸收光谱数据可以有效地抑制散射的影响，从而增强了与成分含量相关的光谱吸收信息。实际水样的紫外光谱经多元散射校正处理后的效果如图 2-26 所示。

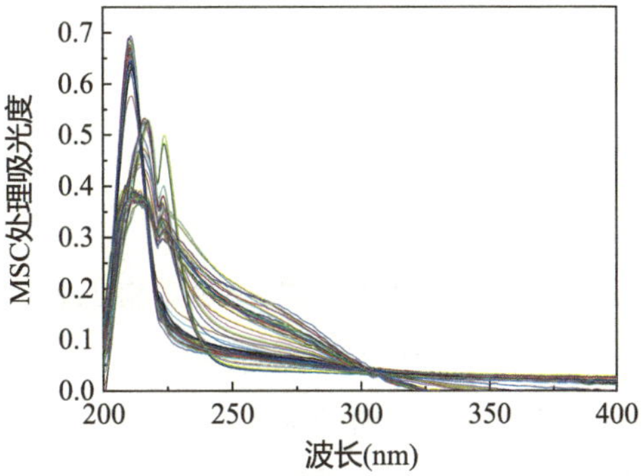

图 2-26　实际水样紫外光谱多元散射校正预处理结果

（4）光谱数据求导（Derivative）

光谱数据的求导预处理方法已在各类光谱分析中得到广泛的应用，最常用的是一阶导数和二阶导数预处理。一阶导数预处理方法的表达式如式（2-49）所示，二阶导数预处理方法的表达式如式（2-50）所示：

$$\frac{d_y}{d_\lambda}=\frac{y_{i+1}-y_i}{\Delta\lambda} \tag{2-49}$$

$$\frac{d_y^2}{d_{\lambda^2}}=\frac{y_{i+1}-2y_i+y_{i-1}}{\Delta\lambda^2} \tag{2-50}$$

实际水样的紫外光谱经导数处理后的效果如图 2-27 所示。

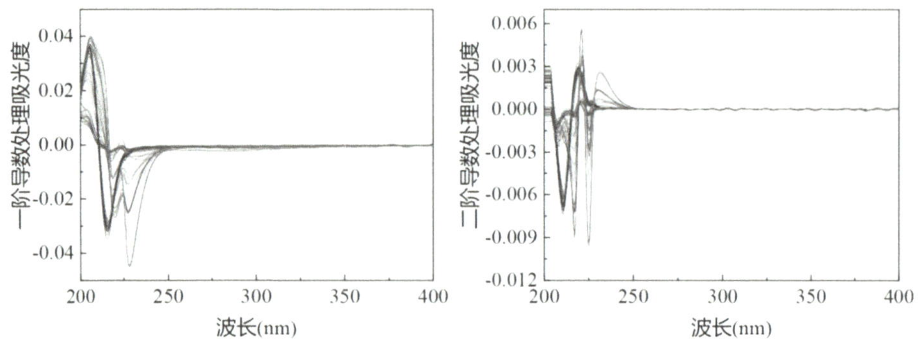

a—一阶导数处理　　　　b—二阶导数处理

图 2-27　实际水样紫外光谱数据求导预处理结果

分别将图 2-23—图 2-27 与图 2-22 进行对比可知，经预处理方法处理的实际水样光谱数据均保留了原始光谱的吸收特性，如消除常数偏移量后的光谱曲线最小值已降为 0，而经过一阶导数和二阶导数处理后的光谱曲线的特征吸收峰得到明显的增强。

2.8.2.2 三维荧光光谱数据的预处理

对于三维荧光光谱而言，原始光谱中会包含水的拉曼散射和瑞利散射及各类倍频散射，某海水水样的三维荧光光谱图如图 2-28 所示。其中，图 2-28 a 为三维荧光的投影图，图 2-28 b 为其等高线图。

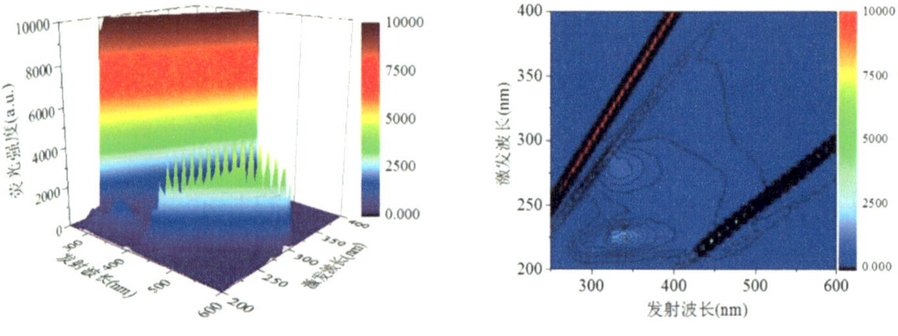

a—三维投影图　　　　b—等高线图

图 2-28　海水水样去散射前的三维荧光光谱图

由图 2-28 可以看出，原始的三维荧光光谱存在很强的散射峰，甚至可以将有用信息淹没。这些散射峰属于与被测物质无关的干扰信息，必须去除，否则会影响所建模型的适用性。将水的散射去除后，若将其按照激发波长 Ex 或发射波长 Em 展开成二维的发射光谱或者激发光谱，均可利用上述各预处理方法进行光谱数据的预处理。

2.8.3 特征光谱区间的选择方法

特征光谱的选择常用于近红外光谱的分析，也可以将特征提取算法应用于其他类型的光谱，同样可以达到优选特征波长和提高模型预测精度的目的。以下介绍几种常用的特征提取方法，这几种方法均以偏最小二乘（Partial Least Squares，PLS）算法为基础。

（1）区间 PLS（Interval PLS，iPLS）算法：将整个光谱分成若干个等宽子区间，然后对每个子区间建立偏最小二乘回归模型，最后采用留一法计算交互验证均方根误差（Root Mean Square Error in Calibration，RMSECV），并采用 RMSECV 最小时对应的因子数在各子区间建立局部最优 PLS 模型。

（2）联合区间 PLS（Synergy Interval PLS，SiPLS）算法：该方法以 iPLS 为基础，在将光谱分成的若干个子区间上，计算所有可能的 j（$j > 2$）个子区间联合模型，选择 RMSECV 最小时对应的组合区间。在最佳组合区间上所建立的联合区间偏最小二乘模型预测能力最强。

（3）移动窗口 PLS（Moving Window PLS，MWPLS）算法：该方法将相邻波长点的 N 个光谱数据划入一个窗口中，基于不同的 PLS 因子建立模型并采用交叉校验均方差来衡量和比较模型的性能，寻找该窗口中的光谱数据的最优 PLS 模型。然后窗口依次后移一个数据点并重新计算新窗口内数据的最优 PLS 模型，直至所有数据点计算完毕，对比每个窗口的最优 PLS 模型，确定最佳的光谱区域及其对应的模型。采用 MWPLS 的优选光谱波段建立的 PLS 模型，测精度可得到显著的改善。

（4）蚁群区间 PLS（Ant Colony Optimization iPLS，ACO-iPLS）算法：蚁群算法是近年来发展起来的一种启发式算法，它是通过模仿蚂蚁觅食方式演变而来的一种优化算法。

蚁群区间 PLS 算法的运算过程为：假设光谱区间划分数量为 m 个，蚂蚁数量为 k 只。首先通过初始化使每个区间的信息素含量相同，每只蚂蚁通过权重函数选取特征区间，并基于已选区间上的 iPLS 模型的预测均方根误差的倒数作为评价函数对所得到的解进行评价。对每个区间上的信息素含量更新，建立在该区间上的模型精度越高则信息素含量越多。重复 k 只蚂蚁的“选择—计分评价—更新”这一迭代过程，直到所有蚂蚁都收敛到相同的区间变量上，进而得到最佳光谱区间。

2.8.4 基于化学计量学的定量建模分析方法

现代光谱分析技术定量分析建模方法主要是利用多元回归方法找出光谱信号和待测样品之间的关系，建立光谱信息与样品之间的关系模型，最终实现样品的定性、定量分析。朗伯-比尔定律（Beer-Lambert Law）是分光光度法、比色分析法和光电比色法的定量基础，是光吸收的基本定律，适用于所有的电磁辐射和所有的吸光物质，包括气体、固体、液体、分子、原子和离子。光谱建模常用的多元校正方法有线性建模方法和非线性建模方法之分。线性建模方法如：主成分回归（Principal Component Regression，PCR）、偏最小二乘回归（PLS）；非线性建模方法如：最小二乘支持向量机（Least Squares Support Vector Machine，LSSVM）和人工神经网络（Artificial Neural Network，ANN）等。本小节首先介绍了朗伯-比尔定律的相关理论，然后对几种定量分析建模方法和特点进行了介绍。

2.8.4.1 朗伯-比尔定律

在分光光度分析中，朗伯-比尔定律为一个有限的定律，其成立条件是待测物质要为均匀的稀溶液、气体等，不存在溶质、溶剂及悬浊物引起的散射，且要求入射光为单色光。化学因素也会影响朗伯-比尔定律，溶液浓度的改变会使溶质发生离解、缔合、配位等化学变化而造成朗伯-比尔定律的线性偏离。因此，吸光分析应在稀溶液或气体中进行，对溶液而言，浓度 $c < 0.01$ mol/L。

朗伯-比尔定律的具体描述为：一束平行单色光通过厚度为 l 的均匀的非散射固态、液态或气态物质时，一部分光子被吸收，光强从 I_0 降低至 I_t。

2.8.4.2 主成分回归

主成分回归分析首先采用主成分分析（Principal Component Analysis，PCA）法获得能够表征原变量数据特征的主成分，然后利用主成分进行多元线性回归，PCR 模型是建立在经过降维的数据矩阵基础之上的。

通过奇异值分解，可以将自变量矩阵 $\boldsymbol{X}$ 分解为：

$$\boldsymbol{X}=\boldsymbol{USP}^{\mathrm{T}} \tag{2-51}$$

式中：$\boldsymbol{S}$——协方差矩阵 $\boldsymbol{X}^{\mathrm{T}}\boldsymbol{X}$ 的特征值的平方根；

$\boldsymbol{U}$——标准列的正交矩阵；

$\boldsymbol{P}^{\mathrm{T}}$——标准行的正交矩阵。

令 $\boldsymbol{T}$=$\boldsymbol{US}$，则 $\boldsymbol{T}$ 为主成分分析中的得分矩阵，矩阵 $\boldsymbol{P}$ 为载荷矩阵，则主成分回归模型可表示为：

$$\boldsymbol{Y}=\boldsymbol{TB}+\boldsymbol{E} \tag{2-52}$$

式中：$\boldsymbol{B}$——关联系数矩阵。

$\boldsymbol{B}$ 的最小二乘解为：

$$\boldsymbol{B}=\left(\boldsymbol{T}^{\mathrm{T}}\boldsymbol{T}\right)^{-1}\boldsymbol{T}^{\mathrm{T}}\boldsymbol{Y} \tag{2-53}$$

主成分回归可以起到“去伪存真”的作用，使光谱的有效信息得到充分利用，并能有效减小噪声对模型的干扰。但也存在一些不足，如建模过程中可能会由于一部分有用信息被忽略而导致预测模型的精度受到影响。

2.8.4.3 偏最小二乘回归

偏最小二乘回归（Partial Least Squares Regression，PLSR）是目前最常用的光谱数据回归建模算法。该方法以主成分分析为数学基础，其原理是同时对光谱数据矩阵和浓度矩阵进行因子分析后提取相应的潜在变量（*LV*），按照潜在变量对模型贡献率进行排序，并对比相应模型的预测能力，选择预测能力最优的潜在变量个数建模。

PLS 将光谱矩阵 $\boldsymbol{X}$ 和水质浓度矩阵 $\boldsymbol{Y}$ 同时进行主成分分解，即：

$$\boldsymbol{X}=\boldsymbol{TP}+\boldsymbol{E} \tag{2-54}$$

$$\boldsymbol{Y}=\boldsymbol{UQ}+\boldsymbol{F} \tag{2-55}$$

式中　$\boldsymbol{T}, \boldsymbol{U}$——$\boldsymbol{X}, \boldsymbol{Y}$ 的得分矩阵；

$\boldsymbol{P}, \boldsymbol{Q}$——$\boldsymbol{X}, \boldsymbol{Y}$ 的载荷矩阵；

$\boldsymbol{E}, \boldsymbol{F}$——PLS 模型分别去拟合 $\boldsymbol{X}, \boldsymbol{Y}$ 时所引进的误差。

PLS 方法要求 $\boldsymbol{T}$ 和 $\boldsymbol{U}$ 的相关性最大，因此，将 $\boldsymbol{T}$ 和 $\boldsymbol{U}$ 作线性回归：

$$\boldsymbol{U}=\boldsymbol{TB} \tag{2-56}$$

$$\boldsymbol{B}=\left(\boldsymbol{T}'\boldsymbol{T}\right)^{-1}\boldsymbol{T}'\boldsymbol{U} \tag{2-57}$$

在未知水样水质参数预测时，由未知水样的光谱矩阵 $\boldsymbol{X}$ 与通过训练校正得到的 $\boldsymbol{P}$ 即可求出未知水样的 $\boldsymbol{T}$ 矩阵，然后即可得到未知水样的 $\boldsymbol{Y}$ 矩阵：

$$\boldsymbol{Y}_{未知}=\boldsymbol{T}_{未知}\boldsymbol{BQ} \tag{2-58}$$

模型潜在变量的个数是 PLS 算法的关键问题，一般以预测误差平方和（Prediction Residual Error Sum of Squares，PRESS）来选择最优潜在变量的数量（LV），PRESS 的表达式为：

$$PRESS=\sum_{i=1}^{n}\sum_{j=1}^{Lv}\left(y_i-\hat{y}_i\right)^2 \tag{2-59}$$

式中：n——校正集中样品数目；

y_i——第 i 个样品的标准值；

$\hat{y}_i$——第 i 个样品的预测值；

Lv——潜在变量数目。

PRESS 的值越高则所建模型的预测误差越大，反之，PRESS 值越低则模型的预测误差越小。一般地，潜在变量数目可以通过交叉验证的方法获得。

2.8.4.4 最小二乘支持向量机回归

最小二乘支持向量机（Least Squares Support Vector Machine，LSSVM）是在支持向量机（Support Vector Machine，SVM）基础上的扩展，其采用最小二乘系统作为损失函数来代替传统的支持向量机的二次规划求解问题，将问题转换成为求解一组等式方程的问题。

设 S 为给定的训练集，其表达式为：

$$S=\{(x_i,y_i),x_i\in\mathbf{R}^n,y_i\in\mathbf{R}\}_{i=1}^{l} \tag{2-60}$$

式中：x_i——第 i 个输入向量；

y_i——相应于 x_i 的目标值；

l——样本数目。

回归问题的目标是确定最优回归函数 $f(x)$，使其能以尽可能高的概率正确回归未知的输入向量。回归函数 $f(x)$ 的表达式为：

$$f(x)=\boldsymbol{w}^{\mathrm{T}}\varphi(x)+b \tag{2-61}$$

式中：$\varphi(\cdot)$——输入空间到特征空间的映射；

$\boldsymbol{w}$——系数向量；

b——待求量。

在最小二乘支持向量机中，回归问题对应的优化问题为：

$$\min_{w,b,e} Q(w,b,e)=\frac{1}{2}\|\boldsymbol{w}\|^2+\frac{\gamma}{2}\sum_{i=1}^{l}e_i^2 \qquad (2\text{-}62)$$

$$\text{s.t.} \quad y_i=\boldsymbol{w}^{\mathrm{T}}\varphi(x_i)+b+e_i \quad (i=1,2,\cdots,l) \qquad (2\text{-}63)$$

式中：e_i——第 i 个数据的误差变量；

γ——进行误差调整的惩罚参数。

相应的拉格朗日函数为：

$$L(\boldsymbol{w},b,e,a)=Q(\boldsymbol{w},b,e)-\sum_{i=1}^{l}\alpha_i[\boldsymbol{w}^{\mathrm{T}}\varphi(x_i)+b+e_i-y_i] \qquad (2\text{-}64)$$

根据 KKT 条件，其最优值条件为：

$$\begin{cases}\dfrac{\partial L}{\partial w}=0\Rightarrow \boldsymbol{w}-\sum_{i=1}^{l}\alpha_i\boldsymbol{\varphi}(x_i)=0\\ \dfrac{\partial L}{\partial b}=0\Rightarrow \sum_{i=1}^{l}\alpha_i=0\\ \dfrac{\partial L}{\partial b}=0\Rightarrow Ce_i-\alpha_i=0\\ \dfrac{\partial L}{\partial \alpha_i}=0\Rightarrow \boldsymbol{w}^{\mathrm{T}}\varphi(x_i)+b+e_i-y_i=0\end{cases} \qquad (2\text{-}65)$$

将上式写成矩阵形式并消去 $\boldsymbol{w}$ 和 e，可得：

$$\begin{bmatrix}0 & \vec{1}^{\mathrm{T}}\\ \vec{1} & \boldsymbol{\Omega}+\gamma^{-1}I\end{bmatrix}\begin{bmatrix}b\\ \alpha\end{bmatrix}=\begin{bmatrix}0\\ y\end{bmatrix} \qquad (2\text{-}66)$$

其中，$\boldsymbol{\Omega}$ 为核函数矩阵，其服从 Mercer 条件：$\Omega_{ij}=K(x_i,y_j)=\boldsymbol{\varphi}^{\mathrm{T}}(x_i)\boldsymbol{\varphi}(y_j)$。

式中：Ω_{ij}——$\boldsymbol{\Omega}$ 中第 i 行第 j 列元素。

求解（2-74）可得回归函数：

$$y(x)=\sum_{i=1}^{l}\alpha_i K(x,x_i)+b \qquad (2\text{-}67)$$

令 $\boldsymbol{A}=\boldsymbol{\Omega}+\gamma^{-1}I$，则 b 和 $\boldsymbol{\alpha}_i(i=1,2,\cdots,l)$ 的矩阵形式分别为：

$$\boldsymbol{b}=\frac{\vec{1}^{\mathrm{T}}\boldsymbol{A}^{-1}y}{\vec{1}^{\mathrm{T}}\boldsymbol{A}^{-1}\vec{1}} \tag{2-68}$$

$$\boldsymbol{\alpha}=\boldsymbol{A}^{-1}(y-\boldsymbol{b}\vec{1}) \tag{2-69}$$

对同一问题，结果会因选择不同的核函数而存在差异。常用的核函数有多项式核函数、线性核函数、Sigmoid 核函数以及 RBF（径向基）核函数。目前应用较广泛的是 RBF 核函数，RBF 是一种非线性核函数，能够有效降低建模的计算复杂度，并提高模型的预测性能。因此，本书采用 RBF 核函数作为 LS-SVM 预测模型中的核函数，其表达式为：

$$K(x,x_i)=\exp\frac{-\|x-x_i\|^2}{2\sigma^2},(\sigma>0) \tag{2-70}$$

2.8.4.5 人工神经网络

人工神经网络（Artificial Neural Nets，ANN）是一种常用的非线性模式识别建模方法，可以在输入变量和输出变量之间建立高度非线性的映射模型，并能在映射过程中进行并行分布处理及自适应学习，在人工智能和模式识别等领域都得到了广泛的应用，通过 ANN 方法也能够在光谱数据和被测对象间建立起预测效果较好的非线性映射模型。使用人工神经网络进行建模无须关注模型先前的形式，因此很适合解决复杂映射问题。

上述各定量分析方法中，主成分回归模型可能会由于建模过程中忽略有用信息而使模型的预测精度受到影响；人工神经网络可以完成并行处理和自适应学习，但存在学习时间长、分析所需数据量较大的缺点；偏最小二乘回归能够在自变量存在严重多重相关性的条件下进行回归建模，且在最终模型中包含原有的所有自变量，是目前应用最多的线性回归建模方法；最小二乘支持向量机回归属于非线性定量分析方法，建模时具有小样本学习能力强、计算简单的优点。

基于以上分析，本书在利用光谱数据对水质 COD 参数进行建模时采用的是偏最小二乘回归和最小二乘支持向量机回归。

2.8.5 模型性能评价指标

模型评价采用校正集样本的相关系数或决定系数以及交叉验证均方根误差来优化模型，采用验证集样本的外部检验均方根误差来评价模型的预测精度。各评价指标的表达式如式（2-71）—式（2-75）所示。

（1）相关系数（Correlation Coefficient，r）

$$r=\frac{\sum(y_i-\bar{y})(\hat{y}_i-\bar{\hat{y}})}{\sqrt{\sum(y_i-\bar{y})^2}\sqrt{\sum(\hat{y}_i-\bar{\hat{y}})^2}} \tag{2-71}$$

式中：$\hat{y}_i$——基于光谱建模预测的结果；

$\bar{\hat{y}}$——基于光谱建模预测值的算术平均值；

y_i——标准方法测定得到的结果；

$\bar{y}$——标准方法测定值的算术平均值。

（2）决定系数（Coefficient of Determination，R^2）

$$R^2=1-\frac{\sum(\hat{y}_i-y_i)^2}{\sum(y_i-\bar{y})^2} \tag{2-72}$$

（3）校正集交叉验证均方根误差（Root Mean Square Error in Calibration，RMSECV）

$$RMSECV=\sqrt{\frac{1}{n-1}\sum_{i=1}^{n}(\hat{y}_i-y_i)^2} \tag{2-73}$$

式中：n——校正集样本数。

（4）验证集外部检验均方根误差（Root Mean Square Error in Prediction，RMSEP）

$$RMSEP=\sqrt{\frac{1}{m}\sum_{i=1}^{m}(\hat{y}_i-y_i)^2} \tag{2-74}$$

式中：m——验证集样本数。

（5）系统偏差 *Bias*

由特定测量方法产生的一个测量（预测）值与真值的系统偏差，其值越小越好。对本书而言，*Bias* 是检验样品的测量值与真值之间的整体平均偏差：

$$Bias = \frac{1}{n}\sum_{i=1}^{n}(\hat{y}_i - y_i) \tag{2-75}$$

一般对于各评价指标而言，*r* 或 R^2 值越大，*RMSECV*、*RMSEP* 及 *Bias* 值越小，所建立模型的效果越好。

2.9 基于粒子群优化的定量建模分析方法

2.9.1 粒子群算法

粒子群（Particle Swarm Optimization，PSO）算法，也称粒子群优化算法或鸟群觅食算法，是一种基于迭代的优化算法，通过追随当前搜索到的最优值来寻找全局最优，具有实现容易、精度高、收敛快且无须多参数调整等优点，目前已广泛应用于函数优化、神经网络训练、模式分类等领域。它将群体中的个体看作在 *D* 维搜索空间中没有质量和体积的粒子，每个粒子以一定的速度在解空间运动，并向自身历史最佳位置 p_{best} 和邻域历史最佳位置 g_{best} 聚集，实现对候选解的进化。具体运算流程如下：

步骤 1：初始化一群粒子（群体规模为 *m*），包括随机位置和速度；

步骤 2：评价每个粒子的适应度；

步骤 3：对每个粒子，将其适应值与其经过的最好位置 p_{best} 作比较，如果较好，则将其作为当前的最好位置 p_{best}；

步骤 4：对每个粒子，将其适应值与其经过的最好位置 g_{best} 作比较，如果较好，则将其作为当前的最好位置 g_{best}；

步骤 5：调整粒子速度和位置；

步骤 6：未达到结束条件则转步骤 2。

迭代终止条件根据具体问题一般选为最大迭代次数或/和粒子群至目前为止搜索到的最优位置满足预定最小适应阈值。

PSO 优化算法的具体流程图如图 2-29 所示。

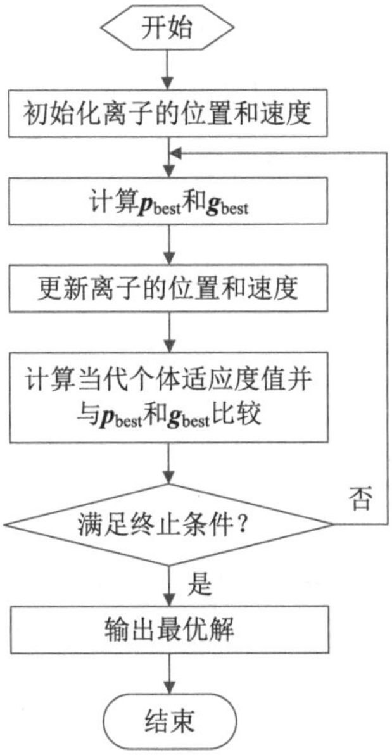

图 2-29　PSO 算法的运算流程图

种群中每个粒子在每一次迭代时都会对其速度和位置进行更新，更新方程式为：

$$v_i(t+1)=v_i(t)+c_1 rand_1(p_{\mathrm{best}i}-x_i(t))+c_2 rand_2(g_{\mathrm{best}i}-x_i(t)) \tag{2-76}$$

$$x_i(t+1)=x_i(t)+v_i(t+1) \tag{2-77}$$

式中：c_1,c_2——加速常数，通常 $0\leqslant c_1,c_2\leqslant 2$；

$rand_1,rand_2$——介于（0, 1）之间的随机数；

$p_{\mathrm{best}i}, g_{\mathrm{best}i}$——在每次迭代过程中粒子自身及全局的最优解；

x_i——第 i 个粒子当前的位置；

v_i——第 i 个粒子当前的速度。

2.9.2 本书建模方法的提出

本书分别基于单一谱源的光谱数据和多源光谱信息融合数据建立了基于光谱法检测水质 COD 的数学模型，通过对比不同的特征提取方法和建模算法的性能，选出效果最优的模型作为最终模型进行检验，最终提出了基于 ACO-iPLS 方法进行特征光谱的提取，采用 PSO 算法优化 LS-SVM 关键参数的数学模型建立方法，将该方法称作 PSO-LSSVM（ACO-iPLS）算法。

PSO-LSSVM 算法同时发挥了 PSO 收敛快、全局搜索能力强和 LS-SVM 算法的小样本学习能力强、计算简单的特点，提高了模型的学习能力及泛化能力。本书提出的建模方法同时发挥了 ACO 算法、PSO 算法以及 LS-SVM 算法各自的优点，为本书各模型的建立提供理论支撑，具体建模过程和模型效果见本书第 3 章和第 4 章。

基于 LS-SVM 方法建立模型时，输入变量为经 ACO-iPLS 特征提取算法提取出的特征光谱数据，结合 PSO 算法理论对 LS-SVM 算法的两个关键参数 γ 和 σ 进行寻优运算，直至寻优结束获得 LS-SVM 的最优参数组合 (γ,σ)。

将紫外吸收光谱和荧光发射光谱进行特征波长提取后，利用特征波长对应的光谱数据进行紫外/荧光多光谱的特征级融合建模（最优特征提取方法的选择过程见本书第 3 章和第 4 章），特征光谱的提取和模型建立的过程如图 2-32 所示。

特征提取和模型建立的过程具体描述如下：

（1）设水样的紫外吸收光谱数据 x_{UV} 和三维荧光光谱数据 x_{F} 分别为：

$$x_{\mathrm{UV}}=\{x_{\mathrm{UV},1},x_{\mathrm{UV},2},\cdots,x_{\mathrm{UV},s1}\} \tag{2-78}$$

$$x_{\mathrm{F}}=\{x_{\mathrm{F},1},x_{\mathrm{F},2},\cdots,x_{\mathrm{F},s2}\} \tag{2-79}$$

（2）特征提取后得到的紫外特征光谱信息 z_{UV} 和荧光特征光谱信息 z_{F} 分别为：

$$z_{\mathrm{UV}}=\{z_{\mathrm{UV},1},z_{\mathrm{UV},2},\cdots,z_{\mathrm{UV},n1}\} \tag{2-80}$$

$$z_{\mathrm{F}}=\{z_{\mathrm{F},1},z_{\mathrm{F},2},\cdots,z_{\mathrm{F},n2}\} \tag{2-81}$$

（3）将两种光谱的特征数据联合构成向量 $\boldsymbol{z}_C$，再次利用 ACO-iPLS 方法对 $\boldsymbol{z}_C$ 进行特征提取，得到信息融合后的输入向量 $\boldsymbol{z}_{C'}$，即

$$\boldsymbol{z}_{C'}=[z_{\mathrm{UV}},z_{\mathrm{F}}]^{\mathrm{T}}\in R^{n_1+n_2} \tag{2-82}$$

（4）利用 $\boldsymbol{z}_{C'}$ 作为 PSO-LSSVM 的输入向量进行建模。

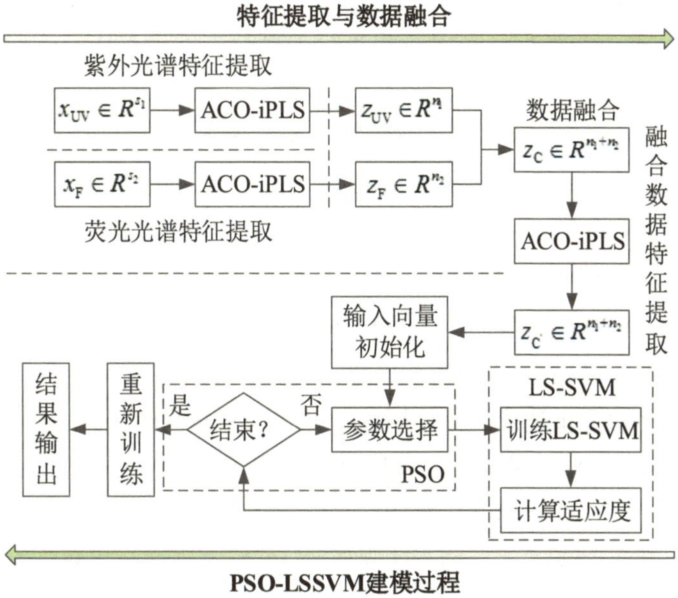

图 2-30　本书的建模过程

本书提出的建模方法中，两次采用 ACO-iPLS 对光谱信息进行特征提取，ACO 算法属于全局搜索算法，可以有效避免局部最优解的情况出现，因此优选出的特征波长更具代表性；以 ACO-iPLS 的优选波长对应的光谱数据作为输入，并采用 PSO 优化算法对 LS-SVM 方法的关键参数进行寻优，适应度函数采用 LS-SVM 模型训练集样本的均方差作为目标函数，其表达式为：

$$fitness(\gamma,\sigma)=\frac{1}{n}\sum_{i=1}^{n}(\hat{y}_i-y_i)^2 \tag{2-83}$$

参考文献

[1] Marose S, Lindemann C, Scheper T. Two-dimensional fluorescence spectroscopy: a new tool for on-line bioprocess monitoring[J]. Biotechnology progress, 1998, 14(1): 63-74.

[2] 李卫华. 废水生物处理过程的紫外与荧光光谱解析[D]. 合肥：中国科学

技术大学, 2008: 1-2.

[3] 李树珉. 烟气排放实时连续监测系统关键技术的研究[D]. 天津: 天津大学, 2009: 25-26.

[4] 施俊,王志刚,封克. 水体溶解有机物三维荧光光谱表征技术及其在环境分析中的应用[J]. 大气与环境光学学报, 2011, 6(4): 243-251.

[5] 孔赟,朱亮,吕梅乐,等. 三维荧光光谱技术在水环境修复和废水处理中的应用[J]. 生态环境学报, 2012, 21(9): 131-138.

[6] 祝鹏,廖海清,华祖林,等. 平行因子分析法在太湖水体三维荧光峰比值分析中的应用[J]. 光谱学与光谱分析, 2012, 32(1): 154-158.

[7] 李民赞. 光谱分析技术及其应用[M]. 北京: 科学出版社, 2006.

[8] 张俊生, 李纯毅, 王晓莉. 浅谈紫外吸收光谱在有机化学中的应用[J]. 内蒙古石油化工, 2010, 36(9): 27-28.

[9] 周鲲鹏. 基于多光谱信息融合的水质 COD 检测模型与实验研究[D]. 秦皇岛: 燕山大学, 2017: 15-40.

[10] Fogelman S, Zhao H, Bluemenstein M. A rapid analytical method for predicting the oxygen demand of wastewater[J]. Analytical and bioanalytical chemistry, 2006, 386(6): 1773-1779.

[11] 魏玉震. 基于光谱和光谱成像技术的茶叶含水率检测机理和方法研究[D]. 杭州: 浙江大学, 2019: 1-3.

[12] 吴元清, 杜树新, 严赞. 水体有机污染物浓度检测中的紫外光谱分析方法[J]. 光谱学与光谱分析, 2011, 31(1): 233-237.

[13] 黄君礼, 鲍治宇. 紫外吸收光谱法及其应用[M]. 北京: 中国科学技术出版社, 1992.

[14] 朱普霞. 给水中的浊度问题[J]. 净水技术, 2004, 23(5): 22-23.

[15] Kim S D, Cho J, Kim I S, et al. Occurrence and removal of pharmaccuticals and endocrine disruptors in South Korean surface drinking and waste waters[J]. Water Research, 2007, 41(5): 1013-1021.

[16] Rak A. Water Turbidity Modeling During Water Treatment Processes Using Artificial Neural Network[J]. International Journal of Water Sciences, 2013, 2(3).

[17] Shuxin D, Xiaoli W, Tiejun W. Support vector machine for ultraviolet spectroscopic water quality analyzers[J]. Chinese Journal of Analytical Chemistry, 2004, 32(9): 1227-1230.

[18] 冼国勇. 紫外吸收法 COD 监测技术的实验研究及应用探讨[D]. 广州: 广东工业大学, 2008: 26-27.

[19] 陈颖, 何磊. 基于紫外光谱的水体硝酸盐氮浊度补偿研究[J]. 光谱学与光谱分析, 2020, 40(2): 472-477.

[20] 杨晓晗. 硝酸盐浓度对大泷六线幼鱼急性及慢性毒性试验研究[D]. 青岛：中国海洋大学, 2017: 1-10.

[21] 程长阔. 紫外吸收光谱法海水硝酸盐测量系统设计与研究[D]. 大连: 大连海事大学, 2015: 1-48.

[22] 罗嫣, 张晓慧, 等. 中国盐度标准海水稳定性研究[J]. 海洋技术学报, 2016, 35(4): 1221-1224.

[23] 尼珍,胡昌勤,冯芳. 近红外光谱分析中光谱预处理方法的作用及其发展[J]. 药物分析杂志, 2008, 28(5): 824-829.

[24] Rinnan Asmund, Booksh Karl S, Bro Rasmus. First order Rayleigh scatter as a separate component in the decomposition of fluorescence landscapes[J]. Analytica Chimica Acta, 2005, 537(1): 349-358.

[25] Bahram Morteza, Bro Rasmus, Stedmon Colin, et al. Handling of Rayleigh and Raman scatter for PARAFAC modeling of fluorescence data using interpolation[J]. Journal of Chemometrics, 2006, 20(3): 99-105.

[26] Zepp R G, Sheldon W M, Moran M A. Dissolved organic fluorophores in southeastern US coastal waters: correction method for eliminating Rayleigh and Raman scattering peaks in excitation-emission matrices[J]. Marine Chemistry, 2004, 89(1): 15-36.

[27] Nørgaard L, Hahn M T, Knudsen L B, et al. Multivariate near-infrared and Raman spectroscopic quantifications of the crystallinity of lactose in whey permeate powder[J]. International Dairy Journal, 2005, 15(12): 1261-1270.

[28] Norgaard L, Saudland A, Wagner J, et al. Interval Partial Least-Squares Regression (iPLS): A Comparative Chemometric Study with an Example

from Near-Infrared Spectroscopy[J]. SAGE Publications, 2000, 54(3): 413-419.

[29] Wang Xiaofei, Bao Yanfei, Liu Guili, et al. Study on the Best Analysis Spectral Section of NIR to Detect Alcohol Concentration Based on SiPLS[J]. Procedia Engineering, 2012, 29(4): 2285-2290.

[30] Li Yuanpeng, Fang Tao, Zhu Siqi, et al. Detection of Olive Oil Adulteration with waste cooking oil via Raman Spectroscopy Combined with iPLS and SiPLS[J]. Spectrochimica Acta Part A: Molecular and Biomolecular Spectroscopy, 2018, 189: 37-43.

[31] 蔡健荣,汤明杰,吕强,等. 基于 siPLS 的猕猴桃糖度近红外光谱检测[J]. 食品科学, 2009, 30(4): 250-253.

[32] Du Y P, Liang Y Z, Jiang J H, et al. Spectral regions selection to improve prediction ability of PLS models by changeable size moving window partial least squares and searching combination moving window partial least squares[J]. Analytica Chimica Acta, 2004, 501(2): 183-191.

[33] 史智佳,李鹏飞,吕玉,等. 移动窗口偏最小二乘法优选猪油丙二醛近红外光谱波段[J]. 中国食品学报, 2014, 14(11): 207-213.

[34] Huazhou Chen,Tao Pan, Jiemei Chen, et al. Waveband selection for NIR spectroscopy analysis of soil organic matter based on SG smoothing and MWPLS methods[J]. Chemometrics and Intelligent Laboratory Systems, 2011, 107(1): 139-146.

[35] 黄晓玮. 基于色素气敏传感技术的肴肉新鲜度检测研究[D]. 镇江: 江苏大学, 2015: 40-41.

[36] Allegrini Franco, Alejandro C Olivieri. A new and efficient variable selection algorithm based on ant colony optimization. Applications to near infrared spectroscopy partial least-squares analysis[J]. Analytica Chimica Acta, 2011, 699(1): 18-25.

[37] 李艳肖,黄晓玮,邹小波,等. 蚁群和遗传算法优化花茶花青素近红外光谱预测模型的比较[J]. 食品与生物技术学报, 2015, 34(6): 575-583.

[38] 邵学广,卞希慧,蔡文生. 多元校正化学计量学方法最新研究进展[J]. 化学

试剂, 2011, 33(6): 481-482.
[39] 吴国庆. 基于光谱吸收的水质化学需氧量检测方法的研究[D]. 秦皇岛: 燕山大学, 2013: 87-89.
[40] 郭新辰. 最小二乘支持向量机算法及应用研究[D]. 长春: 吉林大学, 2008: 22-24.
[41] 曹泓. 基于多源光谱数据融合的水产养殖水质有机物浓度快速检测研究[D]. 杭州: 浙江大学, 2014: 58-70.
[42] Martelo-vidal M J, Vázquez M. Application of artificial neural networks coupled to UV–VIS–NIR spectroscopy for the rapid quantification of wine compounds in aqueous mixtures[J]. CyTA-Journal of Food, 2015, 13(1): 32-39.
[43] Shahlaei Mohsen, Andisheh Hadi, Derakhshandeh Katayoun, et al. A novel method for simultaneous determination of codeine and acetaminophen in plasma by combination of UV - Vis spectroscopy and artificial neural network[J]. Journal of Reports in Pharmaceutical Sciences, 2014, 3(2): 141-158.
[44] Takahashi Maria Beatriz, Jaci Leme, Pereira Caricati Celso, et al. Artificial neural network associated to UV/Vis spectroscopy for monitoring bioreactions in biopharmaceutical processes[J]. Bioprocess and Biosystems Engineering, 2015, 38(6): 54-1045.
[45] 包子阳,余继周. 智能优化算法及其 MATLAB 实例[M]. 北京: 电子工业出版社, 2016: 102-123.

第 3 章　单一谱源检测水质 COD 的理论模型与实验研究

3.1 引言

早期基于光谱技术检测水质 COD 的方法多是采用 254nm 的单波长紫外吸收光谱法，但水样在其他波长处也有吸收且吸光度与 COD 浓度呈正相关。本章首先以邻苯二甲酸氢钾标准液（以下简称标准液）浓度为研究对象，对多个紫外单波长光谱数据进行回归建模；然后分别采用全波段紫外吸收光谱法和荧光光谱法对标准液和实际水样的水质 COD 进行定量分析建模。主要研究基于实际水样的紫外吸收光谱和不同激发波长下的荧光发射光谱数据的水质 COD 预测模型的建立方法，重点研究特征提取方法和建模算法，并最终建立基于单一谱源的最优水质 COD 预测模型。

配制标准溶液时，将原始浓度为1000mg/L的标准液经蒸馏水按比例稀释得到1—100mg/L的实验样本溶液52份，利用紫外光谱仪和荧光分光光度计对标准液样本进行光谱数据的采集。

3.2 基于紫外吸收光谱检测水质 COD 的建模方法研究

采用荷兰Avantes公司的AvaSpec-2048型紫外可见光纤光谱仪完成紫外吸收光谱的采集工作，光源为AvaLight-DH-S-BAL型氘/卤素组合光纤光源，采用10mm×10mm的石英比色皿作为样品池。光谱采集时设置积分时间为2ms，采样平均次数为200次。实验室紫外光谱采集系统如图3-1所示。

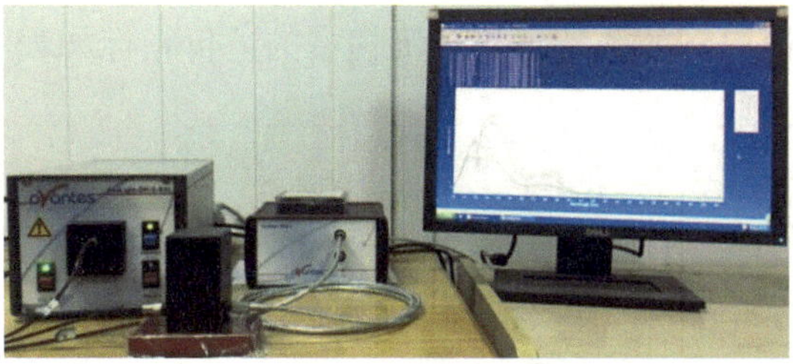

图 3-1　紫外光谱采集系统实物图

浓度为 1—100mg/L 的实验样本溶液的紫外吸收光谱如图 3-2 所示。由图 3-2 可以看出，样本溶液的紫外吸收光谱在 250—300nm 波长范围内存在较明显的吸收峰，且无光谱饱和现象发生。

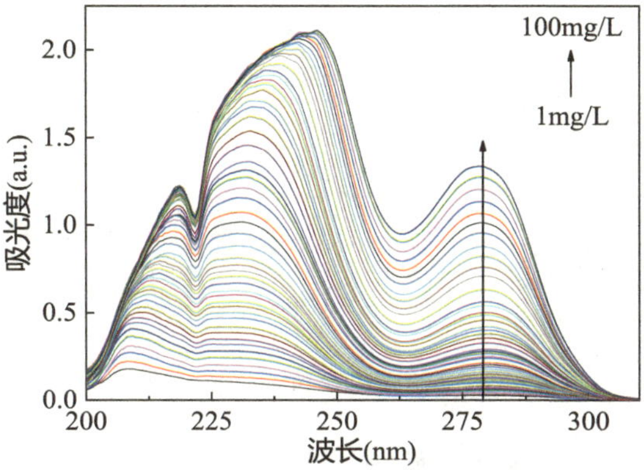

图 3-2　标准液紫外吸收光谱图

3.2.1 标准液的紫外吸收光谱数据建模

本节采用单特征波长和多特征波长/特征谱区方法对标准液的紫外吸收光谱进行模型的建立，建模所用数据均为无预处理操作的原始数据。

3.2.1.1 标准液的紫外单波长数据建模

本节选择图 3-2 中的 255nm、260nm、265nm、……、295nm 等 9 个波长点作为特征波长进行紫外单波长数据建模，建模时以溶液的浓度值为横坐标，以紫外吸光度为纵坐标，得到的一元回归模型如图 3-3 所示。

由图 3-3 可以看出，标准液的浓度和各单波长下的紫外吸光度之间具有良好的线性正相关关系。以相关系数 r 和决定系数 R^2 为模型的评价指标，紫外单波长数据建模得到的各特征波长下模型的评价指标如表 3-1 所示。

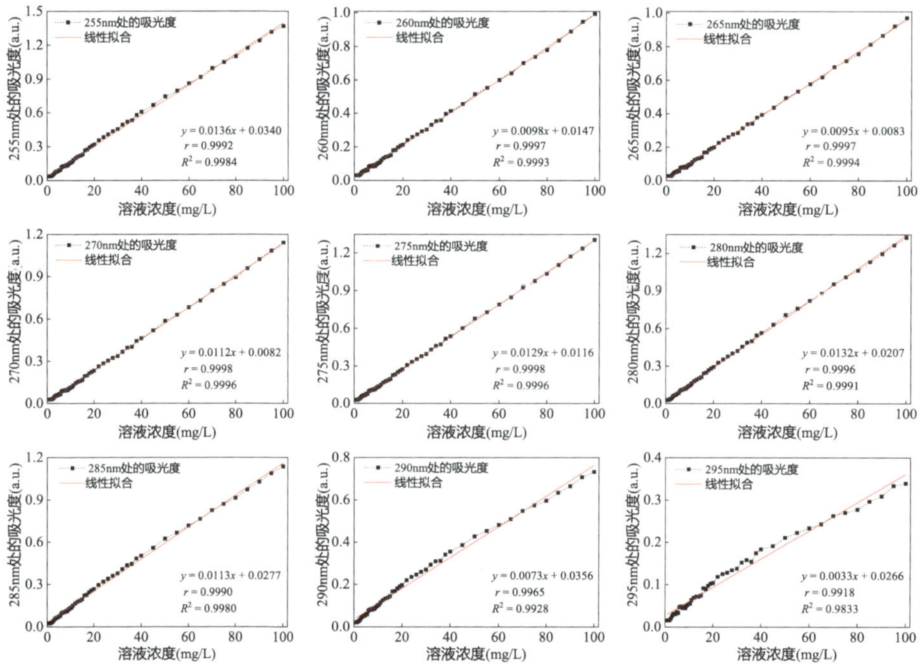

图 3-3　紫外吸收光谱数据单波长建模结果

表 3-1　紫外单波长模型的 r 和 R^2

特征波长/nm	评价指标		特征波长/nm	评价指标	
	r	R^2		r	R^2
255	0.999 2	0.998 4	280	0.999 6	0.999 1
260	0.999 7	0.999 3	285	0.999 0	0.99 8
265	0.999 7	0.999 4	290	0.996 5	0.992 8
270	0.999 8	0.999 6	295	0.991 8	0.983 3
275	0.999 8	0.999 6	—	—	—

由图 3-3 和表 3-1 不难看出，单特征波长建模，当波长为 270nm 和 275nm 时所得到的模型效果最佳，两模型的相关系数 r 均为 0.999 8，决定系数 R^2 均为 0.999 6。270nm 和 275nm 的一元回归方程分别如式（3-1）和式（3-2）所示：

$$y=0.011\,2x+0.008\,2 \tag{3-1}$$

$$y=0.012\,9x+0.011\,6 \tag{3-2}$$

对于标准液，各紫外单波长数据模型均可较好地反映标准液浓度与吸光度之间的关系，而 290nm 和 295nm 的模型效果稍差，原因是两波长处的吸光度很低，水样浓度的变化造成的紫外吸光度的变化量很小，区分度很低，从而导致光谱仪检测的误差增大，故此时的吸光度与溶液浓度间的线性相关性变差。因此，只采用 254nm 吸光度数据检测水质 COD 的单波长方法不能充分反映出水样的紫外吸收特性，存在检测精度不高的缺点，采用多波长或宽光谱的方法会提高模型的检测精度。

3.2.1.2 标准液的紫外宽光谱数据建模

紫外宽光谱建模是在全波段范围内采用有效的特征提取算法对光谱数据进行特征提取，然后利用提取出的特征光谱进行建模，这样建立的模型与单波长模型相比效果更好，稳定性更强。原因在于原始光谱数据经特征提取后减少了冗余信息，使得计算量下降并且运算效率得到提高。

这里分别采用 SiPLS 和 MWPLS 特征提取方法在全波段内（200—310nm）对特征光谱进行提取，然后基于 PLS 算法进行回归模型的建立，PLS 算法的潜在变量数目为 5。SiPLS 提取特征时，子区间划分个数为 15，经优选，最终确定的联合区间为[8, 14]；MWPLS 设定的移动窗口大小为 30，经优选，最终确定的最优窗口序号为 88。SiPLS 和 MWPLS 的优选波段以及 PLS 的建模结果如表 3-2 所示。

表 3-2　不同特征提取方法下的 PLS 模型评价指标

特征提取方法	优选波段 /nm	建模结果			
		r	R^2	RMSECV /（mg/L）	*Bias* /（mg/L）
无	200—310	0.996 7	0.993 3	27.629 0	-0.018 2
SiPLS	251.464—258.586 295.900—302.993	0.999 97	0.999 95	0.220 1	0.003 1
MWPLS	251.464—268.667	0.999 97	0.999 95	0.220 8	0.003 5

由表 3-2 可以看出，与无特征提取的全谱 PLS 模型效果对比，经 SiPLS 和 MWPLS 提取特征后再进行 PLS 回归建模可以使模型预测性能明显提高，两模型的相关系数 r 均为 0.999 97，决定系数 R^2 均为 0.999 95。回归方程分别如式（3-3）和（3-4）所示：

$$y = 0.999\,93x - 1.007\,49\times10^{-4} \tag{3-3}$$

$$y = 0.999\,99x + 1.412\,59 \times 10^{-4} \quad (3\text{-}4)$$

对比表 3-1 和表 3-2，选择 270nm 和 275nm 作为特征波长时所得到的单波长模型为最优，而采用特征提取算法所得到的优选谱段中却不包含这两个波长。这是由于单波长的模型只是基于浓度和吸光度相关性的一元线性回归模型，而采用特征提取方法进行 PLS 建模过程中，对结果的选择要执行相应的验证标准，一般选择交叉验证均方根误差作为评价指标，这比人工进行选择的特征波长所建模型具有更高的精度和稳定性。因此，对于图 3-2 中标准液的紫外光谱数据而言，虽然 270nm 和 275nm 不包含在各 PLS 方法所选择的最优区域内，但光谱数据经特征提取后所得模型的效果却优于单波长模型的最优效果。基于特征提取算法的 PLS 建模结果如图 3-4 所示。

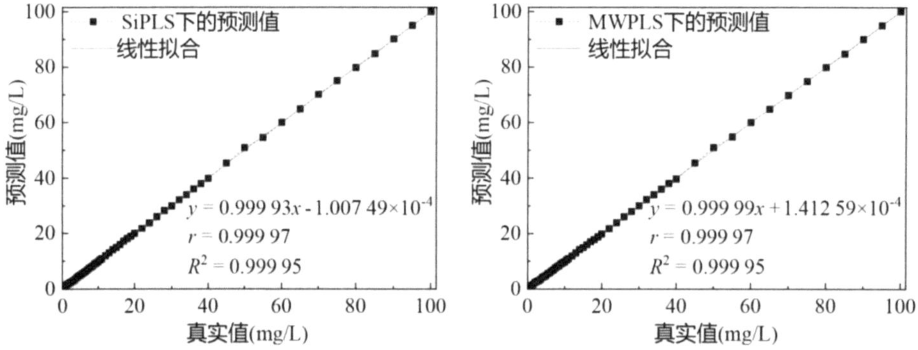

a—SiPLS 提取特征模型　　b—MWPLS 提取特征模型

图 3-4　紫外吸收光谱 200—310nm 谱段建模结果

因此，对全光谱数据进行特征波段的提取在回归建模过程中显得尤为重要。对于标准液，利用特征提取算法优选出的紫外特征光谱数据建立的回归模型能够很好地预测标准液的浓度。

3.2.2 实际水样的紫外吸收光谱数据建模

3.2.2.1 实际水样的来源

在河北省秦皇岛市的渤海海域分批次采集包括入海口和近岸海域在内的海水样品22份，在秦皇岛市的大汤河、小汤河、污水河、森林公园内河、森林公园人工湖、燕山大学燕鸣湖等地分批次采集地表水样品31份。将采集的所有水样静置30分钟后取上层液体分别进行紫外吸收光谱的采集和水质COD的测量。

海水COD的测量采用碱式高锰酸钾滴定法，地表水样品COD的测量采用快速消解分光光度法，设备采用美国HACH公司的DRB200消解器和DR6000分光光度计。消解样品时，消解器温度设置为150℃，消解时间为120分钟。选取37组作为校正集数据进行校正模型的建立，其余16组作为检验集数据，其中海水和地表水数据各8组，检验集对所建模型的预测性能进行验证。

3.2.2.2 实际水样的紫外吸收光谱采集与预处理

由于实际水样的成分复杂，采集到的紫外吸收光谱曲线可能会受水体中复杂成分的影响而发生改变，如基线漂移、附加噪声等。因此需要对光谱数据进行预处理，本书采用的光谱预处理方法有：SG 平滑、消除常数量偏移、一阶导数、二阶导数、多元散射校正（MSC）、标准归一化（SNV）、最小最大归一化（Min-Max-Nor）和矢量归一化（VN）方法等。

紫外光谱采集波段范围为200—400nm，积分时间为2ms，采样次数为200，海水水样和地表水水样的紫外光谱图如图3-5所示。

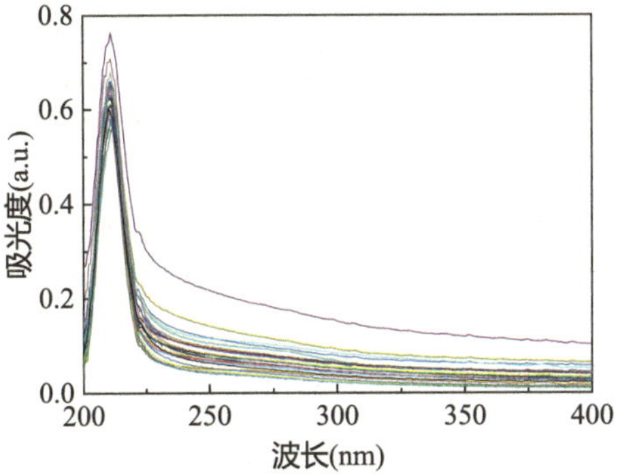

a—海水水样紫外光谱图

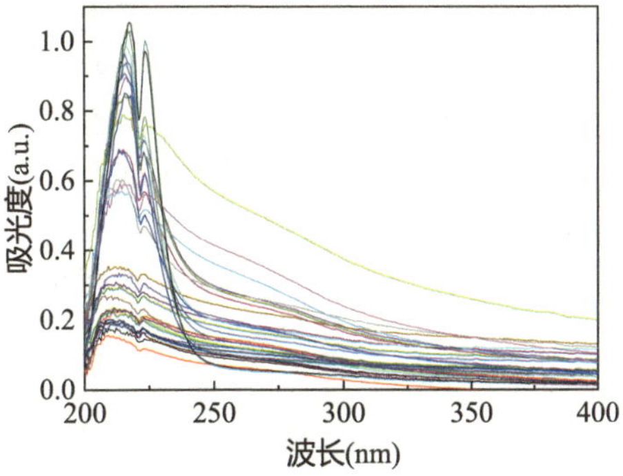

b—地表水水样紫外光谱图

图 3-5　实际水样的紫外吸收光谱图

所有的实际水样原始紫外吸收光谱图和预处理后的光谱图见本书 2.3 节中图 2-9 至图 2-13。通过对比图 2-9 至图 2-13 之间的差异可知，经过预处理方法处理的实际水样光谱数据均保留了原始光谱的吸收特性，如消除常数偏移量后的光谱曲线最小值已降为 0，而经过一阶导数和二阶导数处理后的光谱曲线的特征吸收峰得到明显的增强。本书采用以上各预处理后的光谱数据进行建模分析。

3.2.2.3 实际水样的紫外吸收光谱数据的特征提取与 PLS 建模

实际水样的紫外吸收光谱采样波段范围为 200—400nm，每条谱线共 340 个波长点。特征提取算法选择联合区间偏最小二乘方法（SiPLS）和移动窗口偏最小二乘方法（MWPLS），建模方法为 PLS 算法。其中，SiPLS 算法的子区间划分个数为 18，MWPLS 的移动窗口宽度为 35，实际水样的紫外吸收光谱数据在不同的光谱预处理方法基础上优选出的波段如表 3-3 所示。

由于标准液的溶质为单纯的邻苯二甲酸氢钾，组成成分单一，且浓度按规律变化，因此谱线平滑且特征吸收带一致；而实际水样成分复杂，除了包含各类有机物外，还有无机盐以及悬浮的不溶性颗粒物，这些物质均会使得紫外吸收光谱受到影响而发生改变，从而也导致实际水样的紫外光谱数据和标准液的紫外光谱数据所提取出特征谱段不同。

表 3-3 不同预处理算法的特征提取结果

特征提取方法	光谱预处理方法	优选波段/nm
SiPLS	原始光谱	211.025—221.743, 222.339—233.046
	消除偏移量	211.025—221.743, 222.339—233.046
	SG 平滑	211.025—221.743, 222.339—233.046
	一阶导数	211.025—221.743, 222.339—233.046
	二阶导数	211.025—221.743, 222.339—233.046
	MSC	244.932—255.619, 267.482—278.147
	SNV	211.025—221.743, 233.641—244.338
	Min-Max-Nor	211.025—221.743, 378.352—388.905
	VN	222.339—233.046, 256.806—266.889
MWPLS	原始光谱	220.153—240.180
	消除偏移量	219.362—238.991
	SG 平滑	217.576—237.802
	一阶导数	230.668—250.871
	二阶导数	219.362—239.585
	MSC	227.694—247.902
	SNV	224.719—244.932
	Min-Max-Nor	228.289—248.496
	VN	222.339—242.556

不同的预处理方法下采用SiPLS和MWPLS特征提取算法提取特征谱段的PLS回归建模的结果如表3-4所示。从表3-4可以看出，一阶导数处理数据后

再由SiPLS提取的特征谱段，其PLS最优模型的检验集决定系数为0.840 6；多元散射校正处理数据后再由MWPLS提取的特征谱段，其PLS最优模型的检验集决定系数为0.804 8。两种方法比较，SiPLS提取特征后的PLS模型效果更好，两模型的检验集预测效果如图3-6所示。

采用一阶导数作为预处理方法处理数据后由 SiPLS 提取特征谱段和采用多元散射校正作为预处理方法处理数据后由 MWPLS 提取特征谱段的 PLS 最优模型的回归方程分别如式（3-5）和（3-6）所示：

$$y = 0.858\,0x + 0.762\,8 \tag{3-5}$$

$$y = 0.745\,6x + 2.006\,3 \tag{3-6}$$

表 3-4　不同特征提取方法的 PLS 建模结果

特征提取方法	光谱预处理方法	校正集			检验集		
		R_c^2	RMSECV	$Bias_c$	R_p^2	RMSEP	$Bias_p$
SiPLS	原始光谱	0.918 4	5.668 9	0.307 9	0.648 7	9.815 8	0.287 4
	消除偏移量	0.917 1	5.653 0	0.212 4	0.684 7	9.394 0	−0.805 8
	SG 平滑	0.921 0	5.421 5	0.249 8	0.783 1	8.500 0	−2.183 9
	一阶导数	0.964 1	3.638 4	0.158 6	0.840 6	5.801 3	−0.415 7
	二阶导数	0.931 4	4.978 9	0.103 0	0.808 5	6.132 5	0.526 8
	MSC	0.685 0	10.365 9	0.381 7	0.639 6	13.849 1	1.038 5
	SNV	0.802 8	8.006 5	0.506 9	0.687 5	9.864 2	0.896 3
	Min-Max-Nor	0.723 5	9.438 0	-0.209 8	0.651 2	12.965 7	−1.594 3
	VN	0.830 2	7.560 1	0.059 2	0.606 6	12.197 5	−1.970 1
MWPLS	原始光谱	0.923 6	5.324 6	0.234 7	0.759 6	14.750 6	2.160 2
	消除偏移量	0.931 0	5.103 1	0.352 7	0.653 1	9.875 8	−0.339 5
	SG 平滑	0.945 3	4.453 3	0.181 5	0.695 8	8.326 6	−1.652 0
	一阶导数	0.960 5	3.809 4	0.125 5	0.628 7	10.944 3	−1.012 6
	二阶导数	0.953 6	4.144 9	0.344 4	0.701 8	9.932 7	0.780 2
	MSC	0.962 9	3.666 8	0.215 6	0.804 8	8.066 8	−0.039 9
	SNV	0.950 2	4.233 6	0.247 1	0.713 4	8.465 2	−0.463 1
	Min-Max-Nor	0.960 1	3.814 5	0.259 0	0.732 8	7.035 8	−0.679 2
	VN	0.952 4	4.172 2	0.297 2	0.692 7	8.128 5	0.356 9

由建模结果可知，实际水样 COD 的紫外吸收光谱模型预测效果欠佳，这是由于实验样本中的海水和地表水的盐度不同，海水的盐度远大于地表水，

而海水中的部分溶解盐在紫外波段又有吸收，因此造成吸光度发生了相对变化，使得建模结果误差加大，关于盐度对紫外吸光度的影响见本书 5.2.5 节。

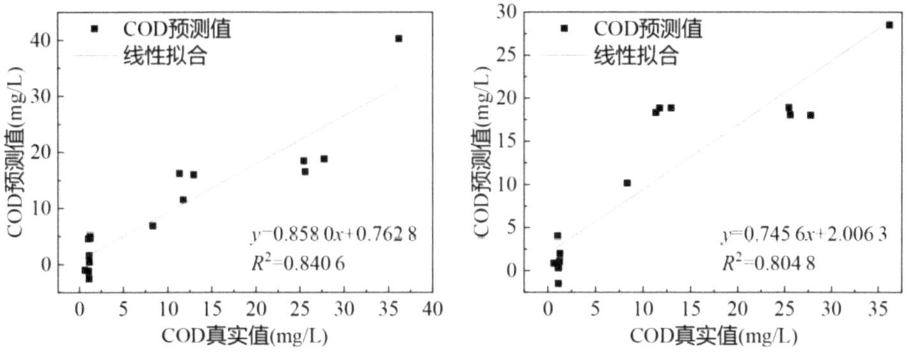

a—SiPLS 建模检验集模型预测效果　　b—MWPLS 建模检验集模型预测效果

图 3-6　最优模型的预测效果

3.2.2.4 实际水样的紫外吸收光谱数据的 PSO-LSSVM 建模

PSO-LSSVM 建模时，分别利用 SiPLS 和 MWPLS 提取的最优特征谱段作为 LSSVM 的输入，其中 SiPLS 子区间划分个数为 18，MWPLS 移动窗口大小为 35，PSO 算法的 c_1、c_2 分别设定为 1.5 和 1.7，种群规模为 30，进化次数为 300。PSO-LSSVM 算法的建模结果如表 3-5 所示。

表 3-5　实际水样紫外光谱数据的 PSO-LSSVM 建模

特征提取方法	最优预处理方法	优选波段/nm	校正集		检验集	
			R_c^2	RMSECV /（mg/L）	R_p^2	RMSEP /（mg/L）
SiPLS	一阶导数	211.025—221.743 222.339—233.046	0.997 2	0.745 5	0.963 1	2.225 4
MWPLS	MSC	227.694—247.902	0.991 0	1.308 6	0.938 5	2.861 4

从表 3-5 可以看出，利用 SiPLS 作为特征提取方法对一阶导数处理的光谱数据进行特征提取后再进行 PSO-LSSVM 建模的模型效果要优于利用 MWPLS 对 MSC 处理的光谱数据进行特征提取后再进行 PSO-LSSVM 建模的模型效果，其校正集决定系数 R_c^2 为 0.997 2，交叉验证均方根误差 RMSECV 为 0.745 5mg/L；检验集决定系数 R_p^2 为 0.963 1，外部检验均方根误差 RMSEP

为 2.225 4mg/L。

两模型的校正集和检验集预测效果分别如图 3-7 和图 3-8 所示。

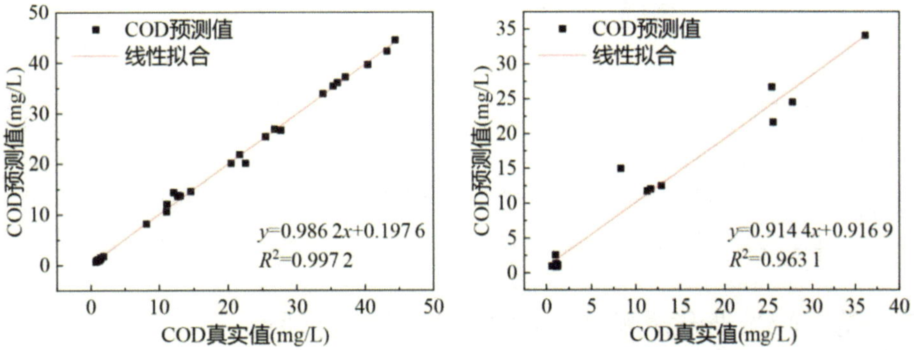

a—校正集模型预测效果　　b—检验集模型预测效果

图 3-7　SiPLS 提取特征的 PSO-LSSVM 建模结果

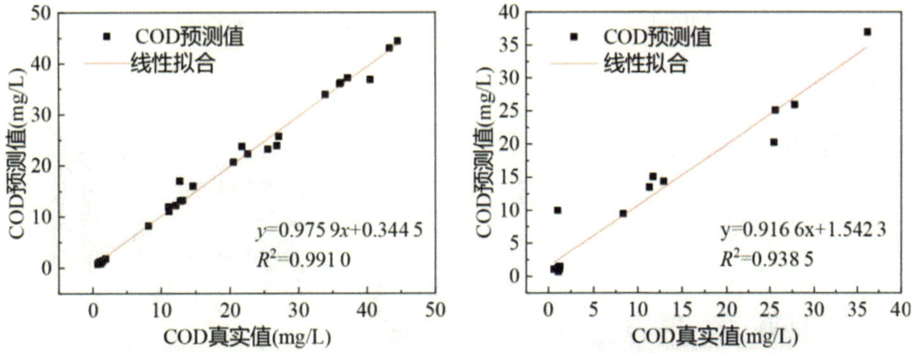

a—校正集建模结果　　b—检验集建模结果

图 3-8　MWPLS 提取特征的 PSO-LSSVM 建模结果

将实际水样的紫外吸收光谱数据的 PLS 最优模型和 PLO-LSSVM 最优模型评价指标进行对比，如表 3-6 所示。不难看出，基于 PSO-LSSVM 算法的模型效果要明显优于基于 PLS 算法的模型效果，其中最优预测模型为利用 SiPLS 提取一阶导数处理数据后的 PSO-LSSVM 的模型。将 PSO-LSSVM 模型预测结果与 PLS 模型最优预测结果对比可知，其检验集的决定系数 R^2 增大了 14.57%，而检验集的预测均方根误差 RMSEP 减小了 61.64%，PSO-LSSVM

模型的预测性能得到明显提升，说明 PSO-LSSVM 算法对于实际水样的紫外吸收光谱数据分析水质 COD 具有很好的预测性能。因此，本书后续将采用 PSO-LSSVM 方法进行建模。

表 3-6　PLS 与 PSO-LSSVM 建模结果对比

建模方法	特征提取方法	预处理方法	R_c^2	RMSECV /（mg/L）	R_p^2	RMSEP /（mg/L）
PLS	SiPLS	一阶导数	0.964 1	3.638 4	0.840 6	5.801 3
	MWPLS	MSC	0.962 9	3.666 8	0.804 8	8.066 8
PSO-LSSVM	SiPLS	一阶导数	0.997 2	0.745 5	0.963 1	2.225 4
	MWPLS	MSC	0.991 0	1.308 6	0.938 5	2.861 4

3.3 基于荧光光谱检测水质 COD 的建模方法研究

本节采用日本 Hitachi 公司的 F-7000 型荧光分光光度计采集荧光光谱数据，基于荧光光谱数据对实验水样的 COD 进行分析，分别对单激发波长下的荧光发射光谱数据和多激发波长下的荧光发射光谱的融合数据进行建模。荧光采集系统如图 3-9 所示。

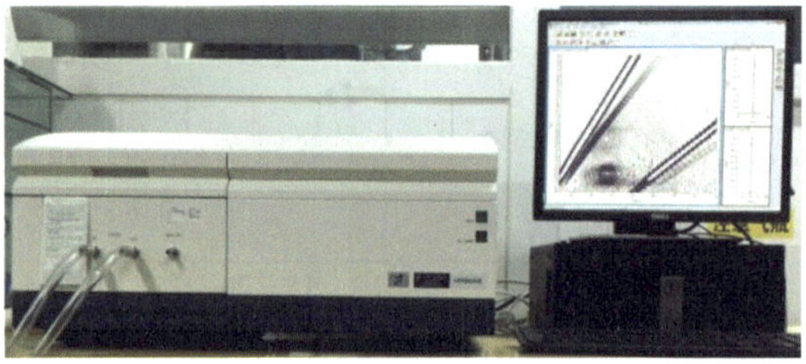

a—F-7000 型荧光分光光度计

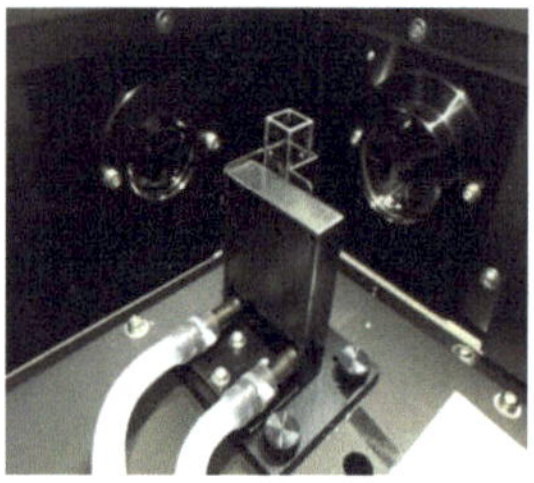

b—恒温支架

图 3-9　荧光采集系统

其中，图3-9 a为F-7000型荧光分光光度计，图3-9 b为F-7000内部光路结构及恒温支架，由激发光透镜、发射光透镜和比色皿支架组成，采用10mm×10mm石英比色皿作为样品池，比色皿支架与外置的恒温水槽相连用于调节样品池中被测样品的温度。荧光光谱采集时设置仪器的PMT电压700V，Ex和Em狭缝宽度均为5nm，扫描速度为每分钟120 00nm，激发波长采样间隔5nm，发射波长间隔2nm。荧光光谱经三次采样后求平均值，激发波长范围为

200—400nm，发射波长范围为220—600nm。采用Delaunay三角内插值法去除三维荧光采集过程中的散射峰，散射峰去除前后效果见2.3.1节。

3.3.1 COD 标准液的荧光光谱数据建模

将原始浓度为1 000mg/L的标准液经蒸馏水按比例稀释得到的浓度在1—100mg/L范围内的52份实验样本分别进行三维荧光光谱数据的采集。浓度为1—100mg/L的标准液在T1荧光峰和T2荧光峰处的荧光强度随标准液浓度变化的规律如图3-10所示。不难看出，在T1荧光峰处的荧光强度随着浓度的升高而升高，当溶液浓度高于55mg/L时，荧光强度随着浓度的继续增大而趋于平缓；当浓度高于80mg/L时，荧光强度几乎不再发生变化；在T2荧光峰处荧光强度变化的规律与T1峰处相反，荧光强度随着浓度的升高而逐渐降低，当溶液浓度高于30mg/L时，荧光强度下降趋势趋于平缓；而当溶液浓度高于45mg/L时，荧光强度已经降至很低，而且强度几乎不再发生变化。

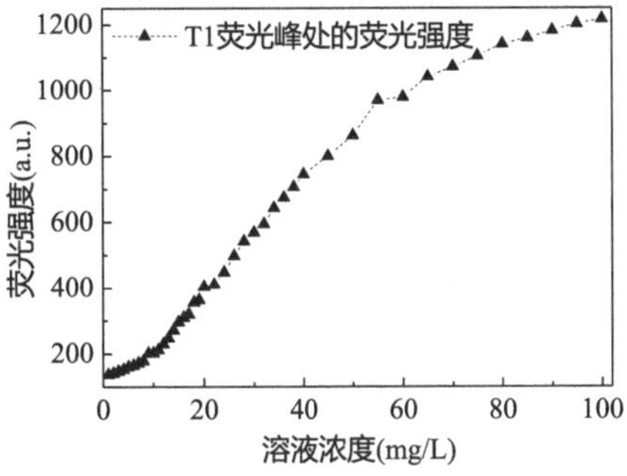

a—T1 荧光峰处

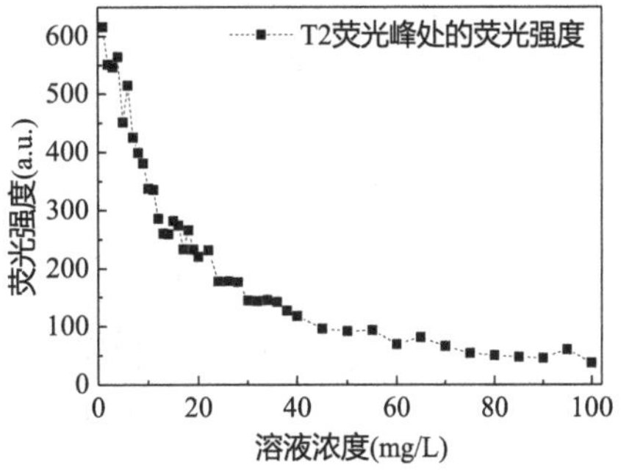

b—T2 荧光峰处

图 3-10　标准液的荧光强度和浓度的关系

浓度增大后发生了荧光强度降低和变化缓慢现象，这是由于溶液的浓度效应所导致的。造成浓度效应的原因为：（1）荧光的内滤效应：内滤效应使荧光强度与溶液浓度之间偏离线性关系，甚至使光谱的形状发生改变。（2）在高浓度溶液中，发生溶质间的相互作用会变强，从而促使产生荧光物质的激发态分子与其基态分子的二聚物或与其他溶质分子的复合物，从而导致荧光光谱的改变和/或荧光强度的下降。当浓度更大时，甚至会形成荧光物质的基态分子聚集体，导致荧光强度更严重地下降。

由图3-10可以判断，分析标准液的荧光光谱时，若利用T1荧光峰分析，浓度不要高于55mg/L；利用T2荧光峰对溶液进行分析，浓度尽量不要高于45mg/L。因为此时的荧光强度与溶液浓度间线性关系已不存在，而是呈非线性关系，过高的浓度会使分析误差变大甚至会使建模失败。

基于此，本书将标准液分为 3 组，一组浓度范围为 1—30mg/L，可以同时分析 T1 峰和 T2 峰的峰值随溶液浓度变化的规律；另一组为 10—55mg/L，只分析 T1 峰的峰值随溶液浓度变化的规律；而剩余的 55—100mg/L 的标准液不作荧光分析。

由本书 2.2.3 节图 2-7 a 可知，有效的发射波长 Em 范围在 275—450nm，因此将52组三维荧光光谱数据按激发波长在Em为275—450nm范围内展开，每组数据共展开成 2 200 维的向量。所有数据展开后的效果如图 3-11 所示。

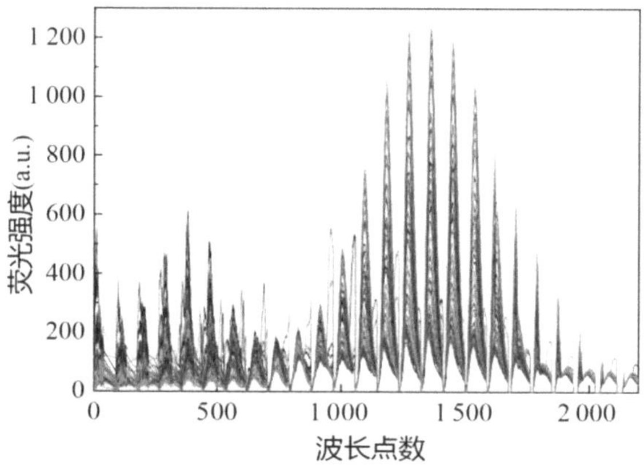

图 3-11　按激发波长展开的荧光发射光谱图

对于标准液的荧光光谱数据，在发射波长 Em 为 275—450nm 的范围内进行特征光谱的提取和模型建立。本节分别采用联合区间偏最小二乘法（SiPLS）、移动窗口偏最小二乘法（MWPLS）和蚁群区间偏最小二乘法（ACO-iPLS）进行特征光谱的提取，再利用 PSO-LSSVM 算法进行建模。其中 SiPLS 子区间划分个数为 18，MWPLS 移动窗口大小为 35，ACO-iPLS 设定蚂蚁数量为 2 000，主成分数量为 5，选择变量数目为 10。

标准液浓度范围为 1—30mg/L 时，按激发波长 Ex 展开的荧光发射光谱数据由三种特征提取算法提取特征后采用 PLS 算法所得的决定系数 R^2 如表 3-7 所示。不难看出，三种特征提取算法中，ACO-iPLS 的效果最好。因此，后续对于浓度范围在 1—30mg/L 的标准液的荧光发射光谱数据进行建模时将采用 ACO-iPLS 方法对其进行特征光谱的提取。

表 3-7　浓度为 1—30 mg/L 的标准液荧光数据在不同特征提取算法下的 R^2

特种提取方法	激发波长 Ex/nm							
	220	255	260	265	270	275	280	285
SiPLS	0.882 9	0.949 2	0.955 1	0.969 2	0.972 1	0.964 5	0.971 1	0.971 0
MWPLS	0.904 9	0.948	0.942 8	0.967 6	0.971 2	0.973 6	0.972 5	0.966 8
ACO-iPLS	0.925 6	0.962 2	0.962 2	0.976 2	0.980 1	0.981 8	0.980 6	0.983 6

采用 PSO-LSSVM 建模时，选择 2mg/L、7mg/L、10mg/L、15mg/L、17mg/L、19mg/L、24mg/L、28mg/L 的溶液荧光光谱数据作为检验集数据，其余作为校正集样本数据，建模结果如表 3-8 所示。

表 3-8　浓度为 1—30 mg/L 的标准液 PSO-LSSVM 算法建模结果

Ex/nm	校正集		检验集	
	R_c^2	RMSECV /（mg/L）	R_p^2	RMSEP /（mg/L）
220	0.976 7	1.200 3	0.953 6	2.246 5
255	0.992 9	0.649 8	0.932 9	2.181 2
260	0.982 1	1.036 1	0.984 3	1.586 5
265	0.915 4	1.184 7	0.957 9	1.696 3
270	0.962 3	1.607 6	0.974 2	1.733
275	0.992 0	0.690 4	0.984 4	1.211 5
280	0.934 2	0.648 1	0.933 1	1.207 9
285	0.926 5	0.838 1	0.981 5	1.276 9

由表 3-8 可知，对于 1—30mg/L 标准液，激发波长 Ex=275nm 时的荧光发射光谱数据模型最优，校正集的决定系数 R_c^2=0.992 0，交叉验证均方根误差 RMSECV=0.690 4mg/L；标准液样本检验集的决定系数 R_p^2=0.984 4，外部检验均方根误差 RMSEP=1.211 5mg/L。

最优模型的校正集和检验集预测效果如图3-12所示。

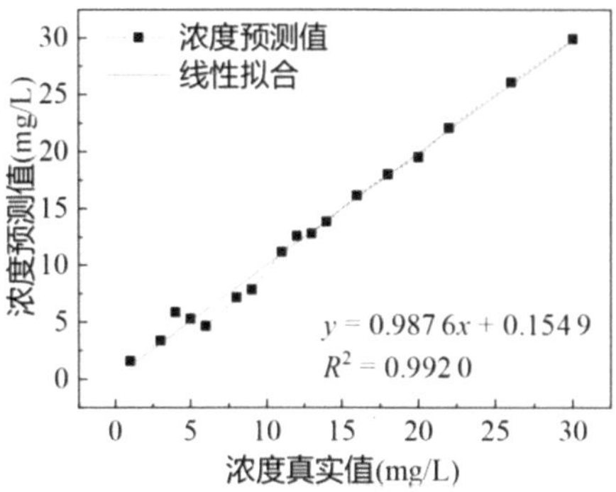

a—校正集建模结果

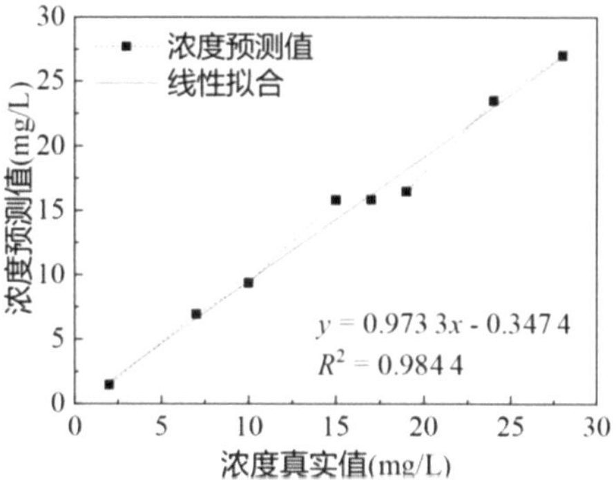

b—检验集建模结果

图 3-12　浓度为 1—30mg/L 标准液的最优模型预测效果

标准液的浓度为 10—55 mg/L 时，按激发波长 Ex 展开的荧光发射光谱数据由 SiPLS、MWPLS、ACO-iPLS 三种特征提取算法提取特征后采用 PLS 算法所得的决定系数 R^2 如表 3-9 所示。

表 3-9　10—55 mg/L 的标准液荧光数据在不同特征提取算法下的 R^2

特种提取方法	激发波长 Ex/nm						
	255	260	265	270	275	280	285
SiPLS	0.991 7	0.988 8	0.985 5	0.989 3	0.991 0	0.989 7	0.991 4
MWPLS	0.994 0	0.987 3	0.981 8	0.989 2	0.990 0	0.989 3	0.990 7
ACO-iPLS	0.997 8	0.998 1	0.998 0	0.999 3	0.998 9	0.998 0	0.999 0

由表 3-9 可知，对于 10—55mg/L 的标准液，三种特征提取算法中，ACO-iPLS 的效果为最优。因此，后续对于 10—55mg/L 的标准液建模时将采用 ACO-iPLS 进行特征提取。采用 PSO-LSSVM 建模时，选择 11mg/L、12mg/L、14mg/L、17mg/L、19mg/L、22mg/L、30mg/L、36mg/L 的溶液荧光光谱数据作为检验集数据，其余作为校正集样本数据，建模结果如表 3-10 所示。

由表 3-10 可知，对于 10—55mg/L 标准液，Ex=270nm 时的荧光数据模型最优，校正集决定系数 R_c^2 =0.999 9，交叉验证均方根误差 RMSECV=0.150 0mg/L；检验集决定系数 R_p^2 =0.998 1，外部检验均方根误差 RMSEP=0.347 8mg/L。

表 3-10　10—55mg/L 的标准液 PSO-LSSVM 算法建模结果

Ex/nm	校正集		检验集	
	R_c^2	RMSECV /（mg/L）	R_p^2	RMSEP /（mg/L）
255	0.999 4	0.324 8	0.993 5	0.884 6
260	0.999 1	0.397 1	0.994 3	0.616 1
265	0.998 5	0.501 3	0.996 7	0.521 3
270	0.999 9	0.150 0	0.998 1	0.347 8
275	0.998 6	0.243 2	0.996 9	0.433 1
280	0.998 1	0.694 4	0.961 6	1.622 1
285	0.999 5	0.289 0	0.997 6	0.387 4

最优模型的校正集和检验集预测效果如图 3-13 所示。

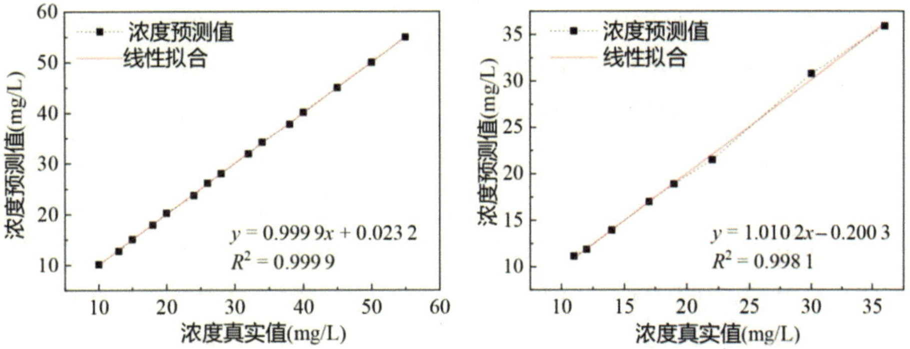

a—校正集建模结果　　b—检验集建模结果

图 3-13　浓度为 10—55mg/L 标准液的最优模型预测效果

3.3.2 实际水样的荧光光谱数据建模

本节对实际水样的荧光光谱数据进行建模，分别采用 SiPLS、MWPLS 和 ACO-iPLS 三种方法对荧光数据进行特征提取，并采用 PSO-LSSVM 算法进行建模。

按照与3.2.2节相同的方法将实际水样分成两组，一组作为校正集样本，共37份；另一组为检验集样本，共16份。采集的所有实际水样的三维荧光光谱数据采用Delaunay三角内插值法去除散射峰干扰信息。在激发波长为200—

330nm、发射波长为250—500nm范围内展开荧光数据（其中激发波长间隔为5nm，发射波长间隔为2nm），每组样本的荧光数据共展开成3 402维的向量，选用各激发波长下的荧光发射波长数据进行建模。

实际水样的三维荧光光谱按激发波长Ex展开的荧光发射光谱数据由SiPLS、MWPLS和ACO-iPLS三种算法提取特征后所得的决定系数R^2如表3-11所示。不难看出，对于实际水样的三维荧光光谱数据，三种特征提取算法中仍然是ACO-iPLS的效果最优。因此，后续对于实际水样建模时将采用ACO-iPLS进行特征提取。

表3-11　实际水样的荧光数据不同特征提取算法下的R^2

Ex /nm	SiPLS	MWPLS	ACO-iPLS	Ex /nm	SiPLS	MWPLS	ACO-iPLS
220	0.903 2	0.897 6	0.953 0	280	0.890 3	0.877 4	0.918 7
225	0.912 8	0.900 3	0.956 9	285	0.901 2	0.889 0	0.929 8
230	0.895 7	0.863 0	0.954 6	290	0.892 6	0.891 5	0.921 5
235	0.892 8	0.891 5	0.947 9	295	0.887 3	0.853 9	0.907 6
240	0.892 0	0.886 5	0.936 2	300	0.903 7	0.900 1	0.913 5
245	0.901 4	0.897 5	0.935 6	305	0.912 4	0.903 4	0.919 9
250	0.913 0	0.902 9	0.930 3	310	0.865 5	0.854 1	0.904 7
255	0.913 7	0.910 2	0.936 7	315	0.899 1	0.884 0	0.916 6
260	0.910 7	0.895 5	0.934 0	320	0.875 5	0.861 4	0.920 4
265	0.918 1	0.912 0	0.935 0	325	0.885 7	0.880 2	0.910 2
270	0.899 5	0.896 7	0.932 7	330	0.898 4	0.884 3	0.926 5
275	0.902 5	0.889 8	0.937 2	—	—	—	—

对比表3-7、表3-9和表3-11可以看出，对于标准液和实际水样的荧光光谱数据下的PLS模型，最优的特征提取算法均为ACO-iPLS，说明ACO-iPLS算法是一种对水质COD分析很有效的荧光光谱特征提取方法。因此，利用荧光光谱技术、采用ACO-iPLS进行特征波段选择后再结合合适的建模算法，可以有效地检测水质COD，这也为水质相关信息的获取提供了新的研究思路和方法。荧光发射光谱数据经ACO-iPLS提取特征后由PSO-LSSVM算法建模的结果如表3-12所示。

表 3-12　实际水样的 PSO-LSSVM 建模结果

Ex/nm	校正集		检验集	
	R_c^2	RMSECV /（mg/L）	R_p^2	RMSEP /（mg/L）
220	0.999 95	0.100 4	0.969 2	2.098 7
225	0.999 85	0.170 3	0.978 3	1.778 3
230	0.999 99	0.046 8	0.977 9	1.845 9
240	0.929 3	3.733 4	0.966 1	2.527 1
245	0.999 5	0.305 1	0.968 4	2.122 7
250	0.998 0	0.654 5	0.975 0	1.957
255	0.928 3	3.774 4	0.962 0	2.508 4
260	0.993 9	1.133 6	0.963 4	2.625 9
265	0.999 8	0.178 9	0.990 1	1.198 6
270	0.991 6	1.318 3	0.972 4	2.134 8
275	0.934 2	3.327 3	0.903 8	4.344 4
280	0.992 3	1.283 2	0.956 3	2.842 0
285	0.999 99	0.048 6	0.972 3	2.266 2
290	0.999 99	0.048 0	0.983 9	1.413 3
295	0.999 6	0.296 5	0.973 7	2.107 0
300	0.989 6	1.418 5	0.972 5	2.153 9
305	0.999 96	0.091 2	0.965 6	2.359 1
310	0.999 3	0.366 5	0.978 9	1.781 1
315	0.993 6	1.111 9	0.980 0	2.249 7
320	0.996 6	0.812 2	0.969 0	2.292 6
325	0.999 94	0.112 3	0.951 4	3.190 2
330	0.984 6	1.539 6	0.964 7	2.661 0

由表 3-12 可知，对于校正集而言，Ex=230nm 时的荧光发射光谱数据模型最优，其决定系数 R_c^2 为 0.999 99，交叉验证均方根误差 RMSECV 为 0.046 8mg/L；对于检验集而言，Ex=265nm 时的荧光发射光谱数据模型最优，其决定系数 R_p^2 为 0.990 1，外部检验均方根误差 RMSEP 为 1.198 6mg/L。

两个模型的校正集和检验集预测效果分别如图 3-14 和图 3-15 所示。

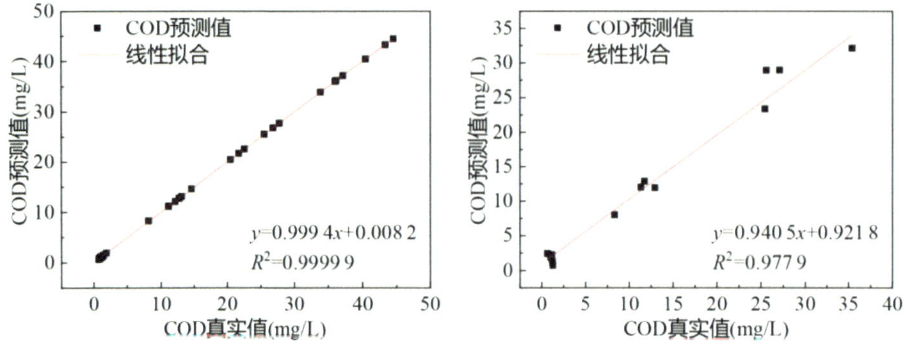

a—校正集建模结果　　　　b—检验集建模结果

图 3-14　Ex=230nm 处的荧光发射光谱数据建模结果

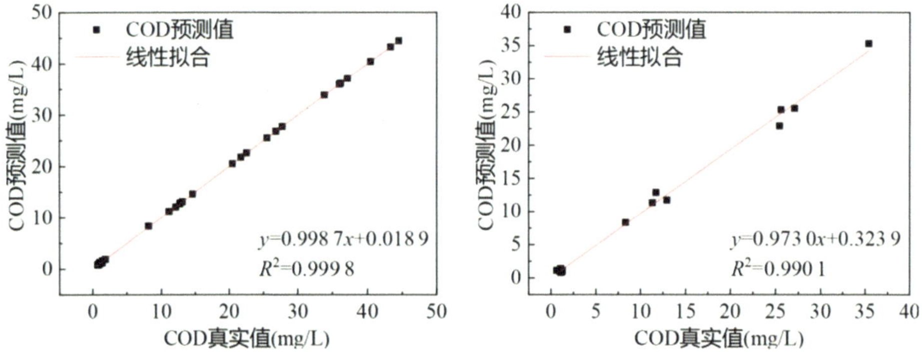

a—校正集建模结果　　　　b—检验集建模结果

图 3-15　Ex=265nm 处的荧光发射光谱数据建模结果

将实际水样荧光光谱数据的最优建模结果与基于紫外吸收光谱的最优建模结果进行比较，两类光谱的最优模型的评价指标如表3-13所示。由表3-13可知，在校正集样本和检验集样本相同的情况下，检验集的预测结果决定系数 R_p^2 增加了2.73%，预测均方根误差减小了46.14%；基于荧光数据的模型效果要明显优于基于紫外数据的模型效果，说明对于实际水样的COD检测，荧光光谱的预测效果更好。

表 3-13　紫外和荧光最优模型的建模结果

最优模型类别	校正集		检验集	
	R_c^2	RMSECV /（mg/L）	R_p^2	RMSEP /（mg/L）
紫外吸收光谱	0.997 2	0.745 5	0.963 1	2.225 4
荧光发射光谱	0.999 8	0.178 9	0.990 1	1.198 6

第 4 章　光谱信息融合检测 COD 的理论模型与实验研究

4.1 引言

由于标准液的组成成分单一，而实际水样的组成成分比标准液要复杂得多，故标准液的光谱信息不足以反映出实际水样的真实信息。为充分发挥紫外光谱和荧光光谱的作用，本章结合第3章单一谱源的建模结果，从实际出发，主要对水样的紫外吸收光谱信息和荧光发射光谱信息进行融合建模分析。分别基于数据级融合（LLDF）和特征级融合（MLDF）的融合方法，重点研究实际水样的紫外/荧光多光谱融合和不同激发波长下的荧光多光谱融合模型，最终达到改善水质 COD 预测模型的检测效果、提高预测模型检测精度的目的。

4.2 基于多光谱信息融合检测水质 COD 的理论模型

由本书 1.3.2 节可知，信息融合的方式有三个层次，即数据级融合、特征级融合和决策级融合，三种融合方式分别对应了三种预测分析方法。

三种融合方式分别具有不同的特点：数据级融合预测是将各种传感器的原始数据按照某种方式直接进行组合，属于最低层次的融合预测。该方式的主要优点是具有最多的真实数据，有利于数据的进一步分析和处理，但此方法的数据量较大，因此处理的时间会增加，实时性较差；特征级融合预测是对多传感器的原始数据信息进行特征提取，然后将其以某种方式进行组合，最后对目标进行综合分析和处理，属于中间层次的融合预测。特征级融合预测由于提取了原始信息的特征，使信息量得到有效的压缩，有利于对数据进行实时处理；决策级融合预测是最高层次的融合预测，每个传感器先分别建立同一目标的初步预测，然后将结果按照某种方式进行组合，最后进行决策级的预测。决策级组合预测具有较好的实时性和容错性，但其预处理代价高。

因此，为保证数据处理的有效性和实时性，本书采用数据级融合（Low-Level Data Fusion，LLDF）和特征级融合（Mid-Level Data Fusion，MLDF）方式对光谱信息进行融合分析。根据信息数据来源的不同，光谱信息融合可分为两种：一是光谱信息与其他传感器信息的融合，二是不同光谱信息间的融合，本研究属于第二种情况。

基于紫外和荧光多光谱信息融合技术的水质 COD 分析过程如图 4-1 所示，其中图 4-1 a 为数据级融合（LLDF）方式，图 4-1 b 为特征级融合（MLDF）方式。

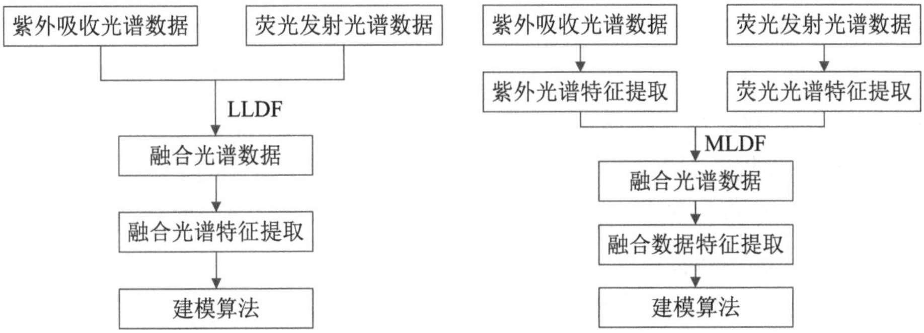

a—数据级融合建模　　b—特征级融合建模

图 4-1　多光谱信息融合及建模过程

由图4-1可知，数据级融合即先将紫外吸收光谱数据和荧光发射光谱数据进行直接融合后再利用特征提取算法进行特征提取，最后完成建模；特征级融合即先将紫外吸收光谱和荧光发射光谱分别进行特征提取，然后将提取出的特征光谱数据进行融合，最后完成建模。

4.3 紫外/荧光多光谱信息融合检测水质 COD 的建模方法

由前文实际水样的紫外光谱可知，三维荧光光谱的最高强度值为3330a.u.，而紫外吸光度的最高值为1.05a.u.左右，紫外吸光度值远小于荧光发射光谱的强度值，二者不存在可比性，若直接将紫外吸收光谱和荧光发射光谱数据进行融合，荧光信息会在建模过程中起主导作用，而紫外吸收光谱信息会被忽略掉，从而造成光谱信息融合的失败。因此，紫外/荧光光谱融合前需将紫外吸收光谱数据和荧光发射光谱数据进行归一化处理，使二者数据具有可比性，再进行融合、提取特征、建模等操作。本书采用标准归一化（SNV）、最小最大归一化（Min-Max-Nor）和矢量归一化（VN）对光谱数据进行归一化处理。

4.3.1 紫外/荧光多光谱数据级融合检测实际水样的水质 COD 建模

对照 3.3.2 节表 3-12 中实际水样按不同激发波长下荧光发射光谱的 COD 浓度建模结果，结合校正集和检验集的模型评价指标，选择激发波长 Ex 为 230nm、265nm、290nm 处的荧光发射光谱数据（建模波长范围为 250—500nm）与对应 COD 浓度的紫外吸收光谱数据进行数据级融合，并分别采用 SiPLS、MWPLS 及 ACO-iPLS 三种方法进行紫外/荧光多光谱的特征提取，采用 PSO-LSSVM 算法进行建模。

将紫外吸收光谱与 Ex=230nm 处的荧光发射光谱信息进行数据级融合，并分别采用不同的归一化方法（SNV、Min-Max-Nor、VN）和特征提取方法（SiPLS、MWPLS）对融合数据进行处理，特征提取后的优选波段如表 4-1 所示。

表 4-1　紫外/荧光发射光谱（Ex=230nm）数据级融合的优选波段

特征提取方法	归一化方法	优选波段/nm	
		紫外吸收光谱	荧光发射光谱
SiPLS	SNV	215.194—230.073 323.064—337.797	—
	Min-Max-Nor	215.194—230.073 230.668—245.526	—
	VN	—	298—348, 402—452
MWPLS	SNV	227.694—247.902	—
	Min-Max-Nor	227.099—247.308	—
	VN	—	286—354

由表 4-1 可知，采用 SiPLS 和 MWPLS 两种方法提取的特征谱段只处于单一光谱内，并非在两种光谱数据中同时进行提取。这是因为两类光谱数据量或数值分布存在不均衡性，从而导致在特征提取过程中某一种光谱起主导

作用，而另一种光谱信息的贡献被掩盖。因此以上两种情况使多光谱的融合失去意义，信息融合失败。

激发波长在265nm和290nm处的荧光发射光谱与紫外光谱进行LLDF融合建模时同样会出现上述情况，因此本书对Ex=265nm及Ex=290nm处的荧光发射光谱与紫外吸收光谱进行融合时不再利用SiPLS和MWPLS提取特征。

ACO-iPLS 特征提取方法是基于蚁群算法的波长优选方法，而蚁群算法具有全局搜索能力，因此可以有效地避免局部最优解的出现，但由于紫外信息和荧光信息的不均衡性，该方法所提取的特征信息也存在不均衡性。表现为：通常情况下，紫外数据的优选波长点多于荧光数据的优选波长点。

紫外/荧光多光谱经数据级融合后采用ACO-iPLS算法进行特征提取的波长优选结果如表4-2所示。其中，融合方式LLDF1—LLDF3依次代表紫外吸收光谱与激发波长分别为Ex=230nm、265nm、290nm下的荧光发射光谱数据进行紫外/荧光多光谱数据级融合。

表 4-2　LLDF1—LLDF3 紫外/荧光光谱数据级融合的 ACO-iPLS 优选波长

融合方式	归一化方法	优选波长/nm	
		紫外吸收光谱	荧光发射光谱
LLDF1	SNV	220.553, 229.478, 242.556, 253.245, 259.179, 297.082, 319.524, 393.006	326, 382
	Min-Max-Nor	12.812, 234.236, 237.802, 255.619, 271.631, 337.208, 347.804	368, 470, 484
	VN	290.577, 322.474, 338.386, 351.922, 355.450, 375.419, 377.766, 395.934	276, 458
LLDF2	SNV	213.408, 233.046, 236.019, 254.432, 337.797, 338.386	254, 460,482, 498
	Min-Max-Nor	203.874, 212.812, 216.385, 294.717, 333.085, 340.153, 382.458	330, 372, 434
	VN	256.213, 333.085, 364.852, 398.276, 400.032	270, 322, 418, 436, 470
LLDF3	SNV	212.812, 215.194, 232.452, 237.802, 239.585, 262.738, 343.685, 362.502	250, 456
	Min-Max-Nor	211.621, 212.217, 230.668, 248.496, 267.482, 287.619, 307.719, 351.922	312, 448
	VN	243.150, 262.145, 289.985, 297.673, 336.619, 350.745, 373.072	280, 434, 488

根据不同的特征提取结果，采用 PSO-LSSVM 建模的结果如表 4-3 所示。

不难看出，对于紫外吸收光谱和三个单激发波长下的荧光发射光谱的各数据级融合模型而言，采用矢量归一化（VN）方法处理数据所得模型的效果最优，其中最优预测模型为 LLDF2 模型，其决定系数 R_p^2 为 0.988 6，外部检验均方根误差 RMSEP 为 1.258 2mg/L。

表 4-3　紫外/荧光光谱 LLDF1—LLDF3 的 PSO-LSSVM 建模结果

融合方式	归一化方法	校正集		检验集	
		R_c^2	RMSECV /（mg/L）	R_p^2	RMSEP /（mg/L）
LLDF1	SNV	0.989 6	1.477 2	0.973 7	1.811 8
	Min-Max-Nor	0.989 7	1.467 0	0.973 7	1.812 1
	VN	0.999 9	0.136 1	0.982 1	1.655 2
LLDF2	SNV	0.994 6	1.069 8	0.935 2	2.928 3
	Min-Max-Nor	0.999 95	0.066 0	0.965 7	2.068 2
	VN	0.999 97	0.058 5	0.988 6	1.258 2
LLDF3	SNV	0.999 98	0.027 8	0.963 9	2.120 9
	Min-Max-Nor	0.999 89	0.154 5	0.965 1	2.093 9
	VN	0.999 2	0.396 9	0.987 6	1.449 5

LLDF2 模型的预测效果如图 4-2 所示，其中图 4-2 a 为 LLDF2 模型的校正集预测效果，图 4-2 b 为检验集的预测效果。

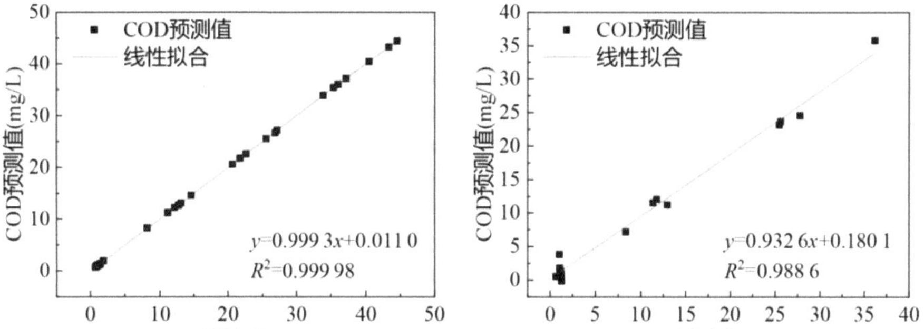

a—校正集效果　　b—检验集效果

图 4-2　LLDF2 模型预测效果

紫外/荧光多光谱融合除了 LLDF1—LLDF3 的紫外吸收光谱和单激发波长下的荧光发射光谱融合外，还有紫外吸收光谱和多激发波长下的荧光发射光谱的融合，本书以 LLDF4—LLDF7 来表示，依次代表紫外吸收光谱和两个或三个激发下的荧光发射光谱进行数据级信息融合。由 LLDF1—LLDF3 的建模结果可知，最优的归一化方法为 VN，因此对于 LLDF4—LLDF7，本书直接采用 VN 方法对光谱进行归一化处理。采用 VN 归一化处理后，经 ACO-iPLS 算法提取特征的结果如表 4-4 所示。

表 4-4　LLDF4—LLDF7 紫外/荧光光谱数据级融合的 ACO-iPLS 优选波段

融合方式	优选波长/nm			
	紫外吸收光谱	荧光发射光谱		
		Ex=230nm	Ex=265nm	Ex=290nm
LLDF4	221.743, 328.959, 329.549, 361.915	286, 314, 460, 486	340, 456	—
LLDF5	297.673, 381.285, 381.871	—	340, 476, 480	280, 314, 394, 496
LLDF6	217.576, 300.629, 361.915, 385.389, 396.519	280, 346, 446	—	258, 272
LLDF7	225.314, 228.883, 234.830, 389.491	318, 454	436, 476	252, 472

根据特征提取结果，采用 PSO-LSSVM 建模的结果如表 4-5 所示。

表 4-5　紫外/荧光光谱 LLDF4—LLDF7 的 PSO-LSSVM 建模结果

融合方式	校正集		检验集	
	R_c^2	RMSECV /（mg/L）	R_p^2	RMSEP /（mg/L）
LLDF4	0.999 99	0.045 0	0.985 7	1.524 3
LLDF5	0.999 99	0.037 7	0.976 6	1.859 1
LLDF6	0.999 98	0.071 3	0.986 0	1.529 4
LLDF7	0.999 99	0.035 2	0.987 5	1.458 9

由表4-5可知，对于紫外吸收光谱和多激发波长下的荧光发射光谱的数据级融合模型而言，LLDF7的PSO-LSSVM模型的预测效果最优，其决定系数 R_p^2 为0.987 5，外部检验均方根误差RMSEP为1.458 9mg/L。LLDF7的PSO-LSSVM模型的预测效果如图4-3所示，其中图4-3 a为LLDF7模型的校正集预测效果，图4-3 b为检验集的预测效果。

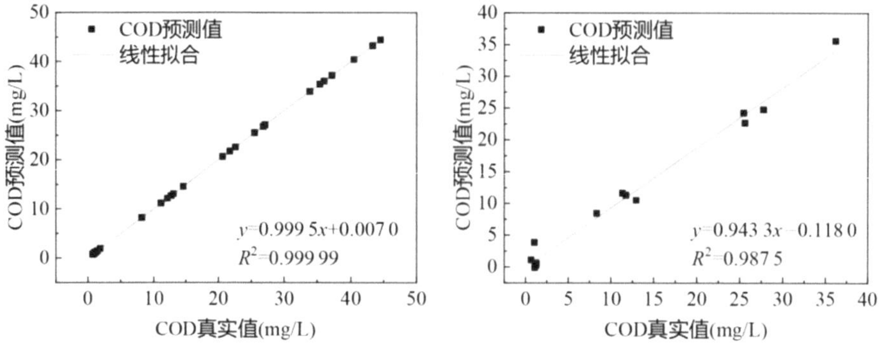

a—校正集效果　　　　b—检验集效果

图 4-3　LLDF7 模型预测效果

综合比较 LLDF1—LLDF7 的模型效果可知，LLDF2 的 PSO-LSSVM 模型为紫外/荧光多光谱数据级融合的最优模型，本书简写为 LLDF2-PSO-LSSVM 模型。将 LLDF2-PSO-LSSVM 的模型预测效果与紫外吸收光谱的最优 PSO-LSSVM 模型预测效果进行比较可知，在校正集和检验集相同的情况下，检验集的预测结果决定系数 R^2 增加了 2.65%，预测均方根误差 RMSEP 减小了 42.88%，因此 LLDF2-PSO-LSSVM 的效果优于紫外吸收光谱的最优模型预测效果；将 LLDF2-PSO-LSSVM 的模型预测效果与荧光发射光谱的最优模型预测效果相比变化不大，检验集的预测结果决定系数 R^2 减小了 0.15%，而预测均方根误差 RMSEP 却增大了 4.97%，稍劣于单激发波长（Ex=265nm）下的荧光发射光谱最优模型的预测效果，原因在于相对于荧光光谱的最优模型而言，紫外最优模型的效果较差，两光谱信息直接融合建模时模型预测值的相对误差变大，从而拉低了融合模型的预测效果。

4.3.2 紫外/荧光多光谱特征级融合检测实际水样的水质 COD 建模

结合紫外/荧光多光谱 LLDF 建模的经验，紫外/荧光多光谱特征级融合（MLDF）建模选择 Ex 为 230nm、265nm、290nm 激发波长下荧光发射光谱数据和紫外吸收光谱数据进行特征级融合，归一化方法为矢量归一化。四种光谱数据经 ACO-iPLS 算法提取出的特征波长如表 4-6 所示。

表 4-6 紫外/荧光光谱特征级融合时的优选波长

光谱种类	优选波长/nm
紫外吸收光谱	219.958, 225.314, 238.397, 293.534, 304.174, 305.356, 344.862, 346.627, 361.915, 391.834
Ex=230nm 处的荧光发射光谱	262, 290, 292, 294, 298, 352, 358, 404, 444, 490
Ex=265nm 处的荧光发射光谱	256, 268, 274, 352, 354, 370, 412, 438, 446, 462
Ex=290nm 处的荧光发射光谱	274, 284, 292, 330, 360, 362, 416, 422, 432, 456

根据特征提取结果，按照不同的融合方式将特征光谱进行融合，再次提取特征后采用 PSO-LSSVM 算法对特征光谱数据进行建模，建模结果如表 4-7 所示。表 4-7 中规定的融合方式 MLDF1-MLDF3 依次代表紫外吸收光谱和激发波长 Ex 分别在 230nm、265nm、290nm 处的荧光发射光谱进行特征级融合；LLDF4-LLDF7 依次代表紫外吸收光谱和两个或三个激发波长下的荧光发射光谱进行特征级信息融合。

表 4-7 紫外/荧光光谱特征级融合时 PSO-LSSVM 建模结果

融合方式	校正集		检验集	
	R_c^2	RMSECV	R_p^2	RMSEP
MLDF1	0.999 99	0.028 4	0.986 3	1.426 5
MLDF2	0.999 99	0.028 5	0.986 4	1.426 5
MLDF3	0.999 99	0.040 9	0.988 6	1.408 6
MLDF4	0.999 99	0.016 8	0.985 6	1.511 6
MLDF5	0.999 99	0.030 5	0.991 2	1.233 1
MLDF6	0.999 99	0.016 4	0.983 3	1.571 5
MLDF7	0.999 99	0.013 1	0.984 8	1.551 7

由表4-7可知，对于紫外吸收光谱和多激发波长下的荧光发射光谱的数据级融合模型而言，MLDF5（紫外吸收光谱与Ex=265nm、Ex=290nm下的荧光发射光谱进行多光谱特征级融合）模型的预测效果最优，其预测集决定系数 R_p^2 为0.991 2，外部检验均方根误差RMSEP为1.233 1mg/L。MLDF5-PSO-LSSVM模型的预测效果如图4-4所示，其中图4-4 a为MLDF5模型的校正集预测效果，图4-4 b为该模型检验集的预测效果。

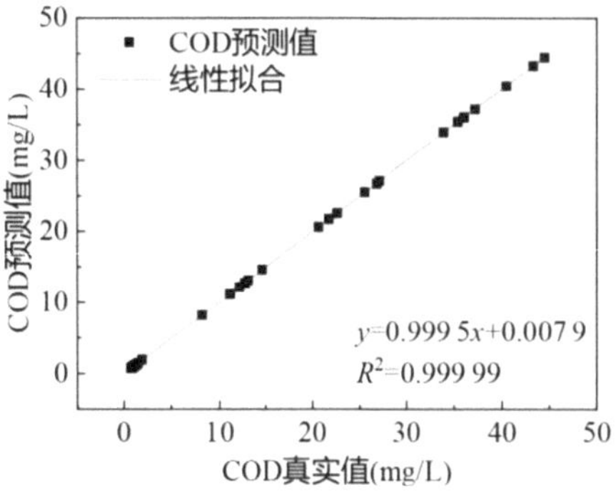

a—校正集效果

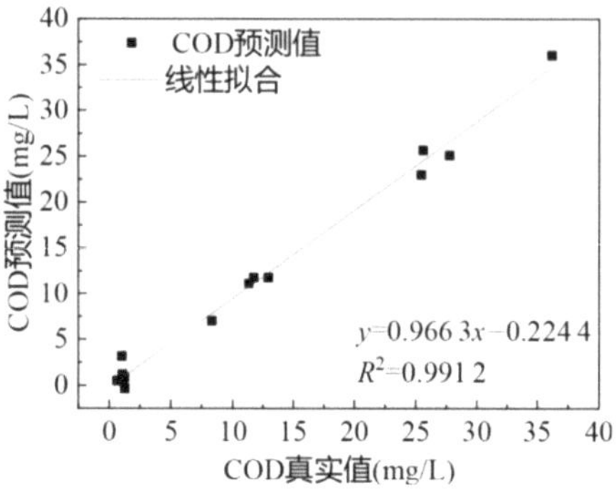

b—检验集效果

图 4-4　MLDF5 模型预测效果

综合比较紫外/荧光多光谱融合模型，MLDF 最优模型效果稍优于 LLDF 最优模型效果，其检验集的 R^2 增大了0.26%，而检验集的预测均方根误差 RMSEP 减小了1.99%。因此，对于紫外/荧光多光谱融合建模检测水质 COD，将紫外吸收光谱和 Ex=265nm、Ex=290nm 处的荧光发射光谱进行多光谱特征级融合时得到的预测模型（MLDF5-PSO-LSSVM）最优。

4.4 荧光多光谱信息融合检测水质 COD 的建模方法

荧光多光谱融合是指将不同激发波长下的荧光发射光谱进行多光谱信息的融合方式。由3.3节可知，对于标准液和实际水样的荧光发射光谱数据而言，最优的特征提取方法均为ACO-iPLS算法。因此，本节直接采用ACO-iPLS算法对实验样品的荧光光谱进行特征提取。建模时，标准液与实际水样的校正集和检验集样本的划分方法与本书3.3节中的划分方法相同，选择标准液荧光的发射波长有效建模范围为275—450nm；实际水样选用以5nm为采样间隔、220—330nm范围内各激发波长下的荧光发射波长（250—500nm）数据进行建模分析。

4.4.1 标准液的荧光多光谱数据级融合建模

浓度为 1—30mg/L 的标准液的荧光多光谱数据级融合的 PSO-LSSVM 建模结果如表 4-8 所示（为简化，本书以 Ex 组合的形式给出，下同）。表 4-8

中的“Ex 组合”表示不同激发波长 Ex 所对应的荧光发射光谱的融合，其中“all Ex”表示全部激发波长 Ex 所对应的所有荧光发射光谱进行融合。

表 4-8　浓度为 1—30 mg/L 的标准液荧光 LLDF-PSO-LSSVM 建模结果

Ex 组合（nm）	校正集		检验集	
	R_c^2	RMSECV /（mg/L）	R_p^2	RMSEP /（mg/L）
220+255	0.990 3	0.786 4	0.989 8	1.2614
220+260	0.998 7	0.280 9	0.995 4	0.6638
220+265	0.998 6	0.286 6	0.996 7	0.7374
220+270	0.998 0	0.351 4	0.995 4	0.6465
220+275	0.999 3	0.209 1	0.994 0	0.8623
220+280	0.997 9	0.405 1	0.997 3	0.7041
220+285	0.999 4	0.222 4	0.999 2	0.6120
275+280	0.992 7	0.669 1	0.990 6	0.9282
220+260+275	0.998 9	0.283 2	0.998 7	0.3492
275+280+285	0.990 7	0.782 5	0.980 2	1.1315
all Ex	0.997 0	0.424 1	0.995 1	0.8104

由表 4-8 可知，对于 1—30mg/L 标准液的荧光发射光谱的数据级融合模型而言，Ex=220nm 与 Ex=285nm 处的荧光发射光谱的 LLDF-PSO-LSSVM 模型的预测效果为最优，其预测集决定系数 R_p^2 为 0.999 2，外部检验均方根误差 RMSEP 为 0.612 0mg/L。最优的 LLDF-PSO-LSSVM 模型预测效果如图 4-5 所示，其中图 4-5 a 为校正集预测效果，图 4-5 b 为检验集的预测效果。

将最优 LLDF-PSO-LSSVM 模型的结果与单激发波长（Ex=275nm）时的最优 PSO-LSSVM 模型的预测效果进行对比可知，LLDF-PSO-LSSVM 模型的效果要明显优于 Ex=275nm 时荧光发射光谱的 PSO-LSSVM 模型效果。

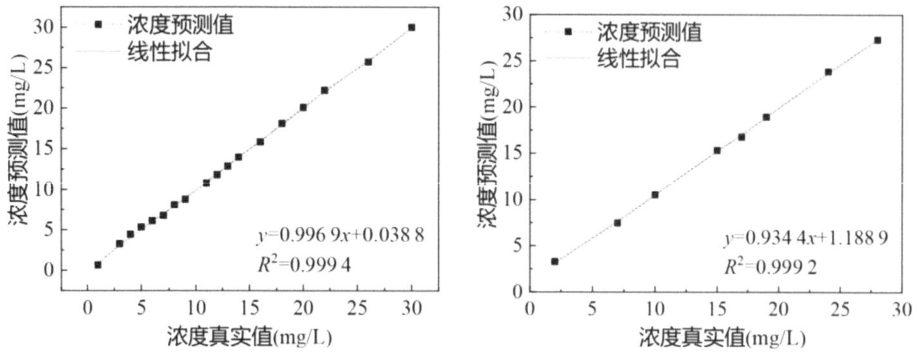

a—校正集效果　　b—检验集效果

图 4-5　浓度为 1—30mg/L 标准液的荧光最优 LLDF-PSO-LSSVM 模型预测效果

浓度为 10—55 mg/L 的标准液的荧光多光谱数据级融合的 PSO-LSSVM 建模结果如表 4-9 所示。

表 4-9　浓度为 10—55mg/L 的标准液荧光 LLDF-PSO-LSSVM 建模结果

Ex 组合 /nm	校正集		检验集	
	R_c^2	RMSECV	R_p^2	RMSEP
270+255	0.999 5	0.280 3	0.997 3	0.445 2
270+260	0.999 9	0.140 8	0.998 1	0.339 2
270+265	0.999 3	0.349 4	0.993 4	0.630 2
270+275	0.999 97	0.067 9	0.998 9	0.303 5
270+280	0.999 7	0.217 3	0.995 6	0.524 7
270+285	0.999 2	0.352 6	0.992 3	0.713 8
270+275+285	0.999 6	0.270 2	0.998 6	0.307 5
all Ex	0.999 92	0.111 6	0.998 3	0.357 3

由表 4-9 可知，对于 10—55mg/L 荧光发射光谱的数据级融合模型而言，Ex=270nm 与 Ex=275nm 处的荧光发射光谱的 LLDF-PSO-LSSVM 模型的预测效果为最优，其预测集决定系数 R_p^2 为 0.998 9，外部检验均方根误差 RMSEP 为 0.303 5mg/L。最优的 LLDF-PSO-LSSVM 模型预测效果如图 4-6 所示，其中图 4-6 a 为校正集预测效果，图 4-6 b 为检验集的预测效果。

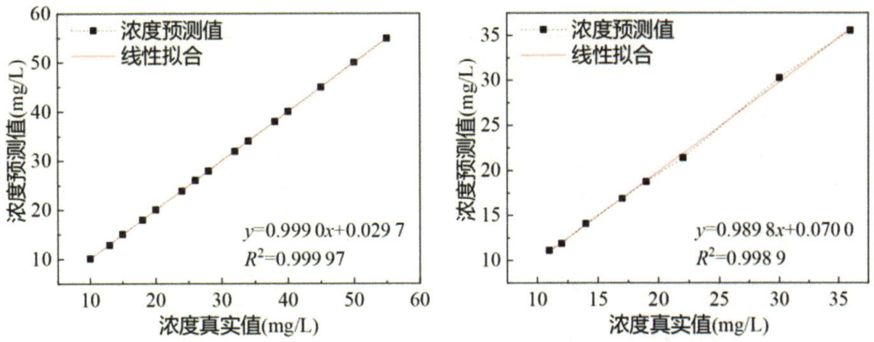

a—校正集效果　　　　b—检验集效果

图 4-6　10—55mg/L 标准液的荧光最优 LLDF-PSO-LSSVM 模型预测效果

将最优 LLDF-PSO-LSSVM 模型的结果与单激发波长（Ex=270nm）时的最优 PSO-LSSVM 模型的预测效果进行对比可知，LLDF-PSO-LSSVM 模型的效果要优于 Ex=270nm 时荧光发射光谱的 PSO-LSSVM 模型效果。

4.4.2 标准液的荧光多光谱特征级融合建模

浓度为1—30mg/L标准液的荧光光谱数据经特征级融合后再基于PSO-LSSVM算法进行建模。光谱数据的特征提取采用ACO-iPLS方法，建模结果如表4-10所示。

表 4-10　浓度为 1—30mg/L 的标准液荧光 MLDF-PSO-LSSVM 建模结果

Ex 组合 /nm	校正集		验证集	
	R_c^2	RMSECV /（mg/L）	R_p^2	RMSEP /（mg/L）
220+255	0.990 7	0.751 4	0.974 8	1.440 2
220+260	0.996 5	0.462 0	0.989 1	1.067 2
220+265	0.998 9	0.263 1	0.992 0	1.029 5
220+270	0.998 7	0.280 3	0.988 6	1.175 9
220+275	0.996 7	0.451 4	0.986 4	1.082 1
220+280	0.994 3	0.591 8	0.993 4	1.088 8
220+285	0.991 8	0.716 2	0.989 5	1.179 9
275+280	0.994 4	0.586 7	0.983 8	1.130 1

（续表）

Ex 组合 /nm	校正集		验证集	
	R_c^2	RMSECV /（mg/L）	R_p^2	RMSEP /（mg/L）
220+260+275	0.996 6	0.463 9	0.988 1	1.300 8
275+280+285	0.995 7	0.512 3	0.979 1	1.287 4
all Ex	0.999 99	0.291 4	0.974 4	1.674 0

由表 4-10 不难看出，对于浓度范围在 1—30mg/L 的标准液荧光发射光谱的特征级融合模型而言，Ex=220nm 与 Ex=265nm 处的荧光发射光谱的 MLDF-PSO-LSSVM 模型的预测效果为最优，其预测集决定系数 R_p^2 为 0.992 0，外部检验均方根误差 RMSEP 为 1.029 5mg/L。

最优的MLDF-PSO-LSSVM模型预测效果如图4-7所示，其中图4-7 a为校正集预测效果，图4-7 b为检验集的预测效果。对比浓度范围在1—30mg/L标准液的LLDF建模时最优模型的预测效果和MLDF建模时最优模型的预测效果可知，基于LLDF建模时最优模型（LLDF-PSO-LSSVM）的预测效果更好。

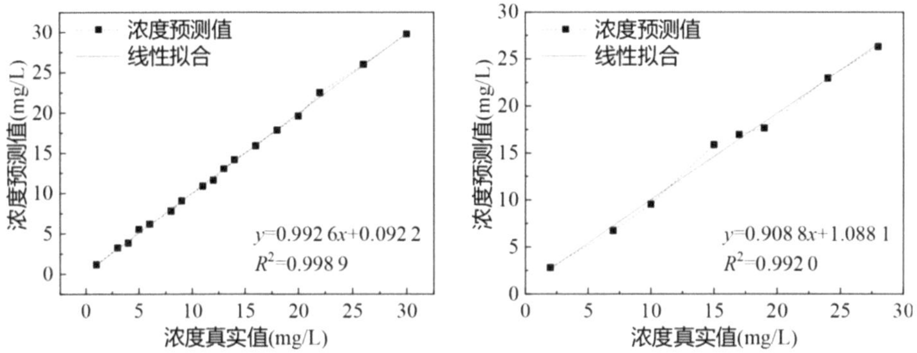

a—校正集效果　　b—检验集效果

图 4-7　浓度为 1—30mg/L 标准液的荧光最优 MLDF-PSO-LSSVM 模型效果

浓度为 10—55mg/L 的标准液的荧光光谱数据经特征级融合后再基于 PSO-LSSVM 算法进行建模。光谱数据的特征提取采用 ACO-iPLS 方法，建模结果如表 4-11 所示。

表 4-11　浓度为 10—55mg/L 的标准液荧光 MLDF-PSO-LSSVM 建模结果

Ex 组合 /nm	校正集		验证集	
	R_c^2	RMSECV /（mg/L）	R_p^2	RMSEP /（mg/L）
270+255	0.999 4	0.118 7	0.994 6	0.593 4
270+260	0.999 4	0.329 4	0.996 9	0.511 7
270+265	0.999 98	0.059 9	0.997 3	0.424 4
270+275	0.999 95	0.087 0	0.999 1	0.249 2
270+280	0.999 8	0.207 5	0.977 3	1.271 2
270+285	0.999 5	0.290 8	0.997 4	0.410 3
270+275+285	0.999 5	0.289 4	0.997 7	0.378 1
all Ex	0.998 7	0.508 5	0.987 5	1.038 2

由表 4-11 可知，对于 10—55mg/L 荧光发射光谱的特征级融合模型而言，Ex=270nm 与 Ex=275nm 处的荧光发射光谱的 MLDF-PSO-LSSVM 模型的预测效果为最优，其预测集决定系数 R_p^2 为 0.999 1，外部检验均方根误差 RMSEP 为 0.249 2mg/L。最优的 MLDF-PSO-LSSVM 模型预测效果如图 4-8 所示，其中图 4-8 a 为校正集预测效果，图 4-8 b 为检验集的预测效果。

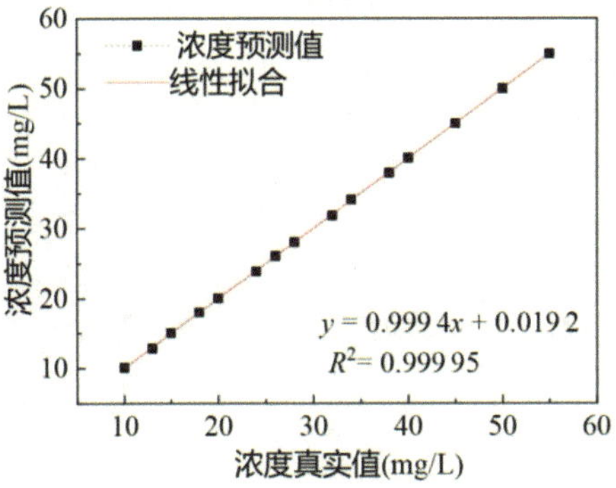

a—校正集效果

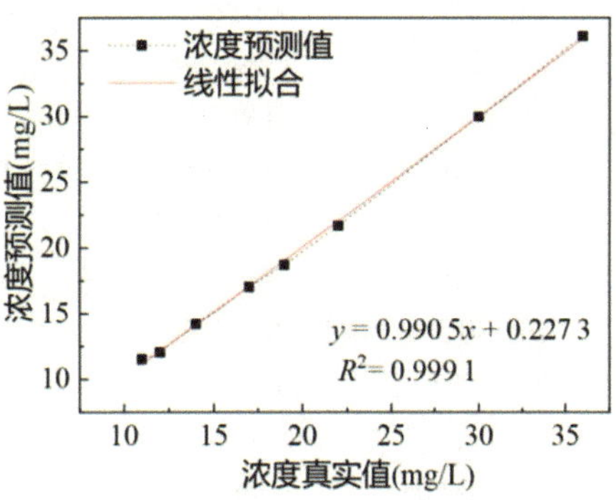

b—检验集效果

图 4-8　10—55mg/L 标准液的荧光最优 MLDF-PSO-LSSVM 模型效果

对比浓度范围在 10—55mg/L 标准液的 LLDF 和 MLDF 建模时最优模型的预测效果可知，MLDF-PSO-LSSVM 最优模型的预测效果更好。

4.4.3 荧光多光谱数据级融合检测实际水样的水质 COD 建模

对照本书 3.3.2 节表 3-12 中实际水样按不同激发波长下荧光发射光谱的 COD 浓度建模结果，结合校正集和检验集的各模型评价指标，选择激发波长 Ex 在 225nm、230nm、235nm、250nm、265nm、285nm、290nm、295nm、305nm 和 310nm 处的荧光发射光谱数据进行荧光多光谱数据级融合建模，建模结果如表 4-12 所示。

表 4-12　实际水样的荧光 LLDF-PSO-LSSVM 建模结果

Ex 组合 /nm	校正集		验证集	
	R_c^2	RMSECV /（mg/L）	R_p^2	RMSEP /（mg/L）
225+230	0.999 99	0.025 8	0.975 5	1.907 3
230+285	0.999 96	0.106 4	0.985 5	1.703 6
230+290	0.999 99	0.050 3	0.980 5	1.926 5
230+305	0.999 99	0.039 0	0.984 7	1.870 3
235+265	0.999 96	0.094 0	0.983 5	1.548 5
265+285	0.999 8	0.210 7	0.961 5	2.191 9
265+290	0.995 7	1.030 5	0.966 1	2.223 8
265+295	0.999 1	0.430 9	0.961 5	2.550 6
265+305	0.999 95	0.105 0	0.979 5	1.810 3
265+310	0.999 95	0.103 6	0.974 1	2.099 8
285+295	0.999 94	0.113 6	0.953 3	2.549 5
285+305	0.993 6	1.166 4	0.961 9	2.249 0
285+310	0.989 5	1.807 8	0.970 9	2.518 4
290+305	0.997 5	1.026 1	0.975 1	2.319 7
290+310	0.997 6	1.043 1	0.984 2	2.292 4
295+305	0.997 9	0.911 9	0.981 0	2.310 8
295+310	0.998 4	0.770 5	0.975 9	2.510 0
300+310	0.995 1	1.394 7	0.986 8	2.077 3
265+285+305	0.999 96	0.085 2	0.974 1	1.950 1
230+285+290	0.999 9	0.169 3	0.992 2	1.615 5
235+265+290	0.999 98	0.068 8	0.992 2	1.055 1
265+290+305	0.992 3	1.560 8	0.976 9	2.228 0
265+285+310	0.996 0	0.965 7	0.947 6	2.621 4
265+290+310	0.990 5	1.813 5	0.975 1	2.176 7
230+285+290+305	0.999 8	0.186 7	0.967 4	2.295 3

（续表）

Ex 组合/nm	校正集		验证集	
	R_c^2	RMSECV/（mg/L）	R_p^2	RMSEP/（mg/L）
230+235+265+285+290+305	0.99 999	0.047 8	0.982 5	1.502 8
all Ex	0.999 3	0.525 9	0.988 3	1.414 2

由表 4-12 可知，对于实际水样荧光多光谱数据级融合模型，Ex=235nm、265nm 和 290nm 处的荧光发射光谱的 LLDF-PSO-LSSVM 模型的预测效果最优，其预测集决定系数 R_p^2 为 0.992 2，外部检验均方根误差 RMSEP 为 1.055 1mg/L。

最优 LLDF-PSO-LSSVM 模型预测效果如图 4-9 所示，其中图 4-9 a 为校正集预测效果，图 4-9 b 为检验集的预测效果。

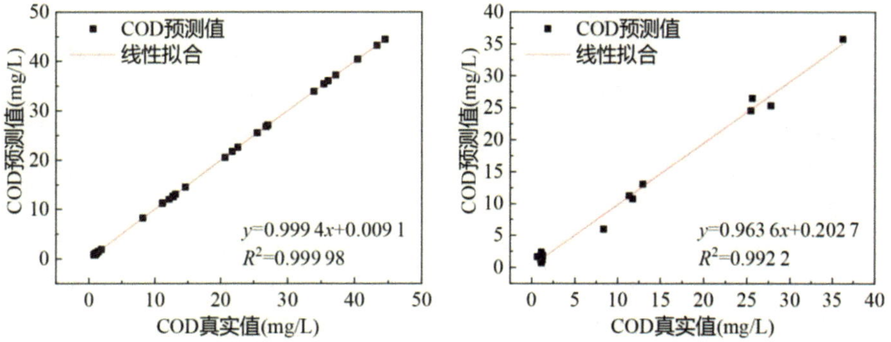

a—校正集效果　　　　b—检验集效果

图 4-9　实际水样的荧光 LLDF-PSO-LSSVM 最优模型效果

将荧光多光谱 LLDF-PSO-LSSVM 的最优模型与单激发波长下的荧光发射光谱的最优 PSO-LSSVM 模型相比，检验集的预测结果决定系数 R^2 增加了 0.21%，预测均方根误差 RMSEP 减小了11.97%。因此，荧光多光谱 LLDF-PSO-LSSVM 模型的预测效果更优。

4.4.4 荧光多光谱特征级融合检测实际水样的水质 COD 建模

为了与数据级融合建模效果进行对比，本节选择与4.4.3节中相同的激发波长下的荧光发射光谱数据，并采用相同的Ex组合方式进行荧光多光谱数据的特征级融合建模。MLDF-PSO-LSSVM的建模结果如表4-13所示。

表 4-13　实际水样的荧光 MLDF-PSO-LSSVM 建模结果

Ex 组合/nm	校正集		检验集	
	R_c^2	RMSECV /（mg/L）	R_p^2	RMSEP /（mg/L）
225+230	0.999 99	0.038 5	0.980 1	1.700 6
230+285	0.999 99	0.034 0	0.984 8	1.673 6
230+290	0.999 6	0.288 3	0.988 8	1.483 4
230+305	0.999 7	0.233 6	0.987 3	1.478
235+265	0.999 99	0.045 6	0.988 6	1.347 1
265+285	0.999 8	0.190 7	0.997 1	0.676 8
265+290	0.998 0	0.641 7	0.995 6	0.880 8
265+295	0.999 98	0.059 4	0.996 8	0.721 9
265+305	0.999 7	0.238 6	0.997 7	0.619 2
265+310	0.999 93	0.117 4	0.995 9	0.823 0
285+295	0.999 7	0.236 9	0.992 0	1.333 8
285+305	0.999 97	0.070 7	0.997 3	0.978 3
285+310	0.999 97	0.073 6	0.9971	0.779 2
290+305	0.999 9	0.137 6	0.994 1	1.344 2
290+310	0.999 94	0.112 6	0.993 4	1.152 7
295+305	0.999 96	0.086 5	0.994 3	1.022 7
295+310	0.999 9	0.166 5	0.994 8	0.994 8
300+310	0.999 94	0.110 2	0.990 0	1.245 7
265+285+305	0.999 9	0.145 5	0.998 0	0.562 4
230+285+290	0.999 99	0.042 9	0.985 4	1.641 1
235+265+290	0.999 99	0.048 1	0.989 1	1.293 6
265+290+305	0.999 96	0.094 5	0.998 2	0.534 2
265+285+310	0.999 9	0.159 4	0.997 5	0.709 9
265+290+310	0.999 9	0.168 2	0.997 5	0.668 9
230+285+290+305	0.999 99	0.040 7	0.985 0	1.593 3
230+235+265+285+290+305	0.999 99	0.039 4	0.986 0	1.554 8
all Ex	0.999 99	0.032 3	0.981 5	1.834 2

由表 4-13 可知，对于实际水样荧光多光谱特征级融合模型，Ex 在 265nm、290nm 和 305nm 处的荧光发射光谱的 MLDF-PSO-LSSVM 模型的预测效果最优，其预测集决定系数 R_p^2 为 0.998 2，外部检验均方根误差 RMSEP 为 0.534 2mg/L。

最优的 MLDF-PSO-LSSVM 模型预测效果如图 4-10 所示，其中图 4-10 a 为校正集预测效果，图 4-10 b 为检验集的预测效果。

将荧光多光谱 MLDF-PSO-LSSVM 最优预测模型与 LLDF-PSO-LSSVM 最优预测模型的效果进行对比，检验集的预测结果决定系数 R^2 增加了 0.60%，预测均方根误差 RMSEP 减小了 49.37%。因此，对于荧光多光谱信息融合模型而言，MLDF-PSO-LSSVM 模型的预测效果更优。

对比单激发波长下的最优模型、LLDF最优模型和MLDF最优模型可知，采用多光谱融合数据建模所得结果要优于单激发波长下荧光发射光谱数据的建模结果，说明多光谱融合建模是一种对水质COD分析很有效的建模方法，可以更有效地检测水质COD，为水质COD的检测提供了一种新的研究思路和解决方法。

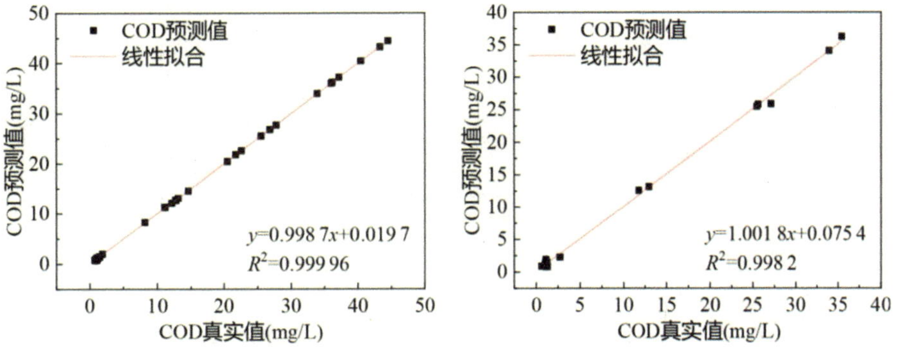

a—校正集效果　　b—检验集效果

图 4-10　实际水样的荧光 MLDF-PSO-LSSVM 最优模型效果

4.5 各类建模方法的模型效果比较

4.5.1 单谱源模型与多光谱信息融合模型的效果对比

为比较实际水样水质COD的各类模型的预测性能，本节将书中建立的所有定量分析模型的效果进行了对比。根据光谱类别和融合方式的差异，选择出不同光谱类别和不同融合方式下最优模型的建模结果。各最优模型的建模结果如表4-14所示，根据表4-14中各最优模型的建模结果得到校正集和检验集的各评价指标之间的关系如图4-11所示。

表 4-14　各最优模型的建模结果

最优模型类别	校正集		检验集	
	R_c^2	RMSECV	R_p^2	RMSEP
1.紫外吸收光谱	0.997 2	0.745 5	0.963 1	2.225 4
2.荧光发射光谱	0.999 8	0.178 9	0.990 1	1.198 6
3.紫外/荧光 LLDF	0.999 97	0.058 5	0.988 6	1.258 2
4.紫外/荧光 MLDF	0.999 99	0.030 5	0.991 2	1.233 1
5.荧光多光谱 LLDF	0.999 98	0.068 8	0.992 2	1.055 1
6.荧光多光谱 MLDF	0.999 96	0.094 5	0.998 2	0.534 2

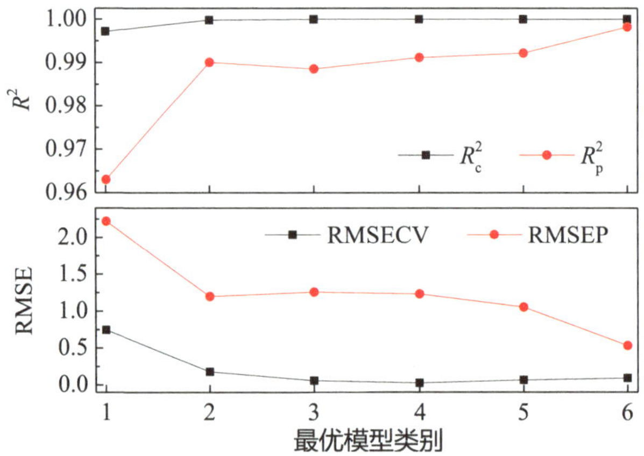

图 4-11　最优模型评价指标间的关系

由图4-11可知，模型校正集和检验集的决定系数以及交叉验证均方根误差之间具有很好的一致性；对于实际水样的水质COD模型而言，紫外吸收光谱的模型效果最差；单激发波长下的荧光发射光谱数据模型、紫外/荧光多光谱融合模型以及荧光多光谱融合模型的校正集评价指标相差不大；而荧光多光谱MLDF-PSO-LSSVM模型的预测效果最优。

4.5.2 本书所建模型与文献最优模型的对比分析

为检验本书方法的可行性和优越性，本节将相关文献中最优模型的效果与本书模型的效果进行了横向对比。本书方法与相关文献的建模/分析方法及最优模型的相关评价指标如表 4-15 所示。

表 4-15　本书方法与文献方法的模型效果对比

相关文献	建模/分析方法	评价指标			
		RMSECV /（mg/L）	RMSEP /（mg/L）	r_p	R_p^2
Lee 等，2004	三维荧光检测废水 COD	—	—	—	0.914 8
武晓莉等，2007	荧光光谱特征建模	10.27	11.05	0.957 3	—
	UV+EEMs 融合建模	8.58	8.93	0.988 8	—
武晓莉等，2010	独立 Ex 下的 Em 数据建模	46.59	49.12	—	—
	子模型组合建模	40.51	41.07	—	—
严赟等，2011	独立荧光特征峰建模	—	56.361 7	0.789 5	—
	荧光特征峰组合建模	—	53.631 5	0.811 7	—
	整体光谱数据建模	—	39.492 8	0.902 8	—
Du 等，2012	PCR 建模	—	0.064 1	—	0.952 9
	PLS 建模	—	0.057 9	—	0.967 8
	3-PLS 建模	—	0.113 7	—	0.926 0
	PARAFAC 建模	—	0.120 6	—	0.914 8
Hur 等，2012	PARAFAC 处理 EEMs，建立 C1 峰与 COD 的模型	—	—	0.977 0	—
本书方法	独立 Ex 下的 Em 数据建模	0.178 9	1.198 6	0.995 3	0.990 1
	紫外/荧光多光谱融合建模	0.030 5	1.233 1	0.995 9	0.991 2
	荧光多光谱融合建模	0.094 5	0.534 2	0.998 2	0.999 2

综上，本书所采用的建模方法具有较好的可行性和优越性，所建模型效果优秀，可为水质 COD 的光学分析方法提供一种新的思路。

参考文献

[1] Lee S, Ahn K H. Monitoring of COD as an organic indicator in waste water and treated effluent by fluorescence excitation-emission (FEEM) matrix characterization[J]. Water Science and Technology, 2004, 50(8): 57-63.

[2] 武晓莉,李艳君,吴铁军. 多源光谱信息融合在水质分析中的应用[J]. 分析化学, 2007, 35(12): 1716-1720.

[3] 武晓莉,李艳君,吴铁军. 基于选择性模型组合的三维荧光光谱水质分析方法[J]. 光谱学与光谱分析, 2010, 30(4): 996-1001.

[4] 严赟,杜树新,吴元清. 基于三维荧光光谱特征峰的水体有机污染物综合指标检测[J]. 环境工程学报, 2011, 5(3): 519-522.

[5] Shuxin Du, Yuanqing Wu, Zhibao Yuan. Detection of COD in the Wastewater Treatment Process Based on Fluorescence Excitation-Emission Matrix Spectrometry[J]. Applied Mechanics and Materials, 2012(178/179/180/181): 599-602.

[6] Hur Jin, Cho Jinwoo. Prediction of BOD, COD, and Total Nitrogen Concentrations in a Typical Urban River Using a Fluorescence Excitation-Emission Matrix with PARAFAC and UV Absorption Indices[J]. Sensors, 2012, 12(1): 972-986.

第 5 章　环境参量对光谱法检测 COD 的影响规律研究

5.1 引言

采用光谱法分析水质参数时，环境因素会对光谱信息造成干扰，从而影响光谱法检测水质参数的稳定性、准确性和检测精度。本章以标准液和实际水样为研究对象，研究了多种环境因素对光谱法检测水质COD的影响规律，分析了水中各参量对光谱法检测水质COD的影响机理并给出了相应的分析结果；对于重要环境参数的影响建立了补偿校正模型，以抑制环境参量的影响，提高预测模型的精度。此外，本章还通过理论和实验手段研究了水质COD与TOC之间的关系，并给出了相应的分析结果，为基于光谱法的水质TOC的快速检测提供了相应的理论基础和绿色、环保的解决思路。

5.2 环境参量对紫外光谱法检测水质 COD 的影响规律分析

采用光谱法检测水质COD时，光谱数据的准确采集至关重要，它直接关系校正模型建立的准确性和鲁棒性，而水体参数条件的不同将对光谱产生很大影响。对光谱信息的影响是外界多种环境因素同时作用的结果，因此如何抑制干扰信号并识别有效的光谱信息是光谱法检测水质参数的一个关键问题。由于紫外吸收光谱属于电子能量光谱，温度的变化会使电子能量发射改变，进而改变光谱的形状；水体中的悬浮颗粒物会使入射光在传输过程中发生散射，大大减弱有效的透射光信号；溶液的酸碱性（pH）的不同也会影响光谱的吸收峰位置以及吸光系数；此外，一些溶解性无机盐离子在紫外波段也存在较强烈的吸收，这也会对光谱分析过程造成干扰。

因此，本节以不同的水样为研究对象，初步分析了不同环境条件对各水样紫外光谱的影响机理，并对温度和浊度为紫外光谱造成的影响进行了补偿校正。

5.2.1 温度对紫外吸收光谱法检测水质 COD 的影响规律

当温度变化时，样品内激发态电子数目会发生变化，而且光谱仪的检测器对温度也比较敏感，因此非常有必要研究温度对紫外吸收光谱造成的影响。本节首先对浓度为60mg/L的COD标准液的紫外吸收光谱受温度的影响规律进行研究，温度范围在18—48℃变化时的紫外吸收光谱如图5-1 a所示。为便于观察温度对紫外光谱的影响，图5-1 b给出了常温条件下浓度范围在1—80mg/L的COD标准液的紫外吸收光谱。

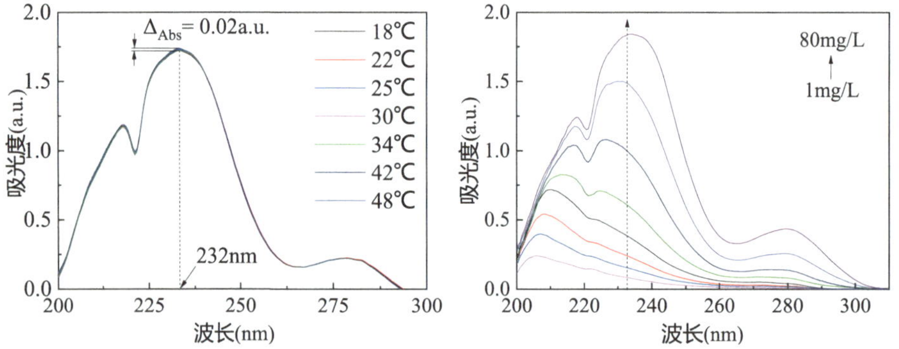

a—不同温度下的紫外光谱　　b—常温下不同浓度的 COD 标准液的紫外光谱

图 5-1　温度对标准液紫外光谱的影响

由图 5-1 可知，在 232nm 处，对于 COD 标准液而言，温度变化对紫外吸收光谱的影响约为 $6.666\,7\times10^{-4}$a.u./℃，而浓度变化 1mg/L 时，吸光度的变化量约为 0.017a.u.，其数值约为前者的 25 倍，故相比于浓度变化造成的影响，温度对于 COD 标准液的紫外吸收光谱的影响可以忽略不计。

实际水样的组成成分比标准溶液要复杂得多，因此本书取COD为14.2mg/L的某河水水样为研究对象，分别采用232nm和254.5nm处的紫外光谱强度和吸光度随温度变化的关系进行分析。其紫外光谱强度和吸光度与温度的关系分别如图5-2和图5-3所示。

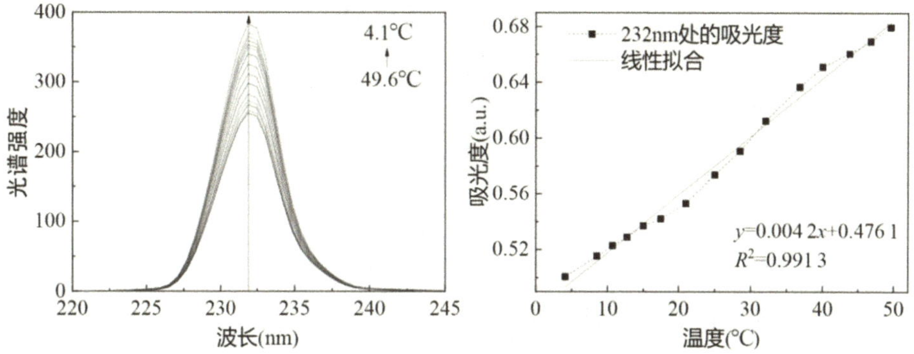

a—光谱强度与温度的关系　　b—吸光度与温度的关系

图 5-2　河水水样在 232nm 处的紫外光谱与温度的关系

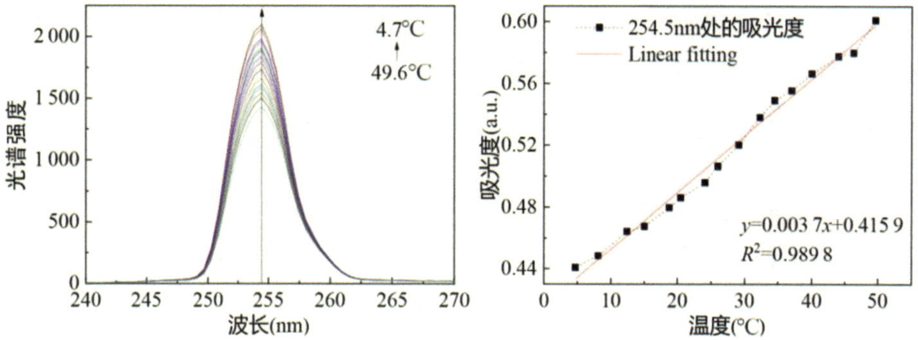

a—光谱强度与温度的关系　　b—吸光度与温度的关系

图 5-3　河水水样在 254.5nm 处的紫外光谱与温度的关系

由图 5-2 和图 5-3 可知，在 232nm 和 254.5nm 处，随着温度的升高，紫外光谱的数值逐渐降低，而吸光度却逐渐变大，且呈正相关变化。在 232nm 处，温度变化对紫外吸收光谱的影响为 0.003 93a.u./℃；在 254.5nm 处，温度变化对紫外吸收光谱的影响为 0.003 57a.u./℃。232nm 处的温度影响高于 254.5nm 处的温度影响，其原因可能是某些无机盐离子在低于 240nm 的紫外波段存在较强的吸收所致。

COD 浓度为 14.2mg/L 时，河水在 232nm 和 254.5nm 处的紫外吸光度和温度的关系式分别如式（5-1）和式（5-2）所示：

$$y = 0.004\,2x + 0.476\,1 \qquad (5\text{-}1)$$

$$y = 0.0037x + 0.4159 \quad (5\text{-}2)$$

5.2.2 浊度对紫外吸收光谱法检测水质 COD 的影响规律

浊度是指水中的固态物质，包括不溶于水中的无机物、有机物以及泥沙、黏土、微生物等对光线传播的阻碍程度，浊度是影响光谱法检测 COD 最重要的因素。吴国庆对水体中浊度的影响做了理论研究，本节从实验的角度对紫外吸收光谱法检测水质 COD 过程中浊度的影响进行分析，并建立校正模型。

浓度 40mg/L 的标准液在 0—120NTU 的浊度范围内的紫外光谱如图 5-4 a 所示。由图 5-4 可知，紫外吸光度随着浊度的增大而线性增强；浊度变化对模型预测值的影响如图 5-4 b 所示，表现为预测模型的输出预测值随着浊度的增大而线性增大，因此浊度对水样的影响不可忽略，必须予以抑制，否则会使模型输出错误结果。

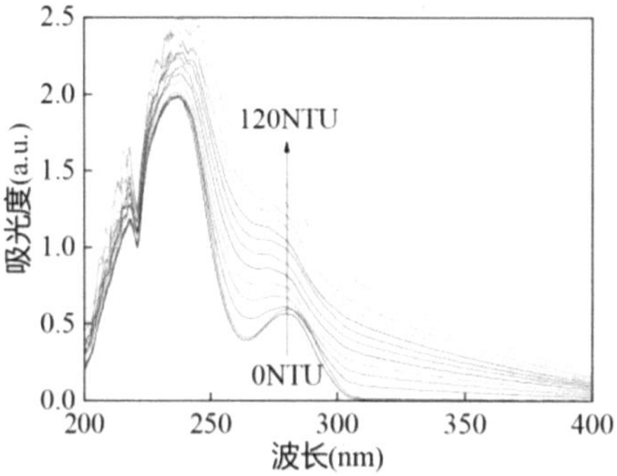

a—不同浊度标准液的紫外光谱

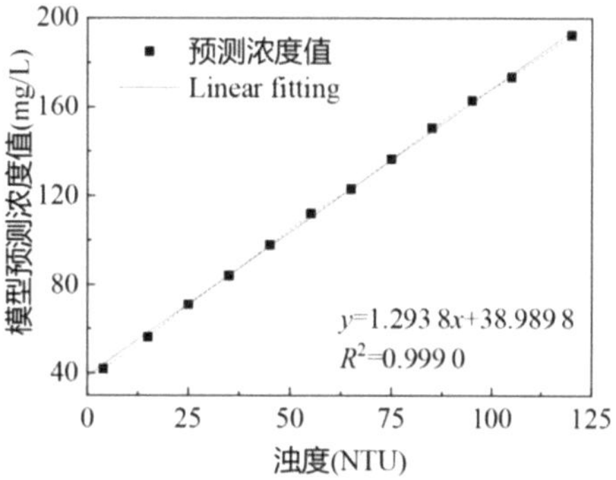

b—浊度变化对模型的影响

图 5-4 浊度对标准液紫外吸收光谱的影响

利用溶液预测浓度的变化量与浊度之间的相互关系可以建立补偿校正模型，对浊度影响进行补偿校正。浊度变化所引起的模型预测输出值相对于溶液原始浓度的变化量如图 5-5 所示。

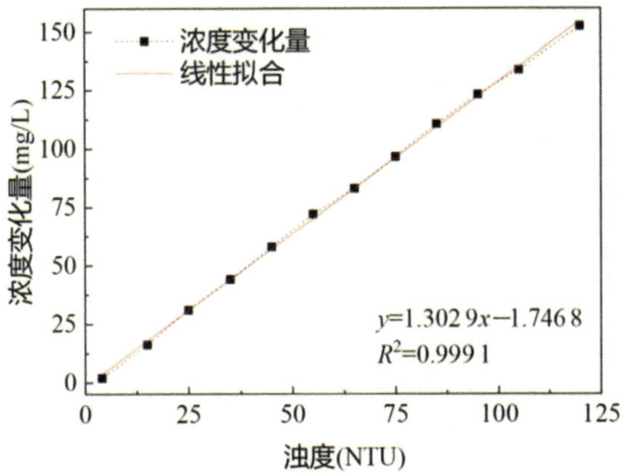

图 5-5　标准液的浓度变化量与浊度的关系

由图 5-5 可以看出，浊度和溶液浓度变化量具有强烈的正相关性，其线性拟合决定系数 R^2=0.999 1，经模型预测后得到的浓度变化量与浊度的关系式为：

$$y = 1.302\ 9x - 1.746\ 8 \tag{5-3}$$

浊度变化对模型预测值的影响及浊度补偿后溶液的浓度值如表 5-1 所示，标准液的紫外吸收光谱模型在浊度补偿前后的结果对比如图 5-6 所示。由表 5-1 和图 5-6 可知，浊度补偿后模型的整体平均偏差为 0.191 2mg/L，通过浊度补偿能很好地校正由于溶液浊度所引起的预测误差。

表 5-1　浊度变化对模型的影响及补偿校正结果

浊度 /NTU	模型预测值 /（mg/L）	浊度补偿后浓度值 /（mg/L）	浊度 /NTU	模型预测值 /（mg/L）	浊度补偿后浓度值 /（mg/L）
4	42.984 4	41.980 0	65	122.719 4	40.184 7
15	56.810 6	42.208 5	75	136.512 8	39.168 3
25	71.293 7	40.502 4	85	149.900 9	38.557 2
35	84.363 3	40.209 8	95	162.280 3	38.954 8
45	97.853 0	39.497 1	105	172.906 2	41.105 9
55	112.042 4	38.084 7	120	191.336 3	41.841 3

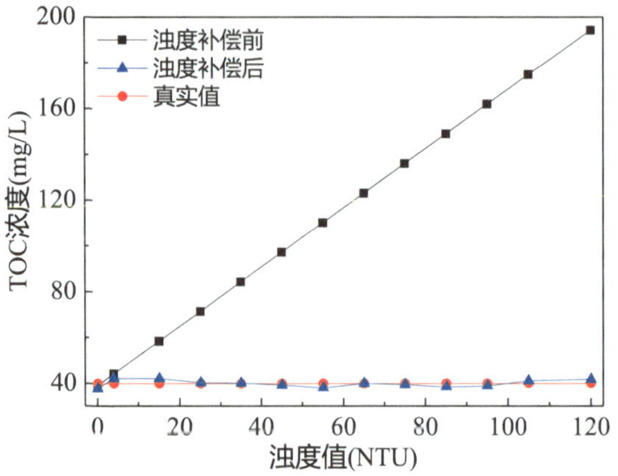

图 5-6　紫外法的浊度补偿前后结果对比

5.2.3 pH 对紫外吸收光谱法检测水质 COD 的影响规律

国标法检测水质COD时，酸碱性是一个重要的因素，不同pH反映环境中氧化剂的氧化能力有很大差别，它直接关系最终分析值误差的大小。本节主要基于紫外吸光度的变化方面对pH改变给紫外吸收光谱造成的影响进行实验分析。采用SW-730型pH计对溶液的pH进行检测，酸碱调节剂为浓度均为0.1mol/L的H_2SO_4溶液和NaOH溶液。

浓度为 10mg/L 的标准液样品呈现酸性，溶液的 pH 约为 4，其在 pH 为 1.2—12.3 的变化范围内采集的紫外吸收光谱和 235nm、255nm、280nm 三个波长在不同 pH 范围内对应吸光度的关系曲线如图 5-7 所示。

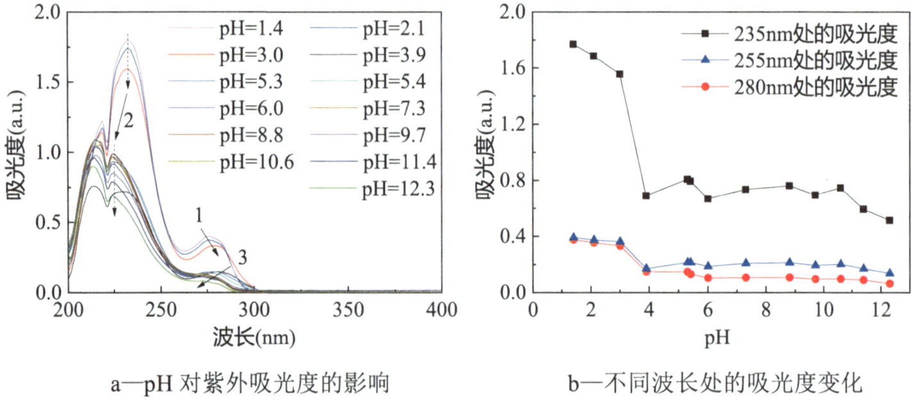

a—pH 对紫外吸光度的影响　　　　b—不同波长处的吸光度变化

图 5-7　pH 对标准液紫外光谱的影响

由图 5-7 可知，对于标准溶液而言，随着 pH 的增大，吸光度逐渐减小，且吸收带有红移现象，当 pH>4 以后，吸光度基本保持不变，但吸收带发生蓝移现象。发生上述现象的原因在于：水是极性溶剂，随着溶液 pH 的增大，OH^- 中和掉一部分 H^+，使其极性增强，使 $\pi\rightarrow\pi^*$吸收带发生红移，而摩尔吸光系数 ε_{max} 略有降低，如图 5-7 a 中箭头 1 所示；邻苯二甲酸氢钾在酸性介质中易形成邻位—COOH 离子，在碱性介质中易形成邻位—COO^-离子，其特征吸收 K 带将从 230nm 蓝移到 224nm，ε_{max} 从 10 000 减小到 8 700，特征吸收 B 带从 280nm 蓝移到 270nm，ε_{max} 从 800 减小到 560，如图 5-7 a 中箭头 2、3 所示。

COD 浓度为 14.2mg/L 的某河水水样在 pH 为 1.2—12.3 的变化范围内采集的紫外吸收光谱和 235nm、250nm、280nm 三个单波长在不同 pH 范围内对应紫外吸光度的关系曲线如图 5-8 所示。

由图 5-8 分析可知，对于 COD 浓度为 14.2mg/L 的河水水样而言，随着 pH 的增大吸光度基本保持不变，而当 pH>11 以后，吸光度呈现上升趋势。其原因在于：实际水样构成复杂，水中的有机物分子在酸性条件时的电离现象所受影响较小，内部电子的结构和状态相对稳定；而碱性条件则促进了有机物分子发生电离，使得其内部电子的结构改变，导致生色体系发生极化现象，使有机物分子的电子状态改变，从而引起吸收带变化。当水环境的酸碱度呈碱性且到达一定值时，吸收带变宽，线性范围变小，进而导致吸光度发生变化。此外，当 pH>11 时，水溶液的有机物分子内部电子的跃迁会产生反常的强吸收，从而导致吸光度的增强。

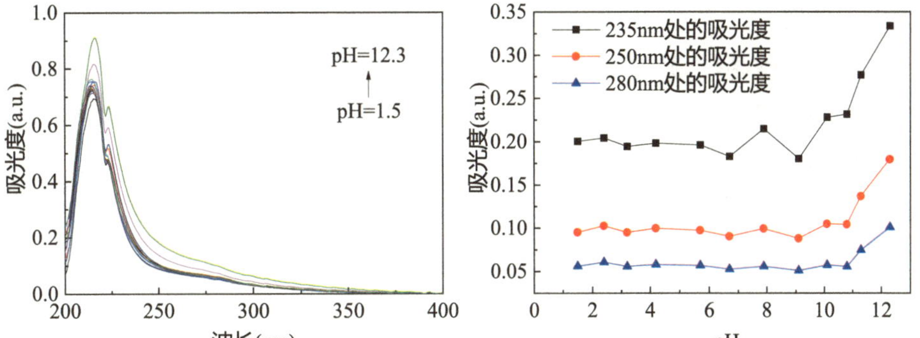

a—pH 对紫外吸光度的影响　　b—不同波长处的吸光度变化

图 5-8　pH 对河水水样紫外光谱的影响

由上述分析可知，对于实际水样，当$1.5<pH<11$时，样品的酸碱性对紫外吸收光谱法检测水质COD的影响较小，可以忽略；当$pH>11$时，应用光谱法检测水质COD会出现较大误差，应对其影响进行补偿。对于常见的地表水，如河流、湖泊等水体，pH一般都处于1.5—11的范围内，因此可忽略pH对紫外吸收光谱检测水质COD的影响。

5.2.4 亚硝酸盐氮和硝酸盐氮对紫外吸收光谱法检测 COD 的影响规律

部分无机离子在紫外波段具有较强的吸收，因此这类无机离子会对紫外法检测水质COD造成一定的影响。某些阴离子，如Cl^-、SO_4^{2-}、$HClO_3^-$等在极紫外波段具有强吸收峰，而亚硝酸根（NO_2^-）、硝酸根（NO_3^-）离子在近紫外区域的吸收峰较强。

水体中的亚硝酸盐氮（NO_2-N）和硝酸盐氮（NO_3-N）是含氮有机物氧化分解的产物，在水中以亚硝酸盐和硝酸盐的形式存在。图 5-16 a 和图 5-16 b 分别是标准液在不同NO_2^-和NO_3^-离子浓度条件下的紫外吸收光谱图，其中，NO_2^-和NO_3^-的离子浓度变化范围均为 0—30mg/L，标准液的浓度为 20mg/L。

由图 5-9 可知，NO_2^-和NO_3^-离子在 230nm 附近均有明显的吸收峰，且与标准液的一个吸收峰重叠。不难看出，NO_2^-和NO_3^-离子浓度从 0 逐渐升高至 30mg/L 时，吸光度分别增大了 0.331 4a.u.和 0.239 9a.u.，与图 5-1 b 相比，相当于标准溶液浓度增大至少 20mg/L。可见，NO_2^-和NO_3^-离子对紫外吸光度的影响较大。

为了去除其影响，基于紫外吸收光谱数据进行模型建立时，可以采用截去NO_2^-和NO_3^-离子的吸收区域的方法，即可考虑从 240nm 以后的数据开始进行建模。

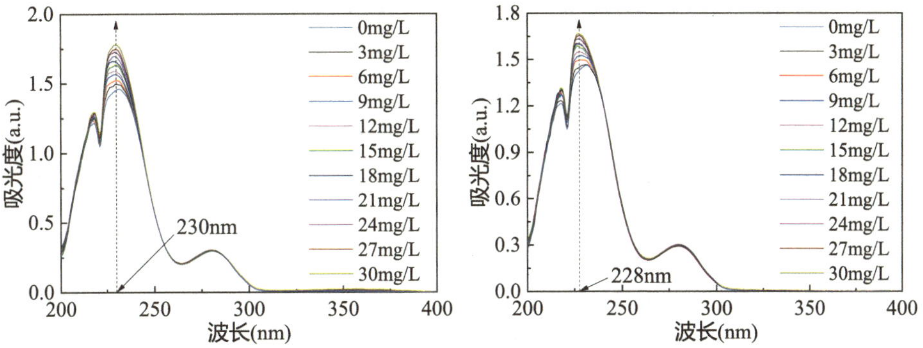

a— NO_2^- 离子的影响　　b— NO_3^- 离子的影响

图 5-9　NO_2^- 和 NO_3^- 对紫外光谱的影响

5.2.5 盐度对紫外吸收光谱法检测水质 COD 的影响规律

盐度表示每千克水中所含的溶解性盐类物质的量，可以理解为水中盐的浓度。海水的平均盐度是 35‰，即每千克大洋水中的含盐量为 35g，淡水中的盐度很小，一般不高于 0.5‰。由于 NaCl 为海水中的主要盐类物质，因此在实验过程中自行配制质量分数分别为 5‰、15‰、25‰、35‰、45‰的 NaCl 溶液，用于模拟水体盐度的变化。

以蒸馏水作为空白背景，依次采集各NaCl溶液样本的紫外吸收光谱，采集过程中，紫外光谱仪的积分时间设置为2ms，采样平均次数为200次。采集后的光谱图如图5-10所示。由图5-10可知，随着NaCl溶液浓度的升高，紫外吸光度也随之增大，在200—250nm范围内变化较大，主要吸收峰位于205nm左右；此外，250—300nm范围内也有吸收，吸收峰位于275nm处，但不强烈，NaCl的质量分数低于35‰时吸光度几乎不变。

因此，当水样的盐度低于35‰时，可以忽略275nm处的盐度影响；结合 NO_2^- 和 NO_3^- 离子对紫外吸光度的影响，基于紫外吸收光谱对含盐水体的水质COD进行分析时，若选择的建模数据的起始波长大于250nm，则可以忽略 NO_2^-、NO_3^- 和盐度对紫外吸光度的影响；若建模时选取的特征波段包含200—250nm的范围，则应考虑 NO_2^-、NO_3^- 和盐度对紫外吸光度的影响。

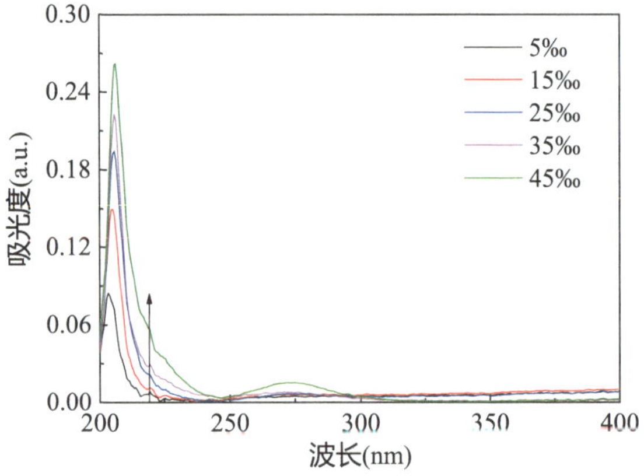

图 5-10　不同浓度的 NaCl 溶液的紫外吸收光谱

5.3 环境参量对三维荧光光谱法检测水质 COD 的影响规律

5.3.1 温度对三维荧光光谱法检测水质 COD 的影响规律

本节以标准液和实际水样为研究对象，研究温度对三维荧光光谱检测水质COD的影响规律。与紫外吸收光谱不同，温度对溶液的荧光强度有显著的影响。通常，当溶液中不存在荧光猝灭剂时，随着温度的降低，溶液的荧光强度将增大；温度升高则溶液的荧光强度下降，其主要原因是分子内部能量的转化作用。此外，随着溶液温度的升高，介质的黏度变小，致使荧光分子与溶剂分子碰撞猝灭的机会增大，猝灭的荧光分子数目增多，从而导致荧光强度的下降。

5.3.1.1 温度对标准液荧光强度的影响规律

浓度为 10mg/L 的标准液的 T1 峰和 T2 峰的荧光强度随温度变化的关系曲线如图 5-11 a 和图 5-11 b 所示，浓度为 40mg/L 的标准液的 T1 峰的荧光强度随温度变化的关系曲线如图 5-11 c 所示。

由图 5-11 可知，随着温度的升高，溶液的 T1 峰和 T2 峰附近的荧光强度线性降低，即荧光强度与温度呈负相关，线性拟合决定系数 R^2 分别为 0.982 0、0.964 8、0.994 9，各线性拟合表达式分别为：

$$y = -4.799\,2x + 608.229\,2 \qquad (5\text{-}4)$$

$$y=-5.5264x+709.6620 \quad (5\text{-}5)$$

$$y=-8.6275x+1041.5159 \quad (5\text{-}6)$$

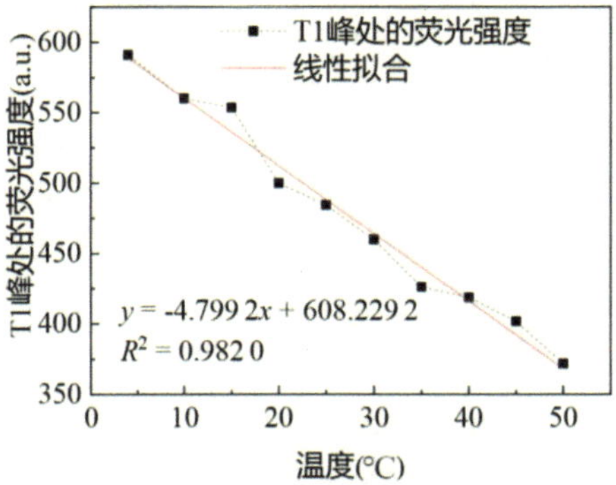

a—温度对 10mg/L 标准液 T1 峰强度的影响

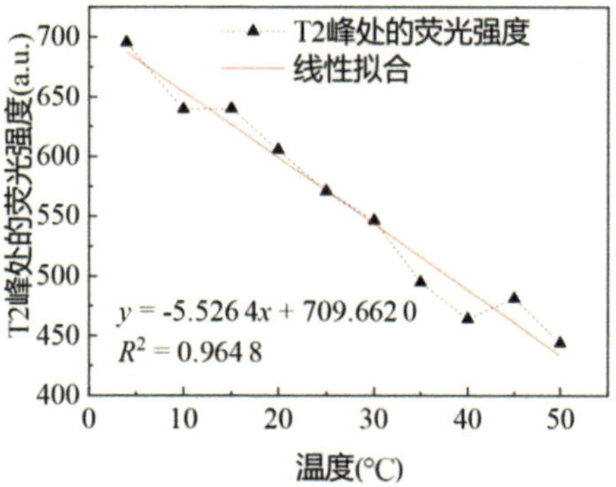

b—温度对 10mg/L 标准液 T2 峰强度的影响

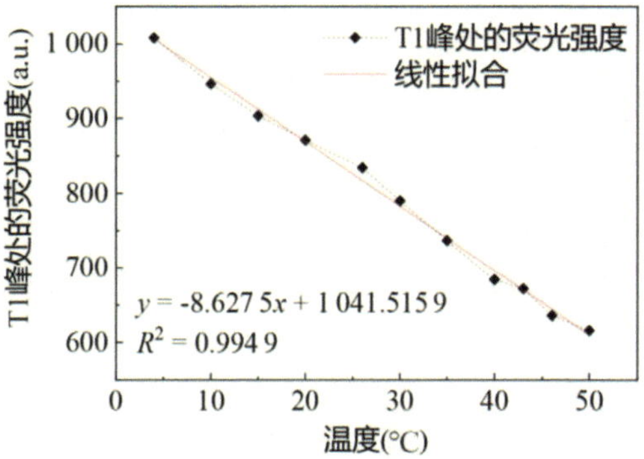

c—温度对 40mg/L 标准液 T1 峰强度的影响

图 5-11　温度变化对不同浓度标准液 T1 峰荧光强度的影响

5.3.1.2 标准液荧光光谱数据的温度补偿模型

下面以 40mg/L 的标准液为研究对象，对温度的影响进行补偿校正。实验过程中 T1 峰的激发波长为 Ex=275nm，因此选择 10—55mg/L 的标准液在 Ex=275nm 时的荧光光谱数据进行分析，此时溶液浓度与荧光强度的关系如式（5-7）所示：

$$y=17.0406x+156.6251 \quad (5\text{-}7)$$

再结合不同温度时的荧光强度值，可得到模型的预测浓度及补偿后的浓度，如表5-2所示。不难看出，温度补偿后荧光数据模型的整体平均偏差为0.130 6mg/L。标准液的荧光光谱数据模型温度补偿前后的结果如图5-12所示，其中图5-12 a为40mg/L的标准液荧光光谱数据模型在温度补偿前后的效果对比，图5-12 b为10mg/L和40mg/L的标准液的荧光光谱数据模型温度补偿后的效果。

表 5-2　温度变化对模型的影响及补偿结果

温度 /℃	模型预测值 /（mg/L）	浓度的变化量 /（mg/L）	温度补偿后 浓度值/（mg/L）
4	49.903 2	9.961 6	39.941 7
10	46.865 5	6.334 9	40.530 6
15	44.334 0	3.823 3	40.510 8
20	41.802 6	1.916 1	39.886 5
25	38.764 8	−0.237 6	39.992 5
30	36.739 7	−2.843 2	39.582 8
35	34.208 2	−5.959 2	40.167 5
40	31.676 8	−9.051 9	40.728 6
43	30.157 9	−9.767 8	39.925 7
46	28.639 0	−11.874 5	40.513 6
50	26.613 9	−13.042 3	39.656 2

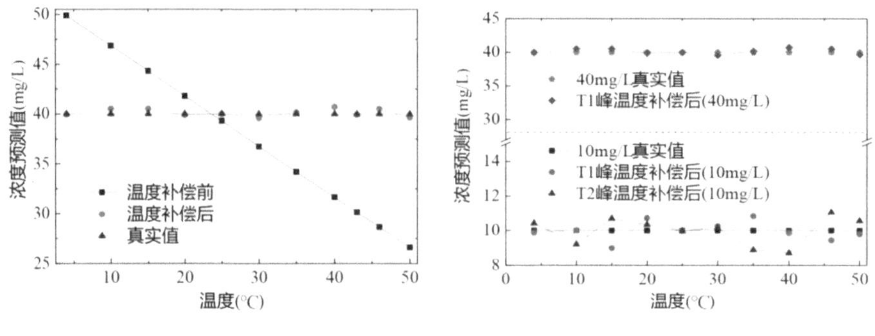

a—40mg/L 标准液温度补偿结果对比　　b—标准液温度补偿结果

图 5-12　标准液的荧光-温度补偿结果

5.3.1.3 温度对实际水样荧光光谱的影响规律及补偿模型

对于实际水样，以 COD 浓度为 14.2mg/L 的某河水水样作为研究对象，该水样温度-荧光强度关系如图 5-13 所示，其中图 5-13 a 为 T1 峰的荧光强度与温度的关系，图 5-13 b 为 T2 峰的荧光强度与温度的关系。

由图 5-13 可知，对于实际水样来说，T1 峰和 T2 峰的荧光强度依然与温度呈现很强的负相关性，因此同样可以通过建立温度补偿模型进行温度补偿。

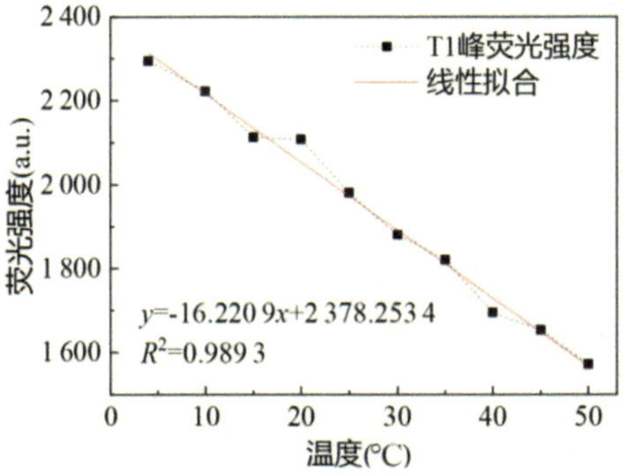

a—温度对河水的 T1 峰强度的影响

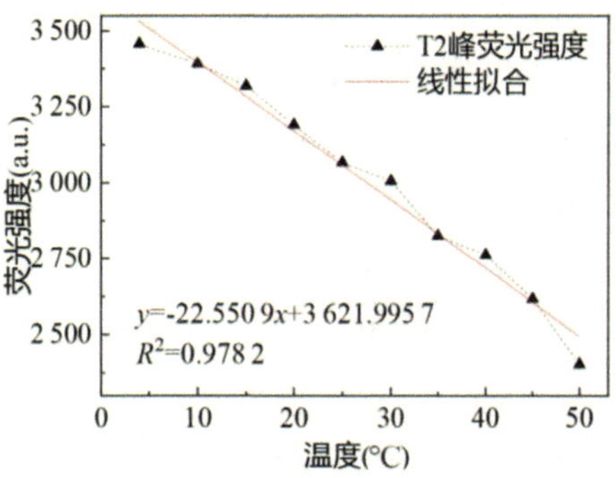

b—温度对河水的 T2 峰强度的影响

图 5-13　温度变化对河水水样 T1、T2 峰荧光强度的影响

实际水样的温度补偿校正模型的建立方法与标准液的建立方法相同，这里不再赘述。温度对 COD 为 14.2mg/L 的实际水样荧光光谱影响的补偿结果如图 5-14 所示。

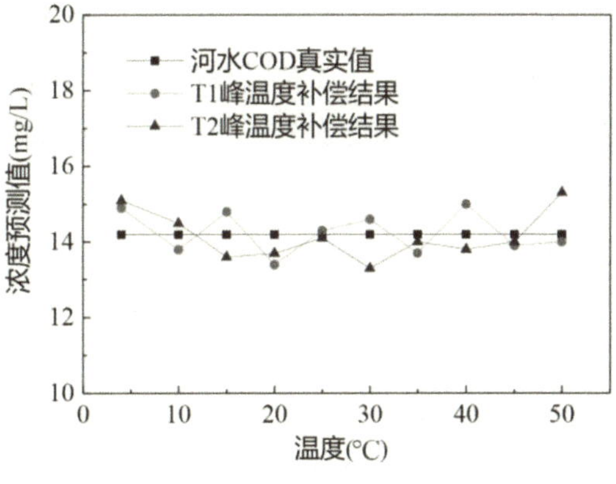

图 5-14　河水水样的 T1 峰和 T2 峰处温度补偿结果

5.3.2 浊度对三维荧光光谱法检测水质 COD 的影响规律

水体的浊度同样会对荧光产生影响。水体中悬浮的颗粒物使激发光或发射光发生散射现象，使得荧光强度增大。即荧光强度增大的主要原因是水体中悬浮颗粒物散射作用的贡献。

本节以不同浊度的标准液（浓度为 10mg/L）为研究对象，溶液的浊度变化范围为 0—120NTU。实验所需样品采用原始浓度为 1 000NTU 的福尔马肼浊度标准溶液、原始浓度为 1 000mg/L 的邻苯二甲酸氢钾溶液及蒸馏水配制而成。样品溶液的 T1 荧光峰和 T2 荧光峰处的荧光强度与浊度的关系如图 5-15 所示。

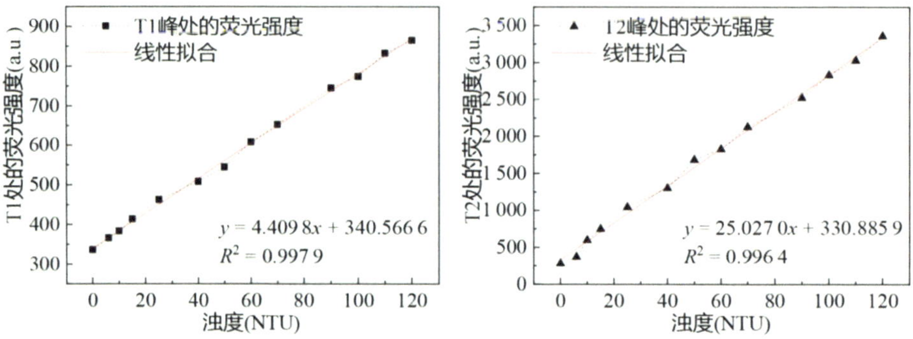

a—T1 峰处　　　　b—T2 峰处

图 5-15　标准液的荧光强度与浊度的关系

由图 5-15 可知，与紫外吸收光谱类似，荧光发射光谱的强度与浊度呈正相关，且浊度带来的影响不可忽略。实验过程中 T1 峰和 T2 峰的激发波长分别取 Ex_1=275nm 和 Ex_2=225nm，因此选择 1—30mg/L 的标准液在 Ex_1=275nm 和 Ex_2=225nm 时的荧光光谱数据进行分析，此时溶液浓度与荧光强度的关系如式（5-8）和式（5-9）所示：

$$y_1 = 15.710\,7x_1 + 170.653\,2 \tag{5-8}$$

$$y_2 = -9.585\,8x_2 + 480.074\,7 \tag{5-9}$$

再结合不同浊度时的荧光强度，进而得到 T1 峰和 T2 峰处浊度的补偿模型。为了衡量浊度补偿模型的补偿效果，图 5-16 a 和图 5-16 b 分别给出了浓度为 10mg/L 的标准液三维荧光光谱的 T1 峰和 T2 峰处浊度补偿前后的效果图。

由图 5-16 a 和式（2-44）可知，浊度补偿后预测模型在 T1 荧光峰处的整体平均偏差约 0.000 06mg/L；由图 5-16 b 可以看出，T2 峰处的补偿效果不佳，原因是随着浊度的增大，浊度补偿前的预测浓度值出现负值，而此时的预测数据也已超出 1—30mg/L 的预测模型可预测的范围，且预测结果已无实际意义。因此，浊度变化较大时，T2 峰处的预测结果会变差。

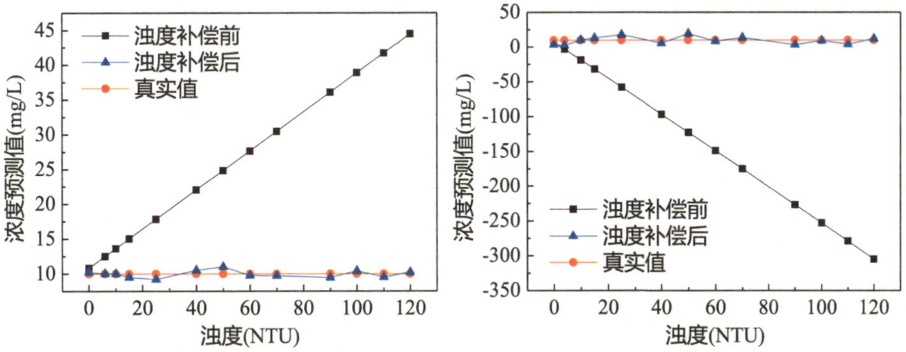

a—T1 峰处　　b—T2 峰处

图 5-16　标准液的 T1 峰和 T2 峰处浊度补偿前后的效果

5.3.3 pH 对三维荧光光谱法检测水质 COD 的影响规律

在不同酸碱度下，具有酸性基团或碱性基团的芳香族化合物的荧光光谱和荧光强度都会由于其酸性基团的离解作用或碱性基团的质子化作用而发生变化，所以在荧光分析中一般都要严格控制溶液的 pH。本节通过改变被测水样的酸碱度，对溶液的 T1 和 T2 荧光峰的中心位置及荧光强度的变化进行分析。

浓度为 10mg/L 的标准液的荧光强度随 pH 在 1.4—12.3 范围内变化的规律如图 5-17 所示。

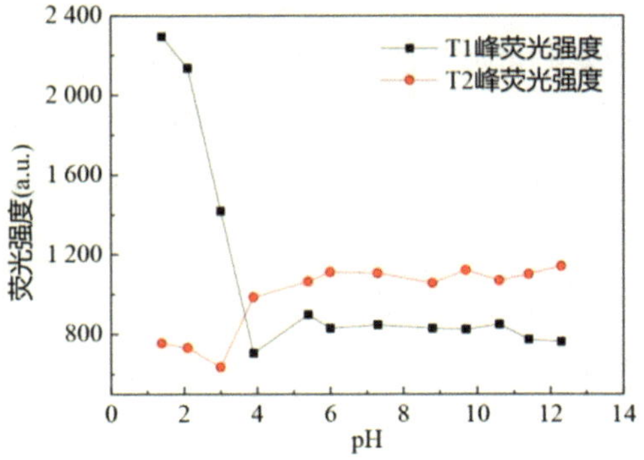

图 5-17　pH 对标准液 T1、T2 峰荧光强度的影响

由图 5-17 不难看出，pH 从 4 增大至 12.3 的过程中，浓度为 10mg/L 的标准液荧光强度的变化不明显，表明溶液中邻苯二甲酸氢钾的一部分荧光基团随 pH 的变化其构型改变较少；而 pH<3 时，荧光强度变化较大，其原因在于当 pH 由 3 降至 1.4 时，溶液中羧基的质子化作用加强，导致溶液中有机分子的构型出现伸展，荧光基团暴露在溶液中，从而使荧光强度增强。

实际水样的荧光强度与 pH 变化的规律如图 5-18 所示，其中图 5-18 a 为 COD 浓度为 4.0mg/L 的某河水样本，图 5-18 b 为 COD 浓度为 14.2mg/L 的某河水样本。由图 5-18 可知，不同的水样随 pH 变化的规律是不同的，原因在于各水样所含有机物的种类和结构有所不同。

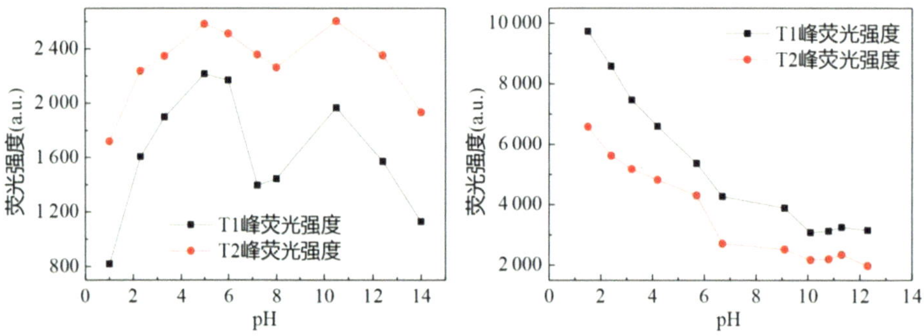

a—COD=4.0mg/L 的河水　　b—COD=14.2mg/L 的河水

图 5-18　河水水样荧光强度与 pH 的关系

由图 5-18 a 分析可知，T1 峰和 T2 峰的荧光强度随 pH 的变化关系曲线均出现了 2 个峰值，分别出现在 pH=5 和 pH=10.5 时，其原因在于：水中有机大分子结构中的羧基和酚羟基的酸度系数（*p*Ka）分别在 3—6 和 9—11 之间，当 pH 从 6 降到 3 时，由于羧基的解离导致可溶性有机物（DOM）内大分子的构型出现伸展，荧光基团暴露在溶液中，至 pH=5 时出现最大荧光峰；当 pH 从 9 升到 11 时，由于酚羟基的解离和大量阴离子的排斥作用导致 DOM 分子伸展，也使大量的荧光基团裸露在溶液中，荧光强度增加，在 pH=10.5 时达到最大荧光强度。

由图 5-18 b 分析可知，在 pH 为 1.5—12.3 范围内，该样本的荧光强度随着 pH 的增大而逐渐降低，这表明在该 pH 范围内样本的 DOM 中某些组分的荧光基团随着 pH 的增大而聚合程度增大，一些荧光基团在偏酸性的环境中分子结构更易于伸展，使暴露于溶液中的荧光基团增加，从而使得荧光强度增强。

COD 浓度为 14.2mg/L 的某河水样品在不同 pH 条件下的三维荧光光谱的等高线图如图 5-19 所示，pH 分别为 1.5、5.7、7.2、12.3。

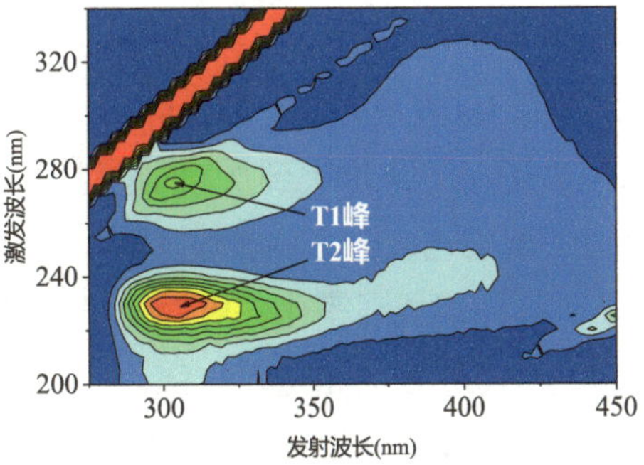

a—pH=1.5

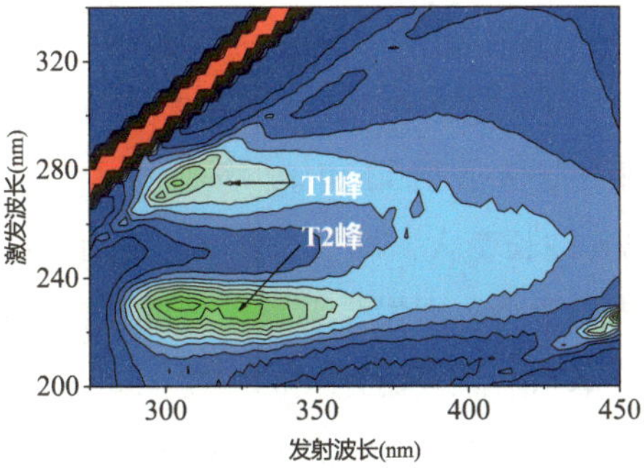

b—pH=5.7

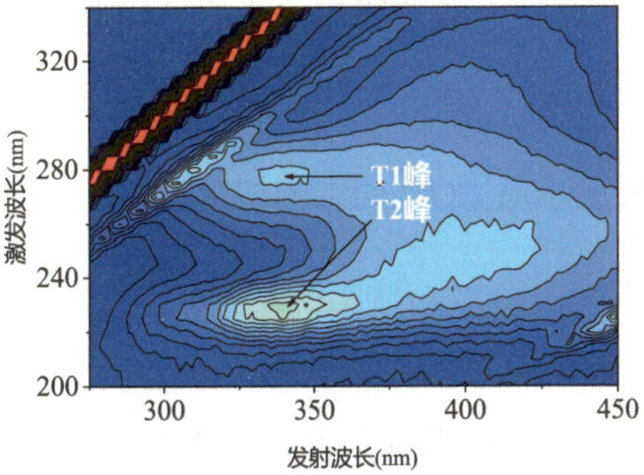

c—pH=7.2

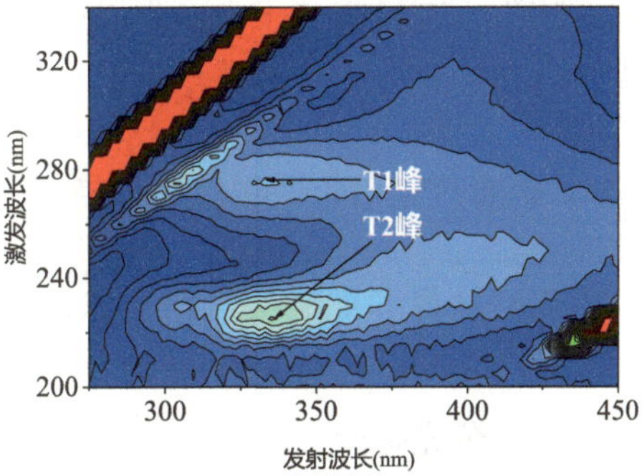

d—pH=12.3

图 5-19　不同 pH 对河水水样的荧光峰位置的影响

由图 5-19 可知，随着 pH 的增加，T1 荧光峰和 T2 荧光峰的中心位置有所变化。T1 荧光峰和 T2 荧光峰在不同 pH 条件下对应的具体位置如表 5-3 所示。

表 5-3　pH 对 T1 峰和 T2 峰位置的影响

pH	T1 Ex/Em/nm	T2 Ex/Em/nm
1.5	275/303	230/302
5.7	275/320	230/323
7.2	275/338	230/340
12.3	275/333	225/335

由表 5-3 可知，随着 pH 的增大，激发波长 Ex 变化较小，而发射波长 Em 变化较大。T1 峰和 T2 峰变化规律相同，在 pH 由 1.5 增大到 7.2 的过程中，Em 波长变大，即发生红移；而在 pH 由 7.2 继续增大到 12.3 的过程中，Em 波长变小，即发生蓝移。究其原因，在于离解作用或质子化作用均使得分子的基态与激发态之间的能量间隔发生变化，从而导致荧光光谱的移动。若溶液本身呈现碱性，滴入 H_2SO_4 时，溶液的 pH 减小，溶液中 H^+ 离子浓度变大，使得吸电子基团如羧基质子化（即—COO^- 得到电子变为—COOH）作用增强，导致荧光光谱红移；若溶液本身呈现酸性，溶液中滴入 NaOH 时，其 pH 增大，溶液中有机物分子电离作用增强，导致吸电子基团如羧基的离解作用增强，从而使得荧光光谱蓝移。

5.3.4 硝酸盐氮和亚硝酸盐氮对荧光法检测水质 COD 的影响规律

硝酸盐氮和亚硝酸盐氮在水溶液中以硝酸根和亚硝酸根的形式存在，图 5-20 是浓度为 20mg/L 标准液的 T1 峰在不同的 NO_2^- 和 NO_3^- 离子浓度条件下对应的荧光强度变化规律，NO_2^- 和 NO_3^- 离子浓度范围为 0—30mg/L。

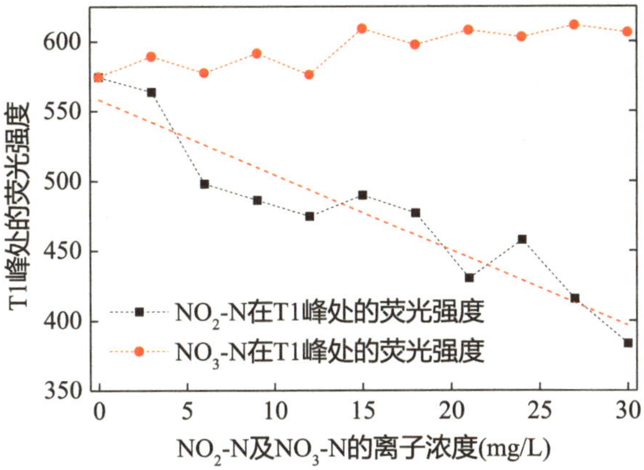

图 5-20　NO_2^- 和 NO_3^- 对标准液 T1 荧光峰的影响

由图 5-20 可知，在 0—30mg/L 的离子浓度范围内，T1 峰处的荧光强度受 NO_3^- 的影响不大，但其强度却随着 NO_2^- 浓度的增大呈现下降趋势。其原因在于：NO_2^- 可以和水中有机物发生化学反应而生成硝基化合物，随着离子浓度的增加，水中形成的硝基化合物增多，形成了荧光猝灭剂，荧光物质的分子与猝灭剂分子作用生成了本身不发光的配位化合物，即荧光强度减弱。事实上，NO_2^- 和 NO_3^- 均可以在水中与有机物反应生成硝基化合物而使荧光强度降低，只是 30mg/L 的 NO_3^- 不足以合成足够的硝基化合物使荧光猝灭。

5.3.5 盐度对三维荧光光谱法检测水质 COD 的影响规律

采集自行配制的质量分数分别为 5‰、15‰、25‰、35‰、45‰的 NaCl 溶液的三维荧光光谱，以质量分数为 0 的蒸馏水为空白背景，采用测量 3 次取平均值的方法记录 T1 峰和 T2 峰的荧光强度，测量结果如图 5-21 所示。

由图 5-21 不难看出，随着 NaCl 浓度的增大，T1 峰的荧光强度基本不变，而 T2 峰的荧光强度随之下降并趋于平缓。原因在于 T2 峰的发光物质（低激发波长色氨酸物质）的结构不稳定，而 NaCl 溶液中的 Cl^- 离子可以抑制荧光物质官能团的电离作用，荧光物质的大分子构型的卷曲程度随着 Cl^- 浓度的增加而逐渐加剧，从而使得荧光强度降低，但由于氯离子抑制电离作用较小，所以 T2 峰的荧光强度会随着 NaCl 溶液的浓度增加而缓慢降低。

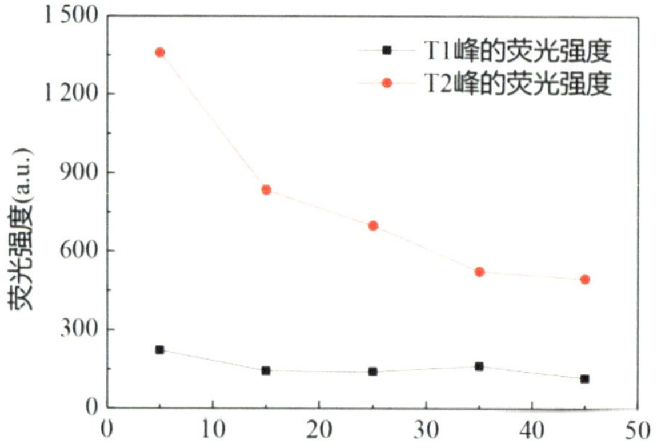

图 5-21　不同浓度的 NaCl 溶液的特征峰的荧光强度

因此，对于不同盐度水样的荧光光谱进行水质COD建模时，若采用T2峰处的荧光强度和COD建立关系，则需要考虑盐度对荧光强度的影响，否则会导致模型的预测能力降低。而采用紫外吸收光谱和荧光光谱融合的方法对COD进行建模分析时，也需要综合考虑紫外光谱的特征波段提取和荧光光谱的特征峰选择等问题。

5.3.6 重金属离子对三维荧光光谱法检测水质 COD 的影响规律

天然水体中含有多种金属元素，如K、Ca、Na、Mg、Al、Fe、Mn等，随着科技的进步和人民生活水平的提高，各种污水、废水未经处理便排入大自然中，使天然水体受到各种重金属元素的污染，如Hg、Cd、Cr、Zn、As、Cu、Ni等，虽然重金属含量为微量，但均属于有毒元素。本节以邻苯二甲酸氢钾标准液为研究对象，通过对As、Zn、Cu三种重金属元素离子在不同浓度时对T1峰荧光强度的影响规律，分析这三种重金属元素离子对荧光发检测水质COD的影响。为突显重金属元素对荧光强度的影响，采用邻苯二甲酸氢钾浓度为1mg/L的标准液，其中 As^{2+} 、Zn^{2+} 、Cu^{2+} 离子浓度范围为0—30mg/L，由原始浓度1 000mg/L的重金属离子标准液经蒸馏水按比例稀释得到。三种重金属离子对水样T1峰的荧光强度的影响规律如图5-22所示。

由图5-22可知，随着离子浓度的增加，T1峰处的荧光强度逐渐降低，这是因为大多数无机盐类金属离子不产生荧光，且水体中的DOM存在部分荧光性物质与重金属离子结合而发生猝灭反应，使得DOM的荧光性减弱。绝大多数的金属离子在溶液中只能发生无辐射的跳跃，不能产生荧光。实际水体中虽然存在一些有机化合物具有共轭双键，能与重金属离子形成螯合物，但由于不是刚性结构，分子处于非同一平面，因而不产生荧光，致使荧光强度减弱。

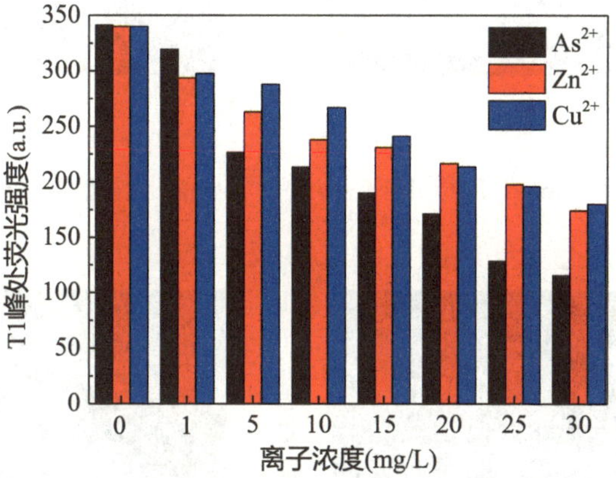

图 5-22　重金属离子浓度对 T1 峰荧光强度的影响

水样的 T1、T2 荧光峰的中心位置随重金属离子浓度变化的情况如图 5-23 所示。

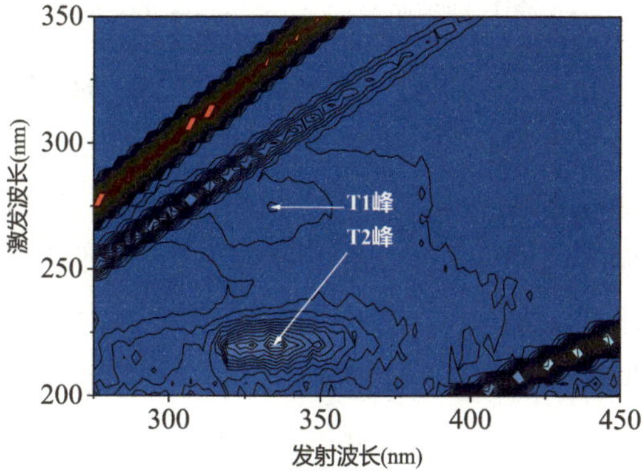

a—标准液等高线图

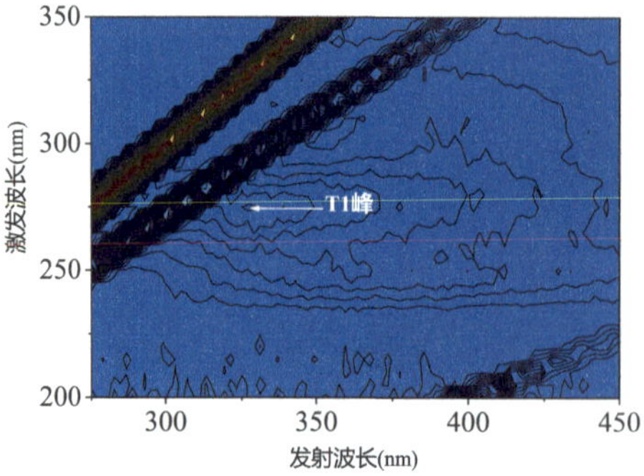

b— Zn^{2+} 浓度为 15mg/L 的标准液荧光

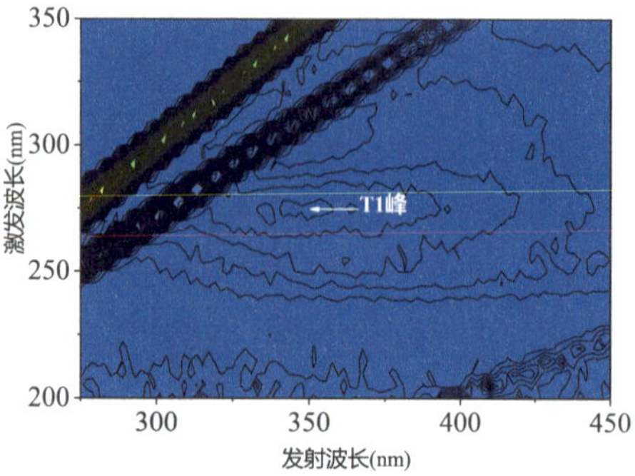

c— Zn^{2+} 浓度为 30mg/L 的标准液荧光

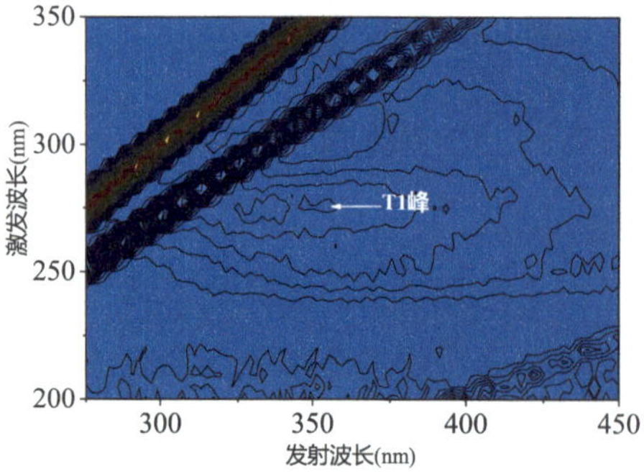

d— As^{2+} 浓度为 15mg/L 的标准液荧光

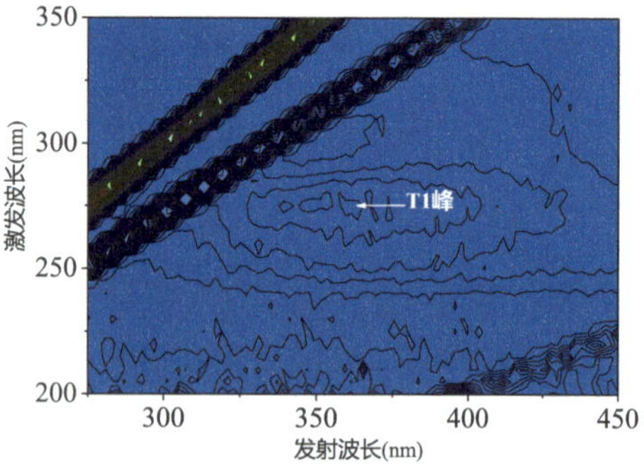

e— As^{2+} 浓度为 30mg/L 的标准液荧光

图 5-23　重金属离子浓度对荧光峰位置的影响

图5-23 a为不含有重金属离子的标准液的三维荧光等高线谱图，图5-23 b、图5-23 c为标准液的T1峰随 Zn^{2+} 浓度变化的情况，图5-23 d、图5-23 e为标准液的T1峰随 As^{2+} 浓度变化的情况。可以看出，当存在重金属离子时T2峰直接消失，表明T2峰对重金属离子非常敏感，同时T1峰位置也出现了移动现象。T1峰在不同的重金属离子浓度条件下对应的具体位置如表5-4所示。

由表 5-4 可知，重金属离子浓度的变化对激发波长 Ex 无影响，而使发射波长 Em 发生移动。当 Zn^{2+} 离子浓度在 0—15mg/L 变化时，Em 蓝移；当 Zn^{2+} 离子浓度在 15—30mg/L 变化时，Em 红移。对于 As^{2+} 离子而言，Em 随着离子浓度的增大逐渐向长波长方向移动，发生红移。这是因为荧光配位体与金属离子的配位作用实际上可看成一种酸碱反应。因此，由金属离子配位作用产生的配位体电子光谱的变化与配位体的光谱受溶液 pH 的影响情况类似。

表 5-4　重金属离子浓度对 T1 峰位置的影响

重金属离子	离子浓度/(mg/L)	T1 Ex/Em/nm
Zn^{2+}	0	275/333
	15	275/327
	30	275/350
As^{2+}	0	275/333
	15	275/355
	30	275/363

实际上，芳族配位体与非过渡金属离子（如 Zn^{2+}）的配位作用在配位体的配位位置上产生正极化作用与配位体在配位位置上的质子化作用所产生的光谱移动相似，而许多过渡金属离子与芳族配位体配位后，往往导致配位体发光的静态猝灭。

5.4 多种环境因素共同作用时对水质 COD 的影响规律分析

以上分析了单一的外界环境因素对紫外吸收光谱及三维荧光光谱的影响，而实际检测时光谱受到的影响并非来自单一的环境因素，而是多种环境因素共同作用的结果。实际水样的组分复杂，而不同水样中的有机物种类和含量各不相同，因此针对不同的实际水样应采用不同的分析方法。本节以标准液为研究对象，对多种环境因素共同作用时光谱法检测水质COD的影响进行了简要分析。

由 5.2 节和 5.3 节所得到的环境因素对标准液的紫外吸收光谱和荧光光谱特性的影响规律进行归纳总结，如表 5-5 所示。

表 5-5　环境因素对标准液光谱特性的影响规律

影响因素	光谱类别	
	紫外光谱	荧光光谱（荧光强度）
温度	紫外吸光度变化不大，可忽略	与 T1、T2 峰的荧光强度呈负相关
浊度	与紫外吸光度呈线性正相关	与 T1、T2 峰的荧光强度呈正相关
pH	4—12.3 范围内吸光度变化不大	4—12.3 内 T1、T2 峰荧光强度变化不大

（续表）

影响因素	光谱类别	
	紫外光谱	荧光光谱（荧光强度）
NO_2-N（NO_2^-）	200—240nm 内有影响，不可忽略	T1 峰处荧光强度随离子浓度的增大逐渐降低，但强度变化较小
NO_3-N（NO_3^-）	200—240nm 内有影响，不可忽略	离子浓度对 T1 峰荧光强度影响不大
盐度（NaCl）	200—250nm 内有影响，不可忽略；275nm 处有弱吸收峰，低盐度可忽略	T1 峰处荧光强度变化不大，而 T2 峰处荧光强度随盐度增大而降低
重金属离子	—	T1 峰处荧光强度随离子浓度增大逐渐降低，T2 峰处荧光强度骤降

对于紫外吸收光谱来说，由表5-5可知，温度对其紫外光谱的影响可以忽略；pH在一定范围内对紫外光谱的影响也不大，而通常情况下水体的pH变化范围不会太大，因此pH对紫外光谱的影响也不太大；NO_2-N、NO_3-N和盐度的影响在高于250nm时可以忽略。因此，在相同环境条件采用紫外光谱数据建模时，起始波长选择在250nm以上，即可忽略水样的温度、pH及盐类物质的影响。因此对于紫外光谱，只需分析浊度对其造成的影响即可。

外界环境的变化会对三维荧光光谱造成影响，由表5-5可知，对于标准液三维荧光光谱的T1荧光峰，pH、NO_2-N、NO_3-N和盐度的影响不大，因此，采用T1荧光峰对外界环境的影响进行分析时可将水样的pH及盐类物质的影响忽略，T1峰的影响因素主要来自水样的浊度和温度。

这里采用浓度为20mg/L的标准液作为研究对象，研究浊度及温度变化对其三维荧光光谱的影响。实验过程中温度的变化范围为4—50℃，浊度变化范围为0—90NTU。分别在不同条件下对样本的三维荧光光谱进行采集，预处理后代入3.3.1节中1—30mg/L的最优模型，将模型输出值与溶液的实际值进行对比，得到在温度和浊度的影响下荧光数据模型预测值变化量，如表5-6所示。温度、浊度、荧光模型预测浓度变化量之间的关系如图5-24所示。

由表5-6和图5-24可以看出，温度和浊度同时作用时，对标准液的荧光数据会产生较大影响，因此需对温度和浊度的影响进行补偿校正。

这里采用单独校正后再组合的方式对温度和浊度因素的影响进行补偿，温度和浊度同时补偿后水质COD变化量的表达式如式（5-10）所示，其中

ΔCOD 为COD的变化量，$x_{temp.}$ 为水样的温度值，$x_{turb.}$ 为水样的浊度值。

$$y_{\Delta COD}=17.316\,8-0.281\,6x_{temp.}+0.280\,7x_{turb.} \tag{5-10}$$

表 5-6　温度和浊度的影响下荧光数据模型预测值变化量

温度/℃	浊度/NTU									
	0	6	10	15	25	40	50	60	70	90
4	15.5	17.9	19.1	21.0	24.1	27.0	29.3	33.4	36.2	42.1
10	13.7	16.1	17.2	19.2	22.3	25.2	27.5	31.5	34.4	40.3
15	13.3	15.7	16.9	18.8	21.9	24.8	27.1	31.1	34.0	39.9
20	10.1	12.6	13.7	15.6	18.7	21.6	23.9	28.0	30.9	36.7
25	9.2	11.7	12.8	14.7	17.8	20.7	23.0	27.1	29.9	35.8
30	7.8	10.2	11.4	13.3	16.4	19.3	21.6	25.7	28.5	34.4
35	5.8	8.3	9.4	11.3	14.4	17.3	19.6	23.7	26.5	32.4
40	5.4	7.8	9.0	10.9	14.0	16.9	19.2	23.2	26.1	32.0
45	4.4	6.8	8.0	9.9	13.0	15.9	18.2	22.2	25.1	31.0
50	2.6	5.1	6.2	8.1	11.2	14.1	16.4	20.5	23.3	29.2

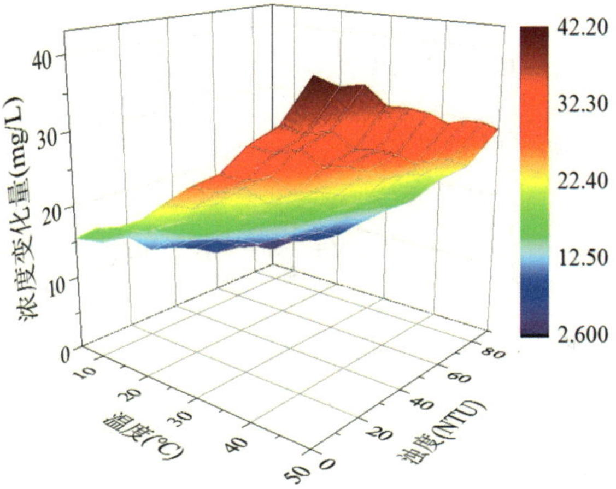

图 5-24　温度-浊度-浓度变化量之间的关系

5.5 水质 COD 与 TOC 的相互关系研究

由于水质 COD 和 TOC 均属于常规的检测参数，我国检测 TOC 的标准方法为燃烧氧化—非分散红外吸收法，相比于 COD 的检测能更完全、更直接地反映有机物对水体的污染程度。由本书 1.2 节和 1.4 节可知，水质 COD 和 TOC 在水体成分稳定时存在相关性，一些仪器（如德国 TriOS 公司的 OPUS 传感器）也是利用水质 COD 和 TOC 的相关关系对二者进行检测，因此研究二者之间的关系十分必要。本节对水质 COD 和 TOC 之间的关系进行理论和实验研究，为光谱法检测水质 TOC 提供理论支撑。

5.5.1 水质 COD 与 TOC 相互关系的理论分析

在采用标准方法检测化学需氧量的过程中，强氧化剂氧化的物质分为两类，一类为水体中有机物的耗氧量，记为 COD_A，另一类则为无机物的耗氧量，记为 COD_B，若记检测所得的化学需氧量的结果为 COD，则有：

$$COD = COD_{A} + COD_{B} \tag{5-11}$$

设水体中有机物质的表达通式为 $C_mH_nO_p$，则其化学反应方程式为：

$$C_mH_nO_p + kO_2 = mCO_2 + \frac{n}{2}H_2O \tag{5-12}$$

通过计算，求得：

$$k = m + \frac{1}{4}n - \frac{1}{2}p \tag{5-13}$$

由 COD 及 TOC 的定义，可知：

$$COD_{A} = k \times W_{O_2} = \left(m + \frac{1}{4}n - \frac{1}{2}p\right) \times W_{O_2} \tag{5-14}$$

$$TOC = m \times W_{C} \tag{5-15}$$

式中：W_{O_2}——O_2 的分子量；

W_C——C 的分子量。

将式（5-15）代入式（5-14），得：

$$COD_{A}=\left(\frac{TOC}{W_{C}}+\frac{1}{4}n-\frac{1}{2}p\right)\times W_{O_2}=\frac{W_{O_2}}{W_{C}}\times TOC+\left(\frac{1}{4}n-\frac{1}{2}p\right)\times W_{O_2} \tag{5-16}$$

又由于 $COD=COD_{A}+COD_{B}$，则有：

$$COD=\frac{W_{O_2}}{W_{C}}\times TOC+\left(\frac{1}{4}n-\frac{1}{2}p\right)\times W_{O_2}+COD_{B} \tag{5-17}$$

也可写为：

$$TOC=\frac{W_{C}}{W_{O_2}}\left[COD-COD_{B}-\left(\frac{1}{4}n-\frac{1}{2}p\right)\times W_{O_2}\right] \tag{5-18}$$

从式（5-18）可以看出，如果水体中物质的成分稳定，则 W_{O_2}、W_{C}、n、p 和 COD_{B} 的取值相对固定。那么可认为，在成分组成相对稳定的水体中，水质 TOC 和 COD 在理论上存在很好的相关性。

以上各式中，$W_{O_2}=32$，$W_{C}=12$。对于纯有机物水样，$COD_{B}=0$，则式（5-18）可以写为：

$$COD=\frac{32}{12}\times TOC+\left(\frac{1}{4}n-\frac{1}{2}p\right)\times 32 \tag{5-19}$$

令 $c=\left(\frac{1}{4}n-\frac{1}{2}p\right)\times 32$，则有：

$$COD=2.666\,7\times TOC+c \tag{5-20}$$

然而实际检测时，COD 的测定过程中有机物的氧化率较低，而 TOC 检测时能将水体中的有机物全部氧化，所以导致了有机物 COD 和 TOC 的氧化率存在较大的差异性。因此，实际测试时不能仅用一个理论方程式来表征水质 COD 和 TOC 的关系。

5.5.2 水质 COD 与 TOC 相互关系的实验验证

5.5.2.1 TOC 标准液的 COD 与 TOC 的相互关系

利用蒸馏水将原始浓度为 1 000mg/L 的 TOC 标准液按比例稀释，配制成浓度范围为 0.6—100mg/L 的实验样本 32 份，采用快速消解分光光度法对各样本的 COD 值进行测定，测量结果如表 5-7 所示。

表 5-7　TOC 标准液的 COD 和 TOC 的测量结果　(mg/L)

序号	TOC	COD	序号	TOC	COD	序号	TOC	COD
1	0.6	1.5	12	5	13.9	23	55	145.5
2	1	2.6	13	5.5	14.7	24	60	157.5
3	1.4	3.2	14	6	16.5	25	65	177
4	1.8	5.2	15	7	18.6	26	70	189
5	2.2	6	16	10	29.5	27	75	194.5
6	2.6	6.9	17	20	54.5	28	80	211
7	3	8.4	18	25	65.5	29	85	224.5
8	3.4	9.7	19	30	81.5	30	90	241.5
9	4.2	10.7	20	40	107	31	95	247
10	4.4	11.4	21	45	125	32	100	268.5
11	4.6	12.8	22	50	136	—	—	—

由表 5-7 可以看出，水样的 TOC 和 COD 具有相同的变化趋势。以 TOC 浓度范围为0.6—7mg/L变化时的趋势为例，COD随TOC变化的规律如图5-25所示。

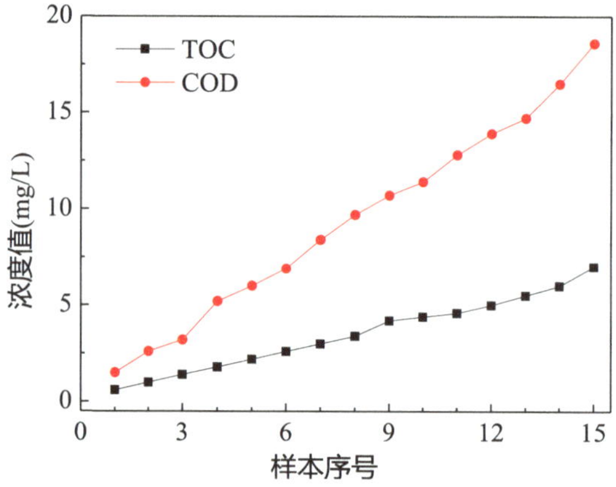

图 5-25　标准液的 COD 随 TOC 变化的规律

为了验证不同浓度范围内水质COD与TOC的关系，将TOC和COD的对应值按照TOC浓度范围分别为0.6—7mg/L、10—100mg/L、0.6—30mg/L、0.6—100mg/L的组合方式分为4组，不同浓度范围内COD与TOC的关系如图5-26所示。

由图 5-26 可知，在不同的浓度范围内，TOC 标准液的 COD 和 TOC 值均呈现很好的正相关关系，线性拟合决定系数 R^2 均大于 0.99，TOC 浓度范围为 0.6—100mg/L 时，COD 与 TOC 的拟合结果最优，R^2 为 0.999 4，此时 COD 与 TOC 的关系式为：

$$COD = 2.651\,8 \times TOC + 0.587\,5 \tag{5-21}$$

对比式（5-20）与式（5-21）可以看出，实验所得 TOC 的比例系数与理论计算的系数较为接近，说明了理论分析和实验验证的正确性。

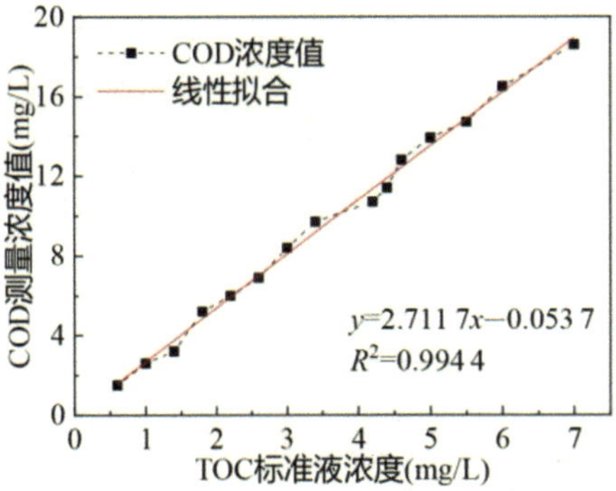

a—0.6—7mg/L

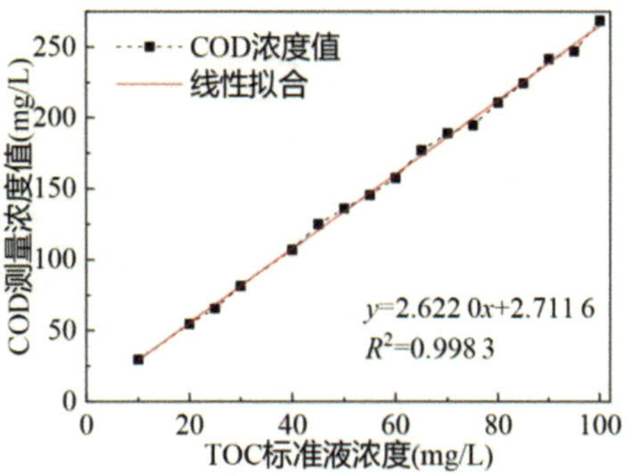

b—10—100mg/L

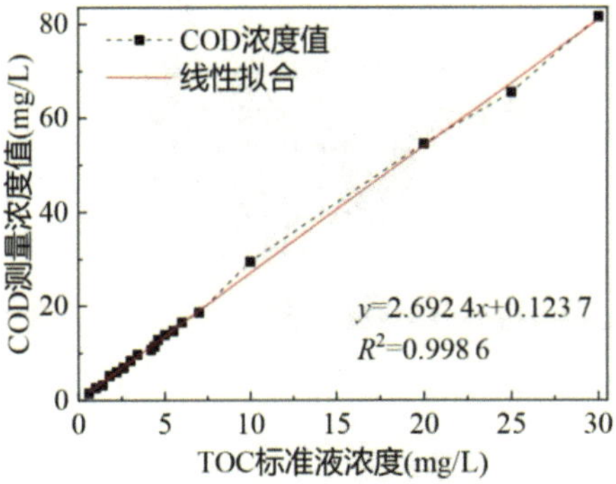

c—0.6—30mg/L

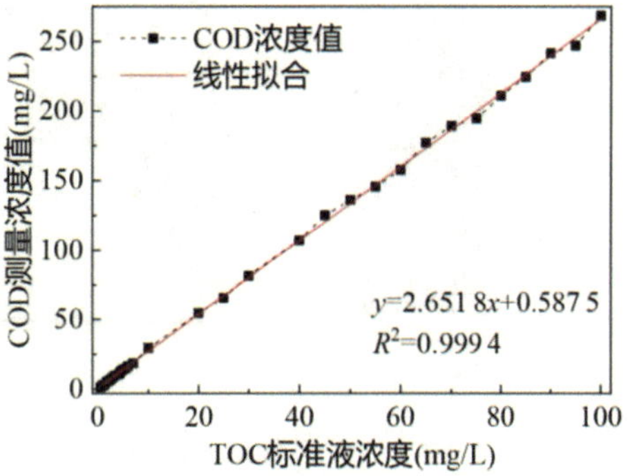

d—0.6—100mg/L

图 5-26　不同浓度标准液的 COD 与 TOC 的关系

此外，本书也采用课题组研发的基于单波长紫外吸收光谱法的水质 COD 光学传感器对标准液的 COD 和 TOC 的关系进行了验证。基于紫外单波长吸收光谱法的测试结果如表 5-8 所示，验证时的系统图如图 5-27 所示。

表 5-8　紫外单波长吸收光谱法的测试结果　（mg/L）

序号	TOC 浓度	COD 测量值	序号	TOC 浓度	COD 测量值
1	0.299 91	0.556 33	13	4.083 26	11.176 33
2	0.499 75	1.078 33	14	4.479 84	12.257 33
3	0.699 51	1.717 33	15	4.876 11	13.476 33
4	0.899 19	2.444 33	16	5.272 06	14.907 33
5	1.098 79	2.909 33	17	5.667 69	16.176 33
6	1.298 31	3.510 33	18	6.063 02	17.344 33
7	1.697 11	4.630 33	19	6.655 41	19.250 33
8	2.095 6	5.728 33	20	7.247 1	21.125 33
9	2.493 77	6.662 33	21	7.838 08	23.188 33
10	2.891 61	7.737 33	22	8.428 36	25.221 33
11	3.289 15	8.803 33	23	9.606 81	28.503 33
12	3.686 36	9.967 33	—	—	—

a—紫外光学传感器

b—实验系统实物图

图 5-27　紫外传感器及验证实验系统图

基于紫外单波长水质 COD 光学传感器的检测结果如图 5-28 所示。

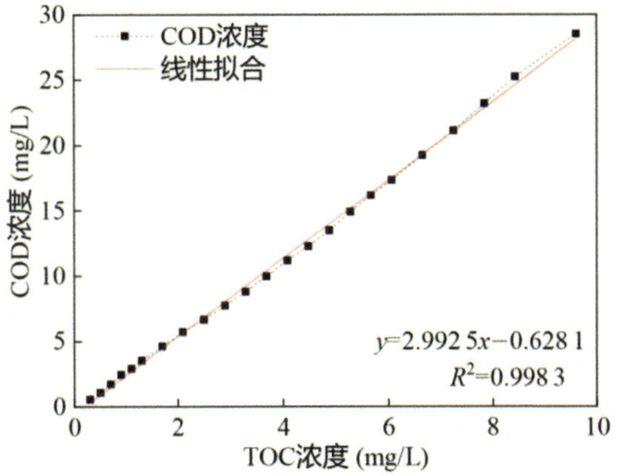

图 5-28　紫外光学传感器测得的 COD 与 TOC 关系

由图5-28可以看出，采用紫外光学传感器也可以很好地反映出标准液COD与TOC的相关关系，其线性拟合决定系数 R^2 为0.998 3，此时COD与TOC的关系式为：

$$COD = 2.992\,5 \times TOC - 0.628\,1 \tag{5-22}$$

化学方法和光谱检测方法均能很好地对标准液的COD和TOC的相互关系完成验证，对比式（5-21）与式（5-22）可以看出，虽然测量对象均为标准液，但TOC的比例系数相差较大，这是由于两种检验方法的原理不同，并且在检测过程中均存在相应的测量误差，因而导致了检测结果的差异。

5.5.2.2 海水水质 COD 与 TOC 的相互关系

为了研究海水水质 COD 与 TOC 的关系，在河北省秦皇岛市的渤海海域分批次采集包括入海口和近岸海域在内的海水水样 20 个，分别对水样的 COD 和 TOC 进行测量。海水 COD 的测量采用碱式高锰酸钾滴定法，海水 TOC 的测量采用德国 Elementar vario TOC select 型总有机碳分析仪，测量结果如表 5-9 所示。

表 5-9　海水水质 COD 与 TOC 的测量结果　　（mg/L）

序号	TOC	COD	序号	TOC	COD	序号	TOC	COD
1	2.097	2.21	8	2.316 5	2.6	15	3.132	4.19
2	2.097	2.25	9	2.382 2	2.62	16	3.225 5	4.11
3	2.126 5	2.66	10	2.41	3.19	17	3.315	4.92

（续表）

序号	TOC	COD	序号	TOC	COD	序号	TOC	COD
4	2.132 5	2.38	11	2.534	3.13	18	3.431	4.97
5	2.156	2.43	12	2.728 5	3.68	19	3.593	5.45
6	2.221 5	2.3	13	2.908 5	3.7	20	3.785	5.97
7	2.242 5	2.465	14	3.029	4.06	—	—	—

海水水质 COD 与 TOC 之间的变化趋势及相互关系如图 5-29 所示。由图 5-29 a 可知，海水 COD 和 TOC 具有相似的变化规律；由图 5-29 b 可知，海水 COD 和 TOC 存在较好的正相关性，一次拟合决定系数 R^2=0.969 4，海水 COD 与 TOC 的关系式为：

$$COD = 2.053\,8 \times TOC - 2.067\,0 \tag{5-23}$$

对比式（5-21）与式（5-23）可以看出，标准液和海水所得到的 TOC 的比例系数和常数项的值相差较大，并且线性拟合系数有所下降。其原因在于，海水中所含物质的含量比标准液复杂得多，因而导致海水的水质参数在测量过程中的误差增大，致使 R^2 下降以及比例系数和常数项改变。

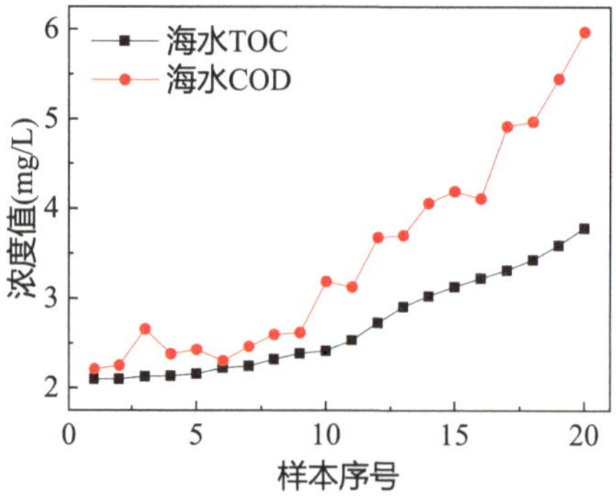

a—海水 COD 随 TOC 变化的规律

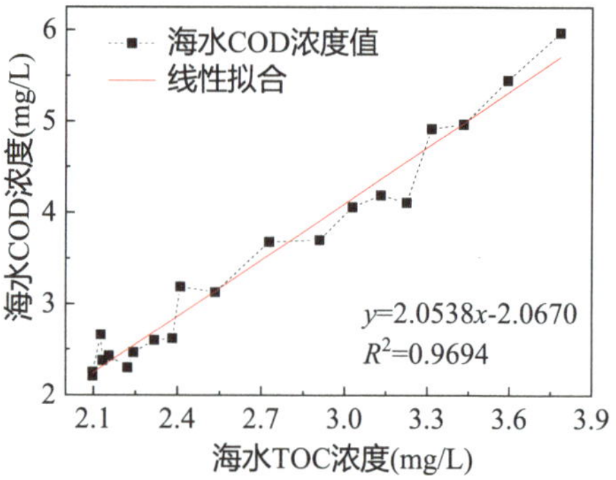

b—海水 COD 与 TOC 的相互关系

图 5-29　海水 COD 与 TOC 之间的变化趋势及相互关系

5.5.2.3 地表水水质 COD 与 TOC 的相互关系

为了研究地表水水质 COD 与 TOC 的关系，在河北省秦皇岛市的大汤河、小汤河、污水河、森林公园内河、森林公园人工湖、燕山大学燕鸣湖等地分批次采集水样并分别对水样的 COD 和 TOC 进行测量。将其中一些样品进行了蒸馏水稀释处理，以便使浓度范围更均匀，处理后共得到 22 组数据。水样 COD 的测量采用快速消解分光光度法，TOC 的测量采用日本 Shimadzu 公司的 TOC-L 型总有机碳分析仪。测量结果如表 5-10 所示，其中样品序号标有“*”的样品为稀释处理样品。

表 5-10　地表水水质 COD 与 TOC 的测量结果　　(mg/L)

序号	TOC	COD	序号	TOC	COD	序号	TOC	COD
1*	0.720	1.9	9	3.665	11.1	17	5.597	14.6
2*	0.802	2.1	10	3.777	9.7	18	6.232	17
3*	1.041	2.8	11	3.852	12.7	19	7.118	21.5
4*	1.359	3.7	12	4.194	9.9	20	7.428	20.5
5	2.639	8.2	13	4.485	13.9	21	7.656	22.6
6	2.678	7	14	5.068	13.1	22	8.587	24.5
7	2.997	8.1	15	5.178	14.3	—	—	—
8	3.173	9.6	16	5.592	13.1	—	—	—

地表水水质COD与TOC之间的变化趋势及相互关系如图5-30所示。由图5-30 a可以看出，水样的COD和TOC具有相似的变化规律；由图5-30 b可知，地表水COD和TOC具有较好的正相关性，一次拟合决定系数 R^2 为0.970 8，地表水COD与TOC的关系式为：

$$COD = 2.827\ 7 \times TOC - 0.158\ 6 \tag{5-24}$$

对比式（5-21）、式（5-23）与式（5-24）可以看出，标准液、海水和地表水所得到的 TOC 的比例系数和常数项差异明显，并且线性拟合系数也不相同。这是由于各类水样中所含物质各不相同：标准液中只含有邻苯二甲酸氢钾和微量的无机元素，地表水中含有各类有机物和无机物，而海水中所含物质最为复杂，加之测量方法的不同，致使验证结果存在较大的差异。

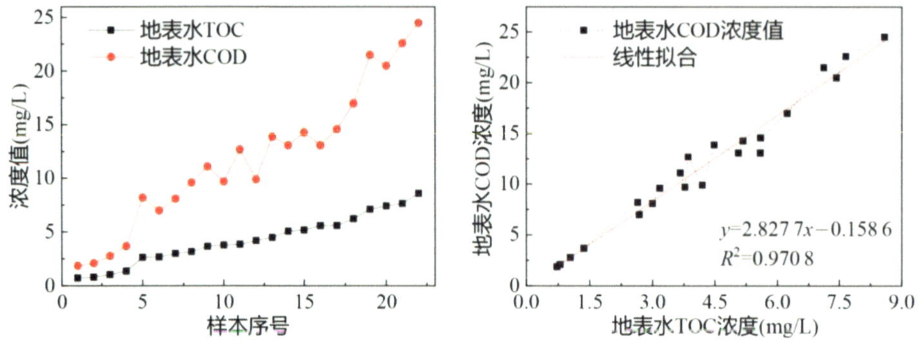

a—地表水 COD 随 TOC 变化的规律　　b—地表水 COD 与 TOC 的相互关系

图 5-30　地表水 COD 与 TOC 之间的变化趋势及相互关系

5.5.2.4 混合样本水质 COD 与 TOC 的相互关系

为了验证水体成分构成不稳定时水质 COD 与 TOC 之间的关系，将海水与地表水的 COD 和 TOC 的测量数据混合，测量数据混合后的水质 COD 与 TOC 的关系如图 5-31 所示。

由图 5-31 可知，与海水及地表水各自的水质 COD 和 TOC 的关系相比，混合后的水质 COD 和 TOC 的相关性变差，表现为线性拟合决定系数 R^2 分别由 0.969 4 和 0.970 8 降低至 0.895 8，数据混合后得到的 COD 与 TOC 的关系式为：

$$COD = 3.260\,5 \times TOC - 3.581\,7 \tag{5-25}$$

对比式（5-23）、式（5-24）与式（5-25）可以看出，TOC 的比例系数及常数项均有较大变化。这是由于海水和地表水的组成成分不同，即混合水样的水体成分构成不稳定，因此造成水质 COD 与 TOC 的相关性变差，进而验证了水质 TOC 和 COD 在成分组成相对稳定的水体中存在很好的相关性这一结论。

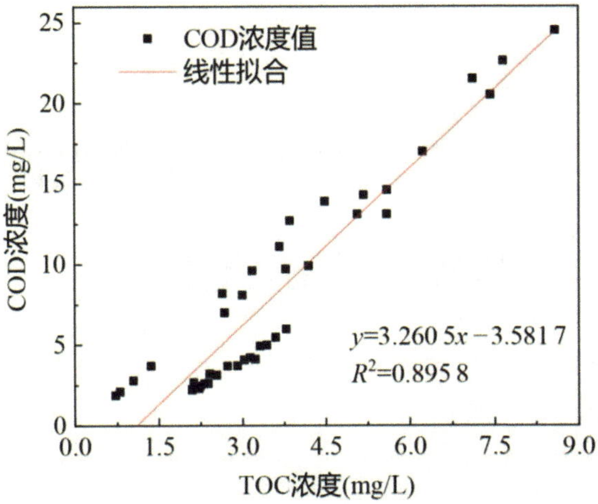

图 5-31　混合样本水质 COD 与 TOC 的相互关系

参考文献

[1] 吴国庆. 基于光谱吸收的水质化学需氧量检测方法的研究[D]. 秦皇岛: 燕山大学, 2013: 87-89.

第 6 章　多波长紫外吸收光谱的 TOC 检测模型研究

6.1 引言

多波长紫外光谱TOC检测系统的研究从实验室研究紫外光谱数据和TOC之间的关系开始，上一章节已经验证了紫外吸收光谱检测水质TOC的可行性。本章节主要从实验出发，利用光谱仪采集不同浓度TOC溶液的紫外吸收光谱，分析光谱数据与TOC样品浓度之间的关系，建立基于紫外光谱检测水质TOC的预测模型，并对所建模型进行验证，最后研究浊度和温度等影响因素的补偿模型。

6.2 紫外光谱检测 TOC 实验系统搭建

实验室里采用紫外光谱检测水质 TOC，在测得样本的光谱之前，需要搭建相应的样本光谱采集实验系统平台。本实验系统平台主要由四部分组成，分别是光源、样品池、光谱仪和计算机，系统结构的示意图如图 6-1 所示。

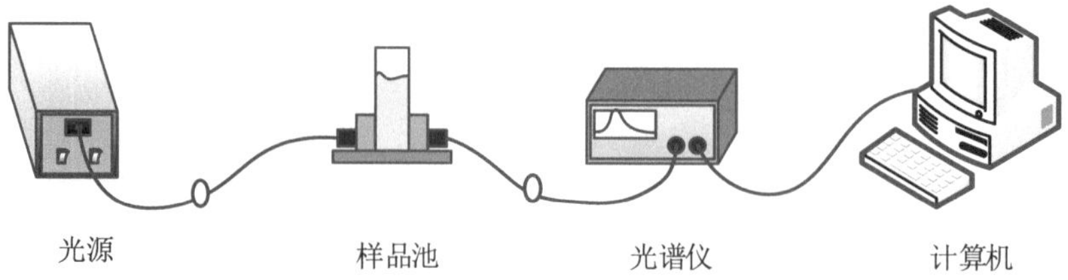

图 6-1　实验系统结构示意图

本实验系统所使用的光源是 AvaLight-DH-S-BAL 氘/卤素组合光纤光源，该光源的光谱范围是200—2 500nm，满足实验所需的紫外光谱的范围；光谱仪使用的是荷兰Avantes公司的AvaSpec-2048型紫外可见光纤光谱仪，该光谱仪采集光谱的范围为200—1 100nm，能够完整地采集紫外光波段的光谱；样品池使用的是10mm×10mm的四通石英比色皿，该比色皿的透光范围为120—2 500nm，能够完全透过实验光源发射的光波；电脑上安装了相应的光谱仪驱动软件，通过该软件设置光谱仪的采样参数，主要设置光谱仪的积分时间和平均采样次数。设置好这些参数后，首先在关闭光源的条件下，保存光谱仪的黑背景；然后打开光源，将样品池中装入蒸馏水，把蒸馏水的光谱数据保存为光谱仪的白背景，以减小后续对TOC标准液光谱的影响。搭建好的实验系统平台如图6-2所示。

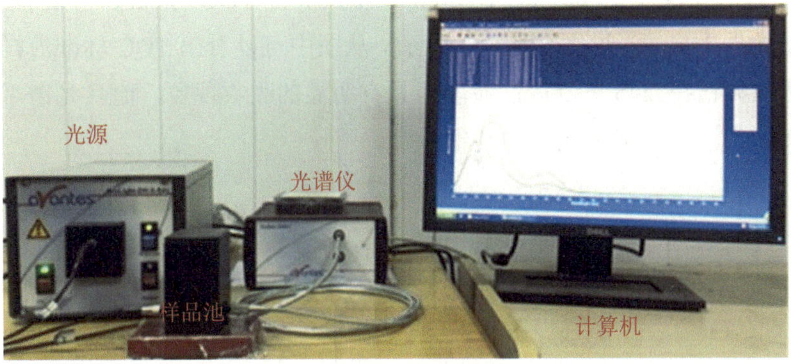

图 6-2　实验系统平台实物图

6.3 TOC 标准液样品紫外吸收光谱数据采集与模型研究

6.3.1 TOC 标准液样品光谱数据采集

本实验所使用的TOC标准液，具有国家标准物质中心的认证证书，符合国标法的各项要求。TOC标准液的主要成分是邻苯二甲酸氢钾（$HOOCC_6H_4COOK$），它的浓度是1 000mg/L，一般河水和海水的TOC含量不超过100mg/L，因此将1 000mg/L的TOC标准液用蒸馏水按比例稀释成0.3—100mg/L的TOC标准液样品，共计37份。为了提高低浓度TOC的检测精度，20mg/L以下的标准液样品的浓度梯度设置为1mg/L，20mg/L以上的标准液样品的浓度梯度设置为5mg/L；为了减小温度对紫外吸收光谱数据的影响，将配置好的37份不同浓度的TOC标准液样品在实验室静置1小时，待溶液温度达到室温时再进行光谱测量。使用AvaSpec-2048型紫外可见光纤光谱仪测量TOC标准液样品的紫外光谱前，需先开机预热5分钟，通过计算机软件设置光谱仪的扫描参数，将积分时间设置为2ms，采样的平均次数设置为200次，光谱平滑点数设置为3个点。采集光谱时，蒸馏水作为第一个样品，用蒸馏水的光谱校准零点；然后按照浓度从低到高的顺序依次对TOC标准液样品进行光谱采集，待光谱数据稳定后进行存储；换取样品池中的溶液时，需使用蒸馏水对比色皿进行润洗并晾干，除去比色皿中上一份溶液的残余，减小光谱数据的检测误差。

按照上述操作完成对 0.3—100mg/L 的 37 份 TOC 标准液样品的紫外吸收光谱数据采集，光谱图如图 6-3 所示。从图中可以看出 TOC 标准液样品的紫外吸收光谱在 245—300nm 波段内具有明显的吸收现象，而且光谱平滑没有毛刺，也没有过饱和现象的发生。

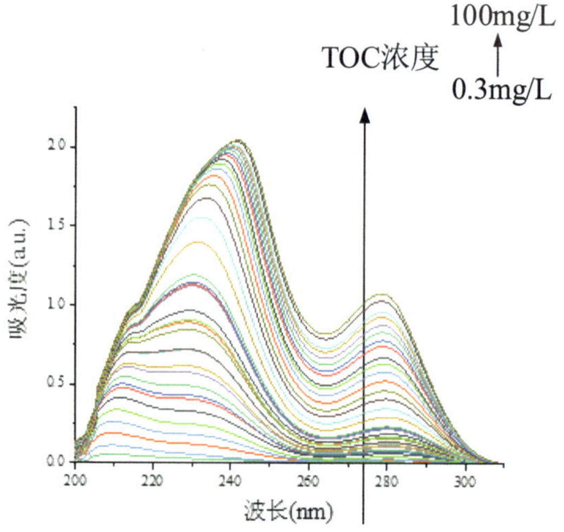

图 6-3　TOC 标准液样品的紫外吸收光谱

6.3.2 TOC 标准液样品紫外吸收光谱数据建模

本章节研究紫外光谱数据与 TOC 标准液样品浓度之间的关系模型的目的是为研究多源紫外光谱总有机碳检测系统奠定基础。在进行波长选择时，应根据市面上能够购买到的紫外 LED 光源的波长进行选择，目前市面上 255nm、265nm 和 275nm 的紫外 LED 光源的制作技术比较成熟、稳定性较好，而且研究人员很早就开始使用 254nm 的紫外单波长吸收光谱法进行水质检测。

因此，本实验从 200—300nm 连续的紫外吸收光谱数据中，选取出 250nm、255nm、260nm、265nm、270nm、275nm、280nm 和 285nm 等 8 个波长处的紫外吸收光谱数据进行建模。为了获得较高的建模精度，本章分别对紫外单波长建模和紫外多波长建模进行研究。

（1）紫外单波长建模

根据第2章提出的建模方法分别对8个波长处的光谱数据建模，针对250—280nm单波长处的紫外吸收光谱，首先建立相应的含未知参数的多元回归方程；然后对回归方程中的未知参数进行估计，采用最小二乘算法计算出参数值；最后对回归方程进行评估，得到不同浓度TOC标准液的紫外光谱数据与样品浓度之间的关系模型，如图6-4至图6-11所示。

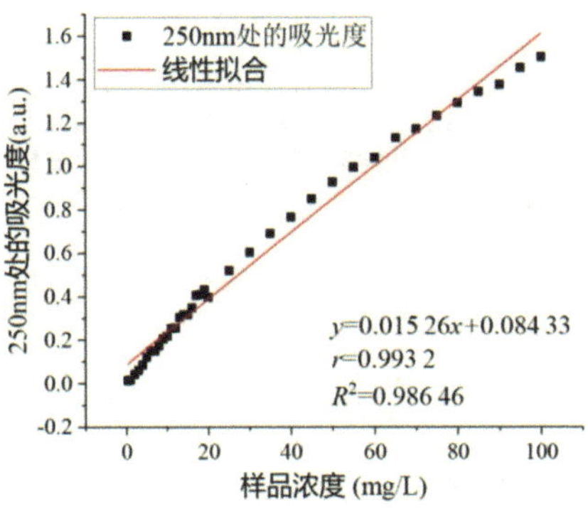

图 6-4　250nm 处的紫外光谱数据建模结果

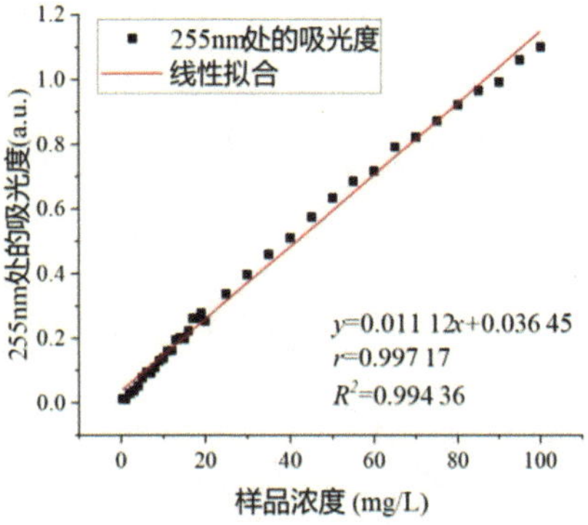

图 6-5　255nm 处的紫外光谱数据建模结果

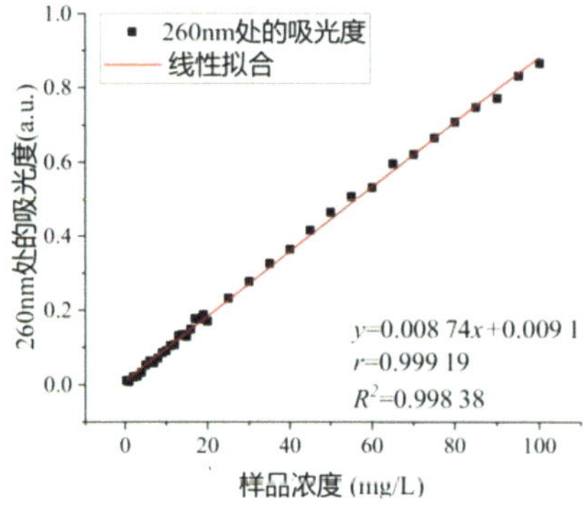

图 6-6　260nm 处的紫外光谱数据建模结果

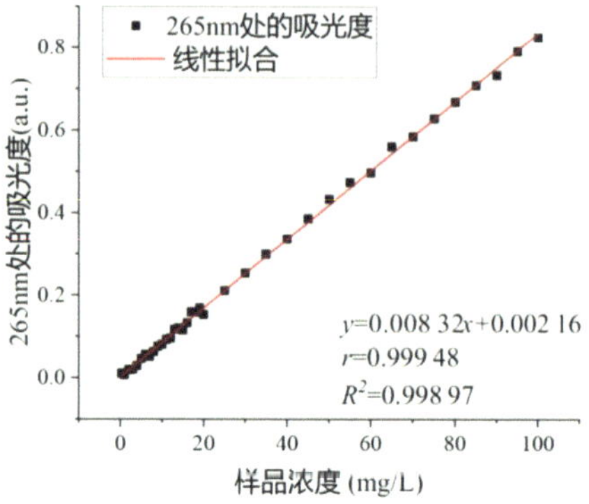

图 6-7　265nm 处的紫外光谱数据建模结果

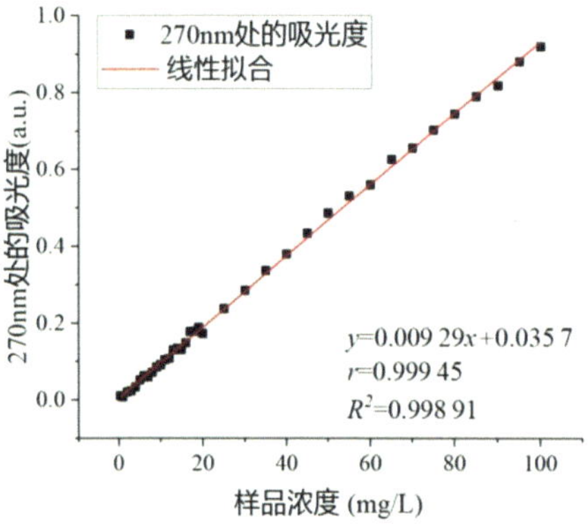

图 6-8　270nm 处的紫外光谱数据建模结果

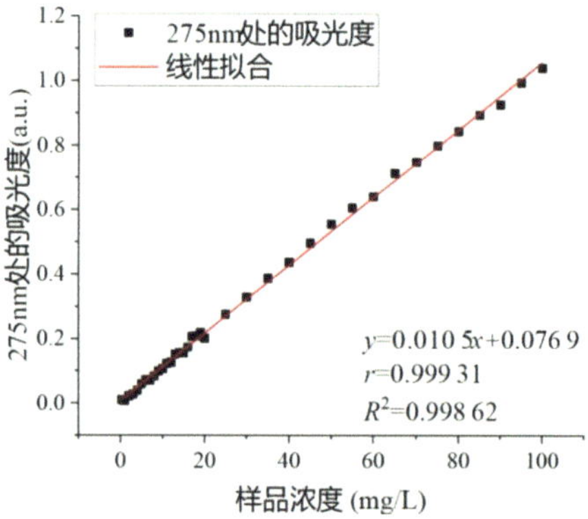

图 6-9　275nm 处的紫外光谱数据建模结果

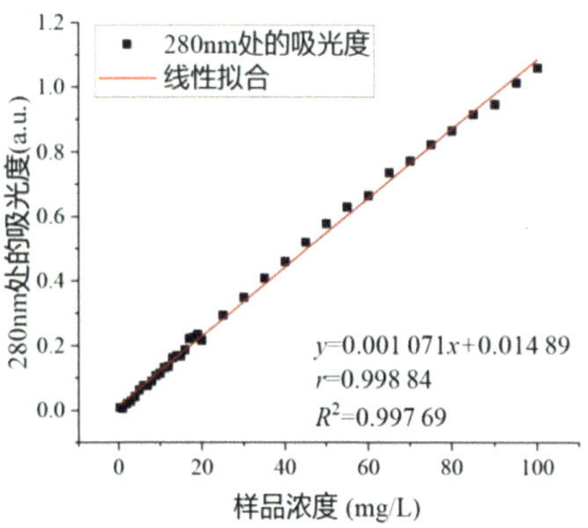

图 6-10　280nm 处的紫外光谱数据建模结果

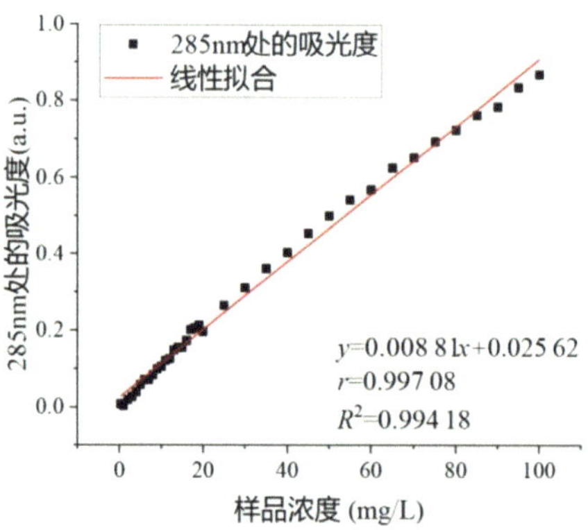

图 6-11　285nm 处的紫外光谱数据建模结果

由图 6-4 至图 6-11 可以直观地看出 TOC 标准液样品的浓度与选取的各单波长处的紫外吸光度之间具有很好的线性相关性，而且随着样品浓度的增大，光谱仪测得的吸光度也随之增大，整个变化趋势呈现出良好的正相关关系。相关系数 γ 和决定系数 R^2 是用于衡量回归模型拟合程度的指标，这两个参量在 0 到 1 之间取值，γ 和 R^2 越大说明紫外吸光度和 TOC 标准液样品浓度的拟合度越高，模型预测效果越好。为了便于比较 γ 和 R^2，将图 6-4 至图 6-11 中的评价指标 γ 和 R^2 列于表中，如表 6-1 所示。

表 6-1　紫外单波长回归模型的评价指标

波长/nm	r	R^2	波长/nm	r	R^2
250	0.993 20	0.986 46	270	0.999 45	0.998 91
255	0.997 17	0.994 36	275	0.999 31	0.998 62
260	0.999 19	0.998 38	280	0.998 84	0.997 69
265	0.999 48	0.998 97	285	0.997 08	0.994 18

从表 6-1 中可以得到 260nm、265nm、270nm 和 275nm 处的 R^2 都达到了 0.998 以上，说明使用这几个单波长建立的一元回归模型测量 TOC 时，效果较好。这几个波长处的一元回归表达式为：

$$y_{260}=114.416\,5x_{260}-1.041\,2 \tag{6-1}$$

$$y_{265}=120.192\,3x_{265}-0.259\,6 \tag{6-2}$$

$$y_{270}=107.642\,6x_{270}-0.384\,3 \tag{6-3}$$

$$y_{275}=95.238\,1x_{275}-0.732\,4 \tag{6-4}$$

式中：y_{260}、y_{265}、y_{270}、y_{275}——260nm、265nm、270nm、275nm 波长处检测时 TOC 含量的预测值；

x_{260}、x_{265}、x_{270}、x_{275}——260nm、265nm、270nm、275nm 波长处的紫外吸光度。

从 TOC 标准液样品的紫外吸收光谱数据所建的回归模型可以看出，样品浓度与紫外吸光度之间具有良好的线性关系，各紫外单波长模型效果较好。但是在 250nm 处的模型效果稍差一些，这是因为在 250nm 处不同样品浓度的紫外吸光度差异性较小，并且吸光度的变化与浓度的变化不成比例，从而导致所建模型的效果较差。因此，仅采用单波长检测 TOC 时，存在波长选择不正确导致预测效果不佳的问题，可以使用多波长联合建模来避免单波长检测的缺陷。

（2）紫外多波长建模

紫外多波长建模是在紫外宽光谱波段内选取多个单波长处的紫外光谱数据与 TOC 标准液样品浓度相关联进行联合建模，这样建立的模型比单波长所建模型的鲁棒性更好，预测效果相比单波长也更好。水体中有机物的种类繁多，组成成分复杂，吸收波段也有所不同，仅使用单波长的紫外光谱模型，不能充分反映有机物的吸收特性，很难检测到所有的有机物，这将导致对 TOC 的预测精度下降，因而研究多波长紫外光谱模型是很有必要的。

根据特征提取的方法，从 TOC 标准液样品的紫外光谱数据中选取出三个对预测值贡献率较高的波长，分别是 255nm、265nm 和 275nm 这三个波长处的光谱数据，如图 6-12 所示。因此，设回归方程为：

$$y = b_0 + b_1 x_1 + b_2 x_2 + b_3 x_3 \tag{6-5}$$

式中：b_0、b_1、b_2、b_3——需要预测的系数；

x_1、x_2、x_3——255nm、265nm、275nm 波长处的吸光度；

y——TOC 标准液样品浓度值。

利用第 2 章提出的未知数估计方法，计算出多波长 TOC 检测模型的多元回归方程为：

$$y = 1.098\,8 - 83.222\,5x_1 - 138.293\,5x_2 + 293.019\,6x_3 \tag{6-6}$$

式（6-6）表示的紫外多波长 TOC 检测模型的 R^2 为 0.999 4，相较于紫外单波长 TOC 检测模型的 R^2 更大，说明采用多波长建立的回归模型相较于单波长模型拟合度更好，预测效果更佳。紫外多波长 TOC 回归模型的残差图如图 6-13 所示，从图 6-13 中可以看出多数数据点的置信区间包含零点，所建模型具有较高的可信度，说明此多元回归模型具有较强的稳定性和较高的精确度。

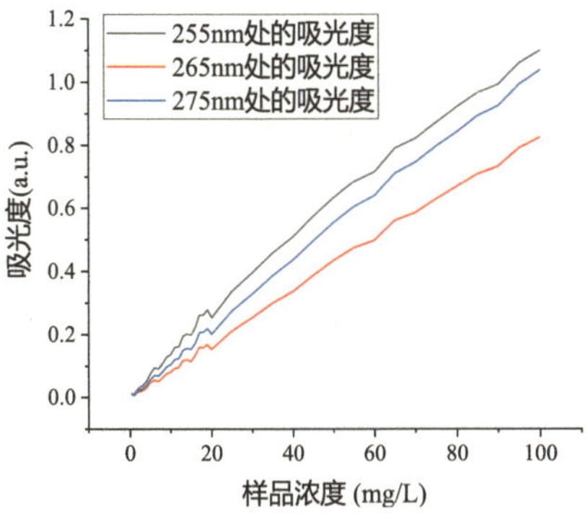

图 6-12　255nm、265nm、275nm 处的光谱数据

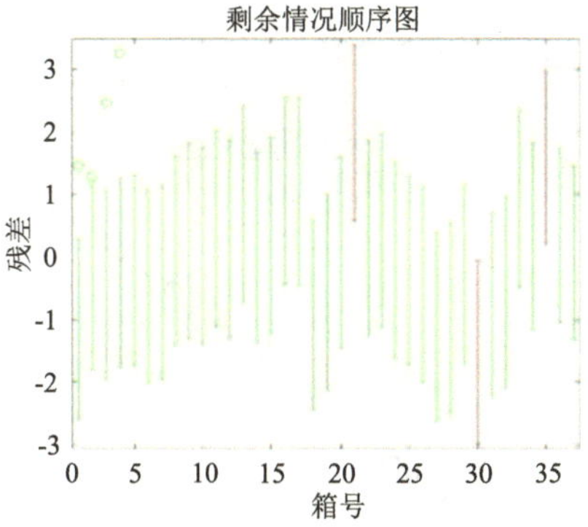

图 6-13　多元回归模型的残差

6.3.3 模型预测结果分析

在 6.3.2 节中研究了 TOC 标准液样品的单波长和多波长检测模型，本小节将利用这两种模型分析实际检测时的效果。将 6.3.2 节所建模型中的数据作为校正集，然后按照前述 TOC 标准液样品的配置方法配置校正集数据集范围内不重叠的 TOC 标准液样品 16 份，作为检验集。检验集光谱数据如图 6-14 所示。

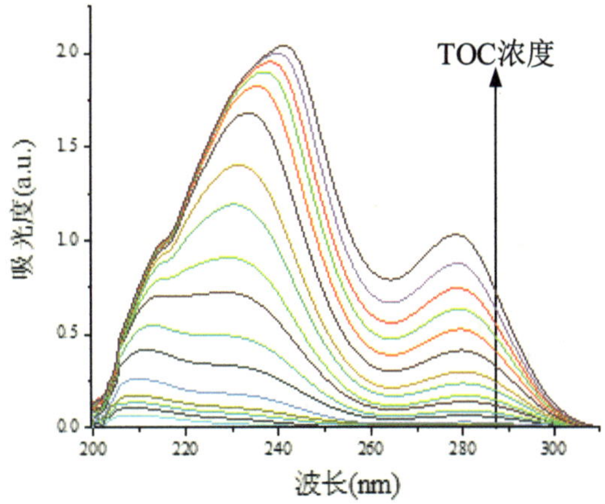

图 6-14　检验集紫外吸收光谱

为了验证单波长 TOC 检测模型和多波长 TOC 检测模型的预测效果，将校正集和检验集的预测结果与样品 TOC 的真实值作对比，分析所建模型的测

量值和 TOC 样品真实值的差异，预测结果如图 6-15 至图 6-19 所示，模型评价指标如表 6-2 所示。

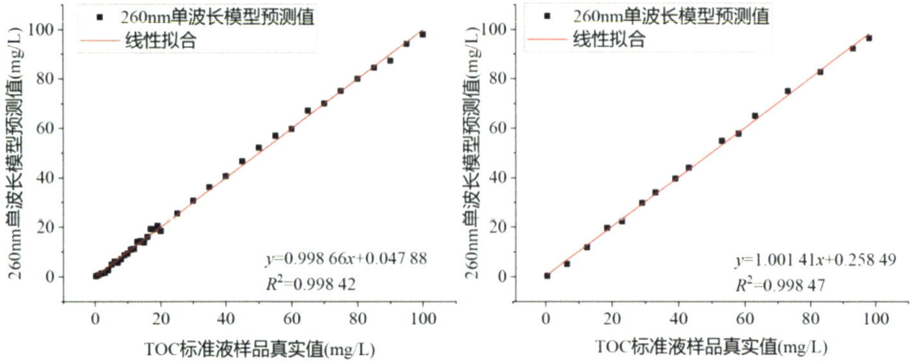

a—260nm 单波长模型校正集预测效果　　b—260nm 单波长模型检验集预测效果

图 6-15　260nm 单波长模型预测效果

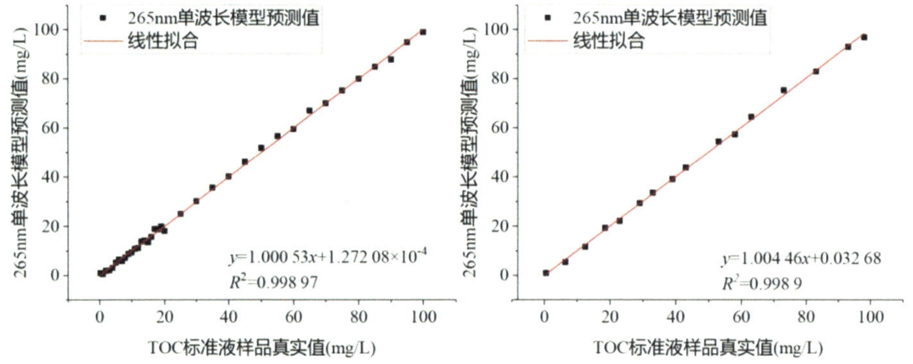

a—265nm 单波长模型校正集预测效果　　b—265nm 单波长模型检验集预测效果

图 6-16　265nm 单波长模型预测效果

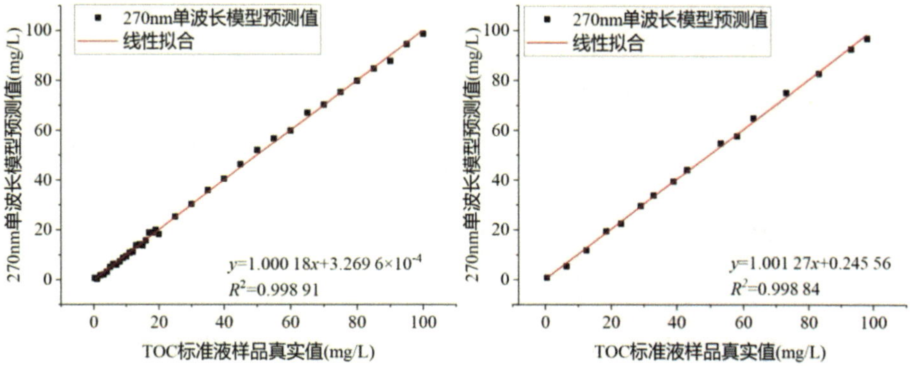

a—270nm 单波长模型校正集预测效果　　b—270nm 单波长模型检验集预测效果

图 6-17　270nm 单波长模型预测效果

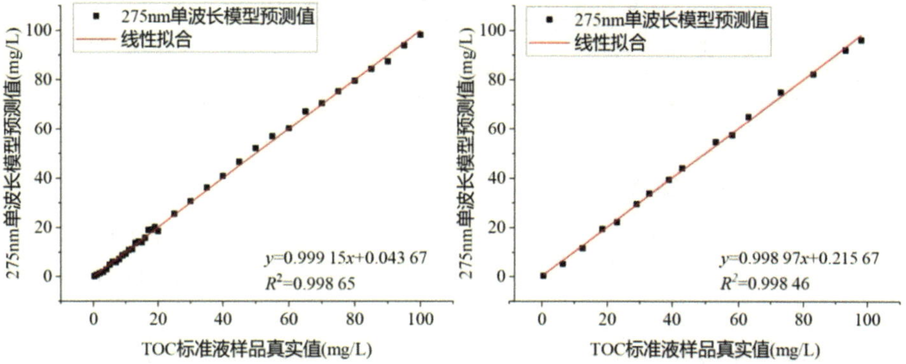

a—275nm 单波长模型校正集预测效果　　b—275nm 单波长模型检验集预测效果

图 6-18　275nm 单波长模型预测效果

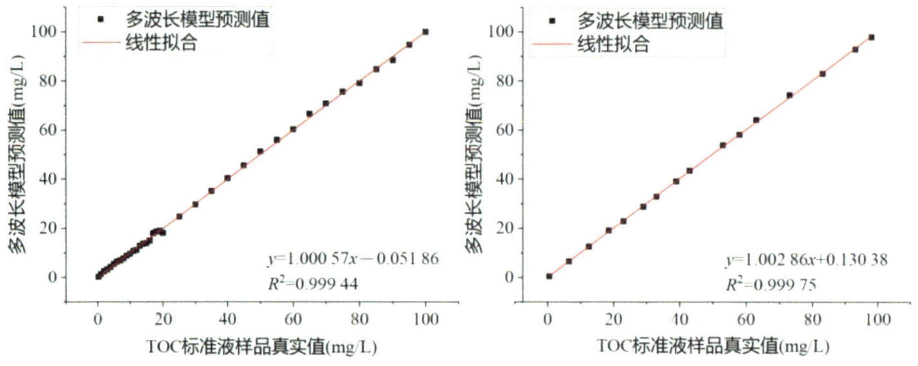

a—多波长模型校正集预测效果　　　　b—多波长模型检验集预测效果

图 6-19　多波长模型预测效果

表 6-2　各单波长和多波长模型效果对比

模型类型	校正集 R^2	检验集 R^2
260nm 单波长模型	0.998 42	0.998 47
265nm 单波长模型	0.998 97	0.998 90
270nm 单波长模型	0.998 91	0.998 84
275nm 单波长模型	0.998 65	0.998 46
多波长模型	0.999 44	0.999 75

为了便于比较各紫外单波长模型和紫外多波长模型的预测效果，将各个模型的 R^2 列于表 6-2 中。从表 6-2 中可以看出紫外多波长模型的决定系数明显大于各紫外单波长模型的决定系数，说明紫外多波长 TOC 检测模型的预测值与样品的真实值拟合度更高，所以多波长检测模型的预测效果更好、精度更高。

6.4 实际水样紫外吸收光谱数据分析

在学校所在城市周边的不同水域使用采水器依次采集水面以下 1m 处的水样，共计 7 份，采集的水样在玻璃瓶中进行保存。为了防止水样变质，须在 24 小时内完成水样的化学测试和光谱采集。对水样进行测试前，使用孔径为 4.5μm 的滤膜进行过滤，以减小水样中泥沙对测量结果的影响。使用光谱仪采集水样光谱前，通过计算机软件设置光谱仪的采样参数，将光谱仪的采样积分时间和采样频次分别设置为 2ms 和 200 次，采集到的实际水样的紫外吸收光谱平滑处理后的光谱图如图 6-20 所示。为使测得水样 TOC 的真实值具有较高的精确度，水样 TOC 的真实值采用国标法进行测量，测量仪器使用的是日本岛津 TOC 分析仪，测得的结果如表 6-3 所示。

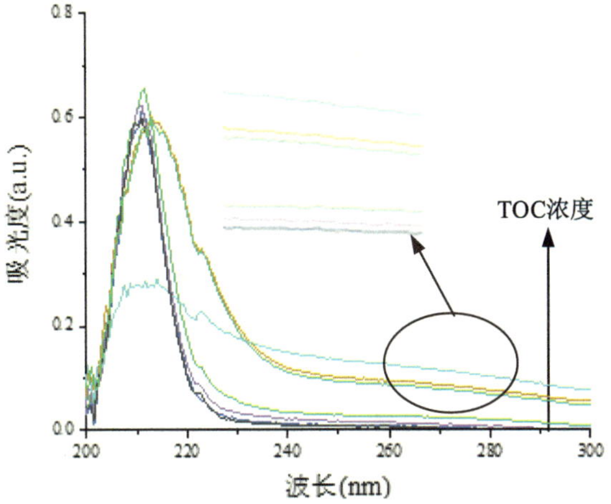

图 6-20　实际水样紫外吸收光谱

将真实水样的紫外吸光光谱图（图 6-20）和 TOC 标准液样品的紫外吸收光谱图（图 6-3）进行对比，可以发现两个谱图的整体形状有所差异，这是由于 TOC 标准液样品的成分比较简单，光谱规律性好，而实际水样的组成成分比较复杂，光谱规律性一般，但是它们在 250—275nm 波段处的光谱具有很好的相似性，因此可以直接使用 6.3.2 节所建立的紫外单波长 TOC 检测模型和紫外多波长 TOC 检测模型对实际水样的 TOC 进行预测，然后分别对两种模型检测实际水样的效果进行分析。从实际水样的光谱中提取出检测模型所需的波长处的光谱数据，分别代入紫外单波长 TOC 检测模型和紫外多波长 TOC 检测模型中，建模结果如图 6-21 至图 6-25 所示。

表 6-3　实际水样 TOC 真实值

水样标号	TOC 真实值/（mg/L）	水样标号	TOC 真实值/（mg/L）
1	0.32	5	2.83
2	0.43	6	3.58
3	0.76	7	4.66
4	1.82	—	—

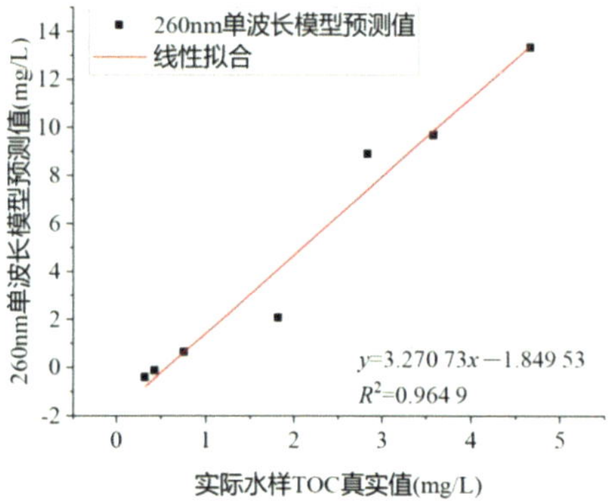

图 6-21　260nm 紫外单波长模型预测效果

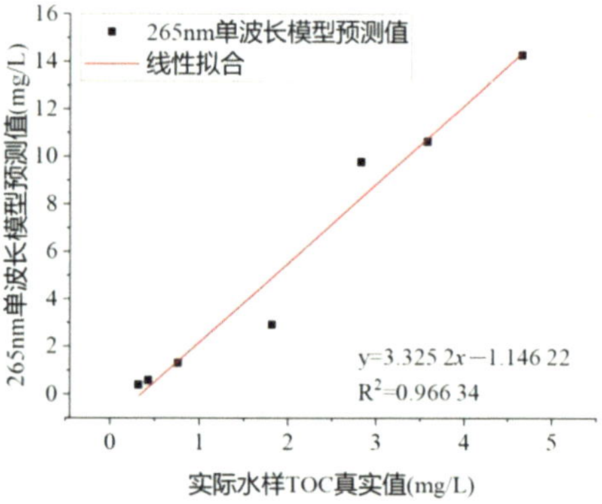

图 6-22　265nm 紫外单波长模型预测效果

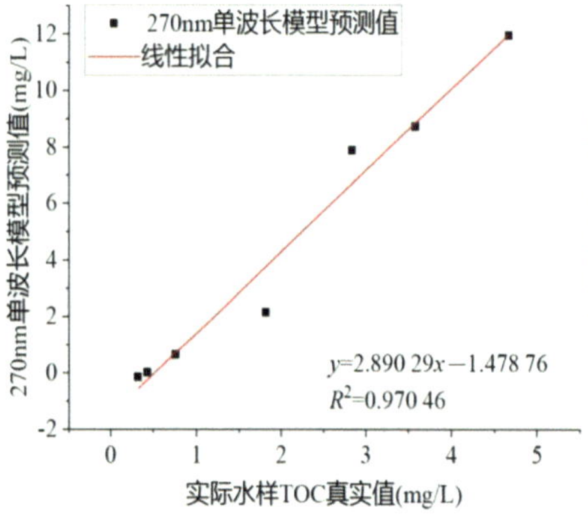

图 6-23　270nm 紫外单波长模型预测效果

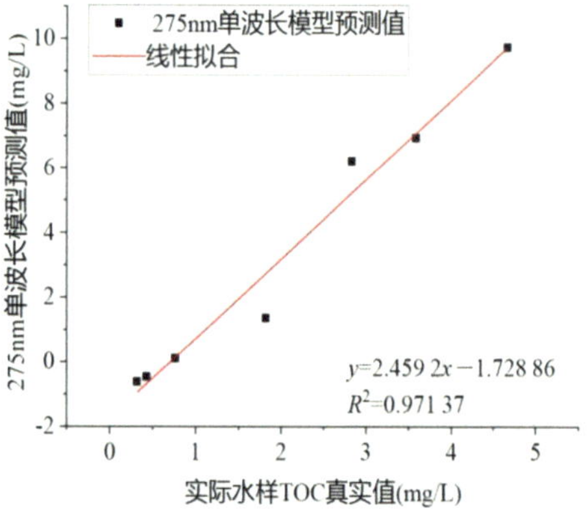

图 6-24　275nm 紫外单波长模型预测效果

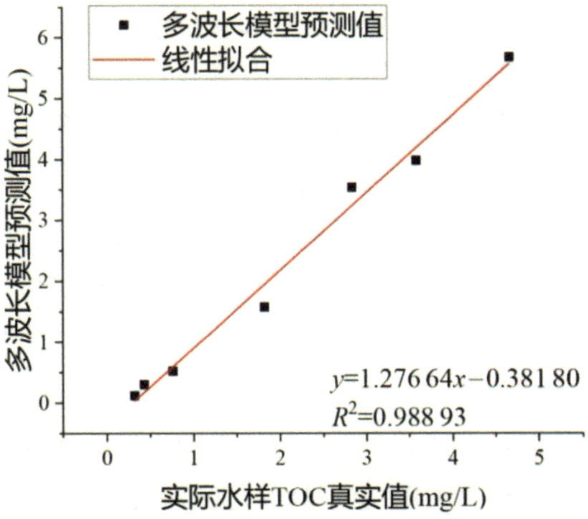

图 6-25　紫外多波长模型预测效果

为了便于比较各紫外单波长TOC检测模型和紫外多波长TOC检测模型在测量实际水样TOC时的预测效果，将图6-21至图6-25中各个模型的评价指标R^2和斜率k列于表6-4中。从表6-4中可以看出紫外多波长模型的决定系数R^2最大，说明多波长TOC检测模型的预测值与实际水样的TOC真实值拟合度最高。并且多波长模型的斜率较单波长模型更接近1，说明多波长模型的TOC预测值与TOC真实值更接近，所以采用紫外多波长TOC检测模型对实际水样的TOC进行预测时，预测效果更好、精度更高。

表 6-4　各单波长模型和多波长模型预测效果对比

模型类型	R^2	k
260nm 单波长模型	0.964 90	3.270 73
265nm 单波长模型	0.966 34	3.325 20
270nm 单波长模型	0.970 46	2.890 29
275nm 单波长模型	0.971 37	2.459 20
多波长模型	0.988 93	1.276 64

6.5 影响因素补偿模型

本章研究的紫外多波长 TOC 检测模型主要基于紫外吸收法原理，利用水体中有机化合物对紫外光的吸收特性来检测水质 TOC，然后使用光谱仪测量水样中有机物的紫外吸光度来定量分析吸光度与 TOC 值之间的关系，通过建立紫外多波长 TOC 检测模型预测水质 TOC 含量。采用紫外光谱法检测水质 TOC 时，水体的浊度和温度等环境因素会对采集的光谱数据产生影响，从而导致紫外吸收光谱法检测 TOC 的鲁棒性和准确性下降。其原因是水体中悬浮的固态或者胶状颗粒物会使探测光谱产生散射或反射，从而使光谱仪接收到的光信号减弱，得到错误的光谱数据，导致水样 TOC 预测值与真实值之间的差异过大。另外，温度会导致水体中有机物分子的运动规律发生变化，也会对光谱数据产生一定的影响。

消除浊度影响的方法有两种，一种方法是通过过滤水样，将水样中的颗粒状悬浮物过滤掉，以消除浊度对测量结果的影响；另一种方法是研究浊度对检测光谱的影响规律，建立相应的浊度补偿模型，从光谱模型上消除浊度对测量结果的影响。消除温度对测量结果的影响的方法与浊度相似，一种方法是对样品进行加热或者降温处理，使样品温度符合预测模型所需的温度条件，以消除温度对测量结果的影响；另一种方法是研究温度对检测光谱的影响规律，建立温度补偿模型，从光谱模型上消除温度对测量结果的影响。第一种方法在实验室条件下是可行的，但是比较麻烦，测量光谱前需对水样进行一系列的预处理，处理过程中难免会引入干扰因素。而且在实地测量时，很难实现对水样的预处理。因此本小节着重研究浊度和温度等影响因素的补偿模型，从光谱检测模型上直接去除环境因素的影响。

6.5.1 浊度对 TOC 检测的影响分析

实际水样中含有各种颗粒状或者胶状的悬浮物，使用紫外吸收光谱法检测水样的 TOC 含量时，这些悬浮物会对紫外探测光产生反射、散射等效应，导致光谱仪接收到的有效探测光减少，造成紫外多波长检测模型的预测值偏大，严重影响光谱法检测 TOC 的精度。因此，研究浊度对光谱法检测的 TOC 的影响规律，建立相应的浊度补偿模型，可以有效降低浊度对测量结果的影响。

本实验使用 1 000mg/L 的 TOC 标准液和 400NTU 的浊度标准液配置 12 份 TOC 浓度均为 10mg/L、浊度分别为 1—100NTU 的样品。使用 6.3.2 节建立的基于紫外多波长吸收的 TOC 检测模型依次对配置的 12 份样品的 TOC 浓度值进行预测，预测结果如图 6-26 所示。

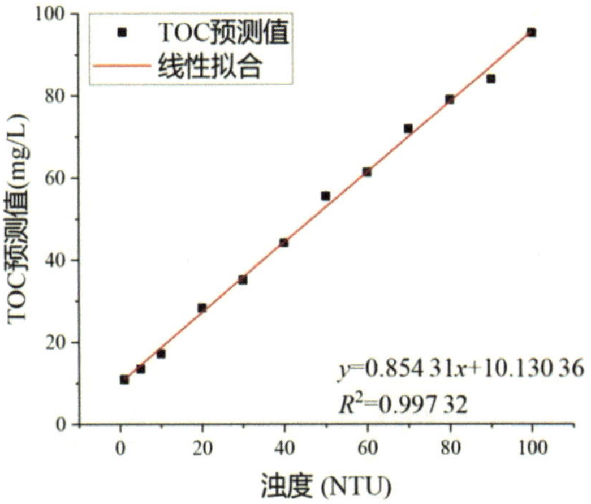

图 6-26　紫外多波长 TOC 检测模型的预测效果

从图 6-26 可以看出，随着水样浊度的增大，紫外多波长 TOC 检测模型的预测结果也随之增大，两者呈现出很好的正相关关系。因此可以利用浊度变化与 TOC 浓度变化量之间的相关关系建立浊度补偿模型，浊度变化与 TOC 浓度变化量之间的关系如图 6-27 所示。

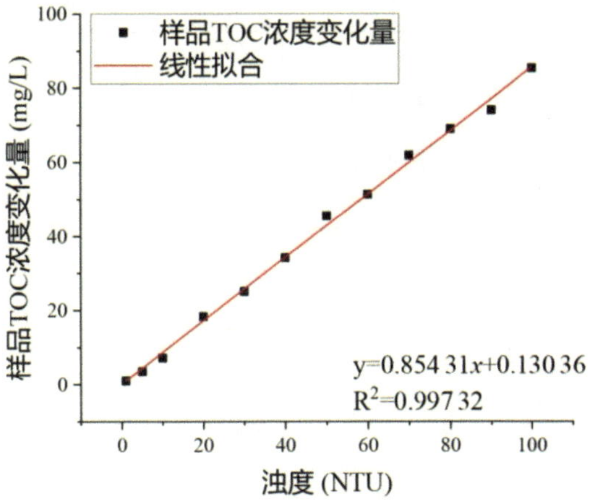

图 6-27　浊度与样品 TOC 浓度变化量的关系

从图6-27中可以看出，样品的TOC变化量与样品的浊度大小之间具有很好的线性关系，且回归模型的决定系数达到了0.997 32，说明浊度变化与TOC

浓度变化量之间具有很高的拟合度，拟合方程为：

$$y=0.854\ 31x+0.130\ 36 \tag{6-7}$$

式中：y——样品 TOC 浓度变化量；

x——样品浊度值。

根据前面建立的浊度补偿模型对样品的 TOC 预测值进行浊度补偿，补偿前后的结果如表 6-5 所示。为了方便比较浊度补偿前后 TOC 预测值与真实值之间的差异，将补偿结果作图比较，如图 6-28 所示。从表 6-5 和图 6-28 可知，对紫外多波长 TOC 检测模型的预测结果进行浊度补偿后，预测结果与真实值之间的差异明显减小。

表 6-5　浊度补偿前后模型预测结果对比

样品浊度 /NTU	浊度补偿前 /（mg/L）	浊度补偿后/（mg/L）	样品浊度 /NTU	浊度补偿前 /（mg/L）	浊度补偿后 /（mg/L）
1	10.98	9.995 33	50	55.56	12.714 14
5	13.54	9.138 09	60	61.36	9.9710 4
10	17.21	8.536 54	70	71.89	11.957 94
20	28.35	11.133 44	80	78.99	10.514 84
30	35.12	9.360 34	90	84.03	7.011 74
40	44.21	9.907 24	100	95.32	9.758 64

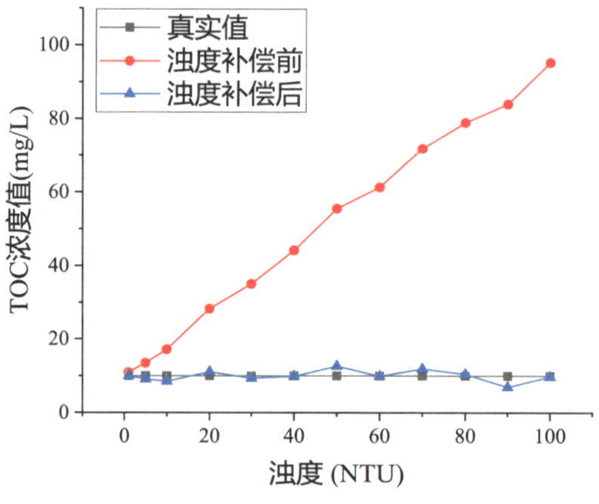

图 6-28　浊度补偿前后结果对比

6.5.2 温度对 TOC 检测的影响分析

从分子的角度分析，当样品溶液温度变化时，溶液中的有机物分子的运动状态会发生改变。因为本书研究的紫外吸收光谱属于分子光谱，所以研究温度对光谱法检测水质 TOC 是否产生影响是很有必要的。本节实验配置 TOC 浓度为 10mg/L 的标准液样品，然后将样品溶液的温度依次从 0℃调节到 40℃，每次增加 5℃，分别采集对应温度下的紫外吸收光谱。不同温度下的光谱图如图 6-29 所示。

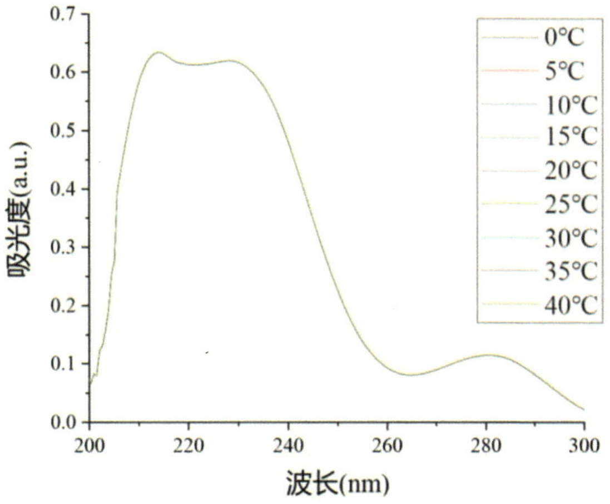

图 6-29　不同温度下样品的紫外吸收光谱

从图 6-29 中可以看出不同温度下的紫外光谱数据非常接近，吸光度的最大变化为 0.000 942 1，远小于 TOC 浓度变化对紫外吸收光谱的影响。根据 6.3.2 节建立的紫外多波长 TOC 检测模型计算不同温度下同一水样的 TOC 预测值，计算结果如表 6-6 所示。从表 6-6 可以看出，不同温度下模型的预测值的最大变化量为 0.064 4mg/L，温度变化引入的测量误差小于 1%。因此，在使用紫外吸收光谱法检测 TOC 时，温度对紫外多波长 TOC 检测模型的预测结果几乎没有影响。

表 6-6　不同温度下样品的 TOC 预测值

样品温度/℃	TOC 真实值/（mg/L）	TOC 预测值/（mg/L）	样品浊度/NTU	TOC 真实值/（mg/L）	TOC 预测值/（mg/L）
0	10	9.558 5	25	10	9.587 2
5	10	9.580 0	30	10	9.594 3
10	10	9.580 3	35	10	9.565 7
15	10	9.601 4	40	10	9.572 9
20	10	9.622 9	—	—	—

第 7 章　水质 TOC 检测系统的设计与实现

7.1 引言

第 1 章主要研究了紫外吸收光谱检测 TOC 的数学模型，从实验角度验证了紫外多波长光谱检测 TOC 的可行性。本章主要从前面章节所研究的理论和实验的基础上设计并实现一个多光源 TOC 检测系统，该系统主要由光路系统和电路系统组成，光路系统包括光学器件选型、光路结构设计以及光源支架设计；电路系统包括电学器件选型、多光源驱动电路设计和硬件集成。然后在多光源 TOC 检测系统的基础上对检测模型进行校正，最后对多光源 TOC 检测系统进行测试并对实验结果进行分析。

7.2 多光源 TOC 传感器传感头结构设计

7.2.1 TOC 传感器光路设计

本章所设计的 TOC 传感器的光路结构由 4 个探测光源、4 个光电探测器和 1 个分光镜组成，其中 4 个探测光源分别采用 3 个不同波长的紫外 LED 光源（紫外 LED 的中心波长分别为 255nm、265nm 和 275nm）和一个蓝光 LED 光源，4 个光电探测器分别采用 2 个紫外光电探测器和 2 个蓝光探测器，多光源 TOC 检测光路结构示意图如图 7-1 所示。

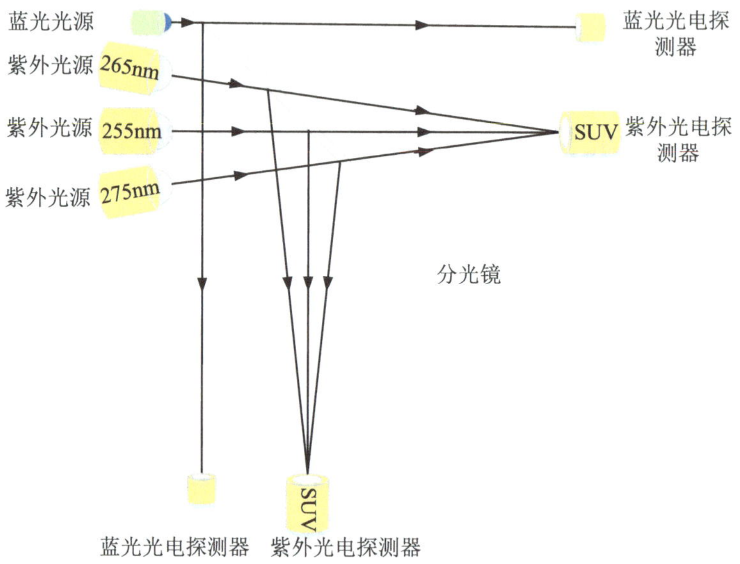

图 7-1　光路结构示意图

图 7-1 中 4 个光源的作用是为整个光路系统提供参考光信号和探测光信号，其中 3 个不同波长的紫外光源用于 TOC 检测，蓝光光源用于浊度检测。采用蓝光检测浊度的原因是有机物在蓝光波段内没有吸收特性，对浊度的检测不会产生干扰。分光镜的作用是将 4 个光源发出的光分成两路，一路是穿过分光镜形成的透射光，另一路是被分光镜反射形成的反射光。这两路光信号分别构成了参考光路和探测光路，参考光路由 4 个光源与分光镜右侧的紫外光电探测器和蓝光光电探测器构成，探测光路由光源与分光镜下面的探测器构成。分光镜右侧的两个光电探测器负责采集参考光路的光信号，分光镜下方的两个光电探测器负责采集探测光路的光信号。在 4 个光源中有 2 个紫外光源具有一定角度的倾斜，这样设计的好处是使用 2 个紫外光电探器就能完成对参考光信号和探测光信号的采集。如果将这 2 个光源平行放置（光源平行放置的光路结构示意图如图 7-2 所示），这样就必须使用 6 个紫外光电探测器才能完成参考光信号和探测光信号的采集，大大增加了光路系统的制作成本和复杂度。

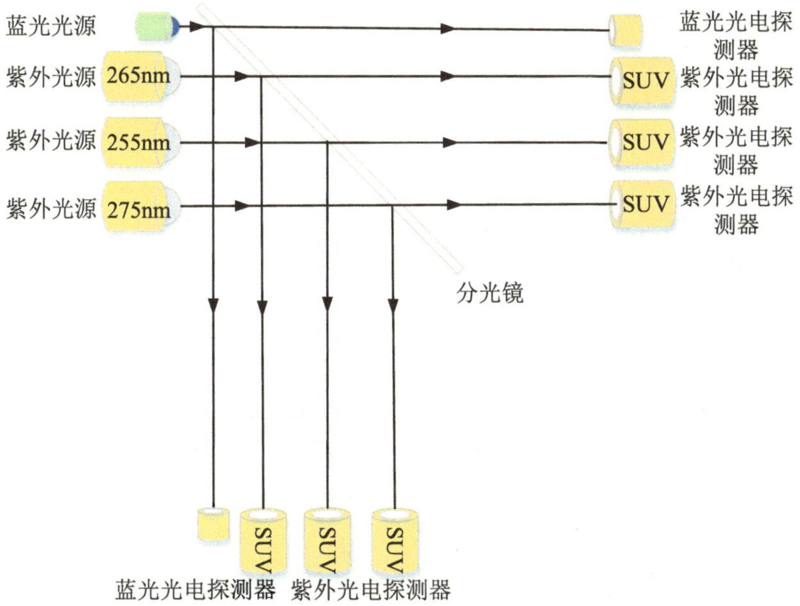

图 7-2　光源水平放置的光路结构示意图

7.2.2 光学器件选型

在第 3 章研究紫外光谱法检测 TOC 的模型中，通过对比紫外单波长模型和紫外多波长模型，发现采用 255nm、265nm 和 275nm 等紫外多波长建立的光谱检测模型的预测效果最好。因此，本书采用这 3 个波长的紫外 LED 光源作为系统的 TOC 检测光源。在对比市面上众多光源的具体参数和性能后，本书最终选择型号分别为 GL255-T0397E、GL265-T0397E 和 GL275-T0397B 的紫外 LED 作为检测系统的光源。中心波长为 255nm 的紫外 LED 的具体参数如表 7-1 所示，中心波长为 265nm 的紫外 LED 的具体参数如表 7-2 所示，中心波长为 275nm 的紫外 LED 的具体参数如表 7-3 所示。三种波长的紫外 LED 在外观上没有区别，实物图如图 7-3 所示。

表 7-1　255nm 紫外 LED 参数表

参数	MIN	TYP	MAX	单位
封装	—	TO39H	—	—
波长	250	255	260	nm
工作电压	5.0	—	8.0	V
工作电流	20	—	40	mA
工作温度	-30		55	℃
发散角	—	7	—	°

表 7-2　265nm 紫外 LED 参数表

参数	MIN	TYP	MAX	单位
封装	—	TO39H	—	—
波长	260	265	270	nm
工作电压	5.0	—	8.0	V
工作电流	20	—	40	mA
工作温度	-30		55	℃
发散角	—	7	—	°

表 7-3　275nm 紫外 LED 参数表

参数	MIN	TYP	MAX	单位
封装	—	TO39H	—	—
波长	270	275	280	nm
工作电压	5.0	—	8.0	V
工作电流	20	—	40	mA
工作温度	-30		55	℃
发散角	—	7	—	°

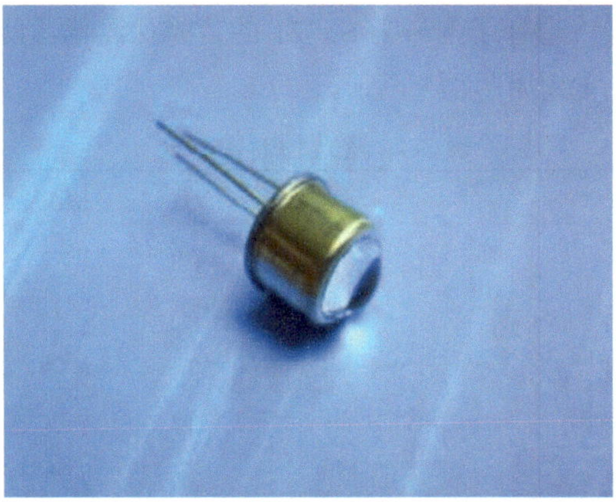

图 7-3　紫外 LED 实物图

对比表7-1至表7-3各个光源的相关参数，可以看出这三个光源除了波长范围不同外，其他参数均相同，这样选择光源的好处是便于光源驱动电路的设计。三个光源都采用了TO39H的封装技术，这种技术封装的光源发散角仅为7°，小发散角的好处是不需要使用额外的透镜对光源的发射光进行汇聚，减小了光路系统的复杂度。三个光源的驱动电压都在5—8V，可以使用12V的锂电池进行供电，满足便携式检测系统的设计要求。

第 3 章研究浊度对 TOC 检测的影响规律时发现水样的浑浊程度越大，会导致预测结果与真实值的差异越大，因此本书建立了相应的浊度补偿模型降低了水体浊度对测量结果的影响。仅使用三个紫外 LED 光源并不能去除浊度对测量结果的影响，因为水体中的颗粒悬浮物会使紫外探测光发生散射，将导致紫外光电探测器接收到的光信号减弱，有机物对紫外光的吸收同样会导致光信号减弱，而光电探测器仅能检测光信号，无法区分是浊度引起的光信号减弱还是有机物吸收引起的光信号减弱。因此，本书研究的 TOC 检测系统额外使用一个蓝光 LED 光源对浊度进行检测，降低浊度对测量结果的影响。对比了市面上众多的蓝光光源，最终选择了型号为 LSLED405-5 的蓝光 LED。此光源的参数如表 7-4 所示。

本系统选用的紫外光源波长范围在 250—280nm，因此选择紫外光电探测器时，应确保光电探测器的光谱范围能覆盖所有紫外光源的发射光谱范围。在对市面上的产品比较后，最终选择了型号为 SUV-CT9L 的紫外光电探测器，此型号探测器的具体参数如表 7-5 所示，实物图如图 7-4 所示。根据蓝光光源的具体参数，最终选择了型号为 S5821 的蓝光探测器，此探测器的具体参数如表 7-6 所示，实物如图 7-5 所示。

表 7-4 蓝光 LED 参数表

参数	MIN	TYP	MAX	单位
封装	—	TO46	—	—
中心波长	405	400	410	nm
工作电压	3.0	—	3.6	V
工作电流	20	—	50	mA
工作温度	-30		55	℃
发散角	—	8	—	°

表 7-5 紫外光电探测器参数表

参数	MIN	TYP	MAX	单位
光谱范围	200	—	280	nm
响应电流	2.90	3.10	3.33	μA
击穿电压	—	5	—	V
暗电流	—	—	100	nA
工作温度	-20	—	65	℃
感光面积	6.5	—	6.78	mm^2

表 7-6 蓝光光电探测器参数表

参数	MIN	TYP	MAX	单位
光谱范围	380	—	800	nm
响应电流	—	1.1	—	μA
暗电流	—	—	2	nA
工作温度	-40	—	100	℃

图 7-4　紫外光电探测器实物图

图 7-5　蓝光光电探测器实物图

本系统选用的紫外光电探测器采用了由先进的纳米材料制成的光电二极管，在紫外光波段的灵敏度非常高，它所能检测到的紫外光谱范围在 200—280nm，能够实现对 3 个紫外光源的发射光谱波段范围全覆盖。并且此型号的紫外光电探测器对可见光不响应，不需要使用滤光片对可见光进行滤除，有效减小了光路结构的复杂度。

7.2.3 传感器光源支架设计

根据 7.2.1 小节设计的光路结构对光源支架进行设计，将光路结构进行拆分，可以拆分为五个部分，第一部分是光源部分，第二部分是分光镜部分，第三部分是参考光路的探测器部分，第四部分是探测光路的探测器部分，第五部分是样品池部分，整个光路结构是一个“丁”字结构，设计成的传感器光路支架示意图如图 7-6 所示。

在图 7-6 中，①处为光源固定部分，三个大孔分别固定三个不同波长的紫外 LED 光源，大孔两侧的小孔选择其中一个固定蓝光 LED 光源；②处为一个长方体卡槽，用于固定分光镜；③处为参考光路探测器固定部分，中间的大孔用于固定紫外光电探测器，两侧的小孔选择一个与蓝光光源相对的孔固定蓝光探测器；④处为探测光路探测器固定部分，与参考光路相似；⑤处为样品池固定处，本系统选用了一个长方体的石英比色皿作为样品池，固定于此。按照所设计的示意图结构，使用 3D 打印机制作出的光源支架实物图如图 7-7 所示。

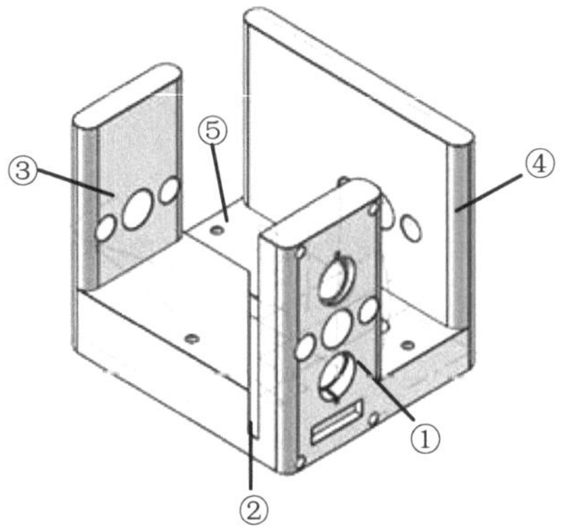

图 7-6　光源支架示意图

图 7-7　光源支架实物图

整个光源支架的尺寸为 62mm×54mm×53mm，结构较为紧促，能够有效减小传感器的体积，有助于传感器的集成，增加了传感器的便携性。而且在实测的时候各个光电探测都能接收到光源发出的光信号，且探测器的响应灵敏、精度高，提高了整个系统的测量精度。光源支架的材质为 PLA，这种材质的特点是成型快、延展性好、易于回收利用，非常环保。

7.3 TOC 传感器多光源分时驱动电路设计

7.3.1 器件选型

分时驱动电路的设计要求是能够灵活控制各个光源的亮灭顺序，既能单个光源逐一点亮和熄灭，又能多个光源同时控制，还能单独控制各个光源的发光强度。最重要的是保证所设计的光源驱动模块能为多个探测光源提供恒定的工作电压和工作电流，以免烧坏光源。根据这个设计要求，需要选择合适的主控制芯片和光源驱动芯片。

本系统使用的光源和探测器较多，光源强度的控制信号需要经由微处理器进行调节和发送，需要较多的ADC通道数，而探测器采集到的光信号也要经由微处理器处理。因此，本系统需要一个性能较强的微处理器，在对比了市场上众多型号的微处理器后，本系统最终选择了恩智浦的S32K114UA型号的芯片，该芯片拥有16个ADC通道，可以满足系统设计的需要，而且能够满足对传感器功能扩展的需要；程序存储器大小为512KB，能够下载更大的程序；数据RAM的大小为64KB，能够一次性处理较多的光谱数据，能够有效提高光谱模型的响应速度；采用了LQFP100封装，有效减小了结构空间，并且此微处理器功耗较低，增加了传感器的续航能力。

光源驱动芯片是为光源提供稳定工作电压和工作电流的保证，选择合适的驱动芯片对整个驱动电路而言至关重要。因此在对比了一系列芯片后，本系统最终选择了 BP1360 这款高调光比 LED 恒流驱动芯片。此款芯片接收频率范围很宽的 PWM 调光，能够满足系统光源多个强度的调节需求；此款芯片支持开关功能，不需要额外使用开关芯片控制光源的亮灭；此款芯片不仅采用了体积很小的 SOT23-5 封装，而且芯片仅需要极少的外部电路器件，极大地压缩了驱动电路的体积，使得驱动电路可以直接贴合在光源支架上；此款芯片还有开路保护、短路保护、过温保护等功能，极大提高了光源的使用寿命，使得传感器拥有更长、更稳定的持续工作能力。

7.3.2 系统电路设计

系统核心控制电路采用恩智浦公司生产的 S32K114UA 型 32 位高性能单片机作为主控芯片，该芯片集成度高，ADC 通道数多，同时支持对多个光源的控制和对多个探测器信号的处理，支持 SWD 模式的调试，只需四根线就能完成程序的烧录和在线调试，非常方便，而且节省 I/O 口的使用。外围电路的设计中使用一个 8MHz 的晶振为芯片提高时钟信号；使用一个 MAX485 作为转换器直接与单片机 UART 串口连接，实现与单片机的通信。RS485 通信的通信速率快，极大降低了延迟时间，能够在 PC 端快速获取传感器返回的数据，大大提高了传感器的响应速率；RS485 通信的抗干扰能力强，在外部环境非常恶劣的情况下能够保证通信信号的准确传输，保证了数据传输的安全性、稳定性，提高了传感器获取数据的准确性；RS485 通信的通信距离远，使得传感器能够探测水下更深距离处的水质参数，提高了传感器的适用性；RS485 通信支持挂载多个传感器，可以使用支持 RS485 通信的上位机控制和管理多个传感器，形成水质多参数监测系统。TOC 检测系统核心电路的电路原理图如图 7-8 所示。

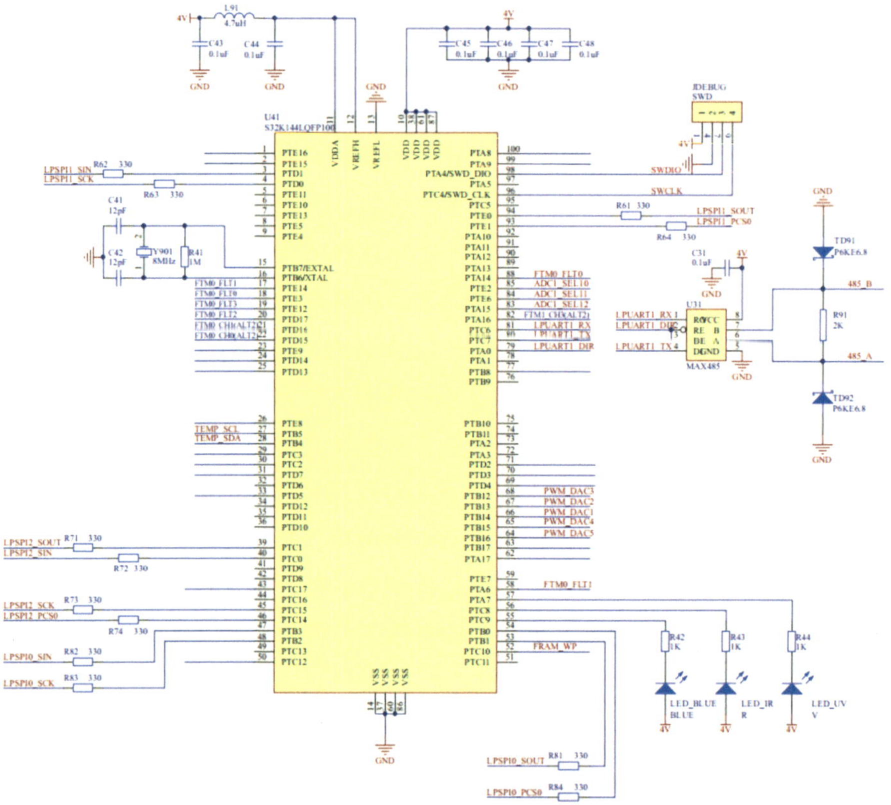

图 7-8　系统核心电路原理图

光源驱动电路采用 BP1360 高调光比 LED 恒流驱动芯片，该芯片能够接收宽频率的 PWM 调光，支持开关、短路保护、开路保护、过热保护等功能。外围电路的设计很简单，只需很少的外部电路器件。本系统设计的光源驱动电路仅使用一个电阻、一个二极管和一个电感作为外部电路器件，构成的驱动电路结构简单、稳定性强；使用 LM1117DTX 作为稳压芯片，将整个系统的 12V 输入电压转化为 9V 的稳定电压提供给整个光源驱动电路。光源驱动电路分时功能是通过微处理器控制实现的，微处理器控制程序的执行是按照一定的时序进行的，在编程时遵循程序运行的时序规律就能实现对光源开关功能的灵活控制，而且使用微处理器自带的 12 位 DAC 外设就可以实现对光源强度的调节，这些功能仅需通过编程来实现，无须复杂的硬件电路支持，灵活性很高，制作成本相对较低，为以后的拓展提高了可能性。光源分时驱动电路的电路原理图如图 7-9 所示。

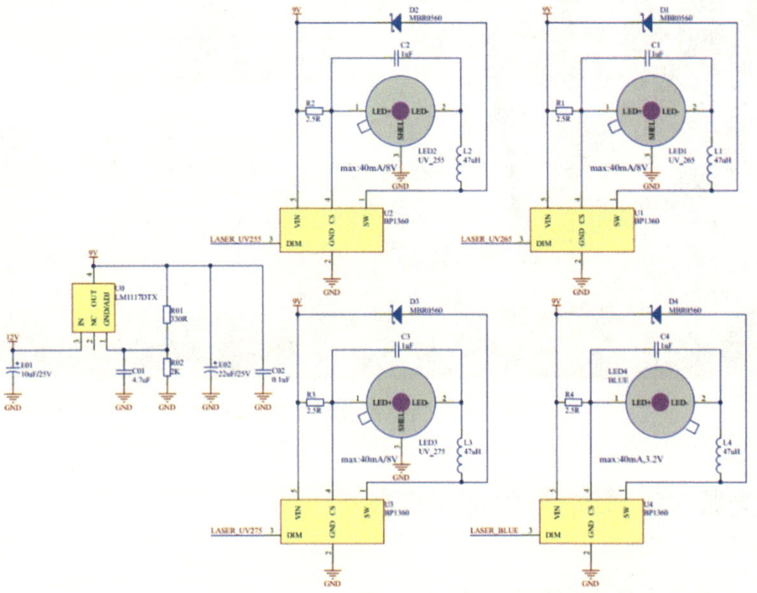

图 7-9　分时驱动电路的电路原理图

7.3.3 多光源 TOC 传感器硬件集成

整个传感器的所有电路模块、光源模块和探测器模块等集成在一起构成了多光源 TOC 传感器的整体结构，多光源 TOC 传感器整体结构如图 7-10 所示。

图中黑色的支架是光源、探测器、分光镜和样品池的固定架，同时包含了光路结构的设计。所有光源和探测直接焊接在电路板上，而且电路板的尺寸符合光源支架各个部分的尺寸，集成了光源和探测器的电路板可以直接贴合在整个光源支架的各个部分，大大节省了传感器所占的空间，使整个传感器的结构更为紧促。探测器直接集成在电路板上，不需要使用导线连接探测器和电路板，这样能够减少探测信号的传播距离，降低传输过程中的干扰，提高检测精度。最上层的电路板为传感器主控板，负责光源控制、信号采集、数据处理和传输等功能。

图 7-10　TOC 传感器整体结构实物图

7.4 多光源 TOC 传感器检测模型校正

7.4.1 多光源采样数据回归模型校正

按照第 3 章 TOC 标准液样品的配置方法，配置 0—100mg/L 的 TOC 标准液样品 28 份，使用本书制作的多光源 TOC 检测系统采集标准液样品的透射数据，采样结果如表 7-7 所示。为了便于观察表中数据的变化趋势，将表中的数据用图表示，如图 7-11 所示。

表 7-7　TOC 标准液样品的透射数据

样品浓度 /（mg/L）	255nm 光源的 AD 采样值	265nm 光源的 AD 采样值	275nm 光源的 AD 采样值	255nm+26nm5+275nm 光源的 AD 采样值
0	534	208 3	291	274 0
1	523	202 9	288	266 5
2	505	195 9	278	256 8
3	492	190 5	270	249 5
4	479	185 4	264	242 6
5	473	183 7	262	240 2
6	457	176 4	251	230 7
7	444	174 3	258	227 8
8	439	169 6	243	221 2

（续表）

样品浓度 /（mg/L）	255nm 光源的 AD 采样值	265nm 光源的 AD 采样值	275nm 光源的 AD 采样值	255nm+26nm5+275nm 光源的 AD 采样值
9	419	161 1	231	209 6
10	409	157 5	227	204 9
15	389	139 6	221	182 8
20	345	122 0	198	158 9
25	334	117 4	193	152 8
30	300	103 9	176	134 6
35	298	102 5	175	132 7
40	287	981	169	126 7
45	269	908	161	117 0
50	257	872	151	112 3
55	252	850	145	108 8
60	241	837	134	104 3
65	232	819	131	914
70	227	793	128	872
75	205	772	125	835
80	197	656	123	805
85	192	627	121	784
90	188	601	117	661
95	181	576	112	639
100	174	546	105	602

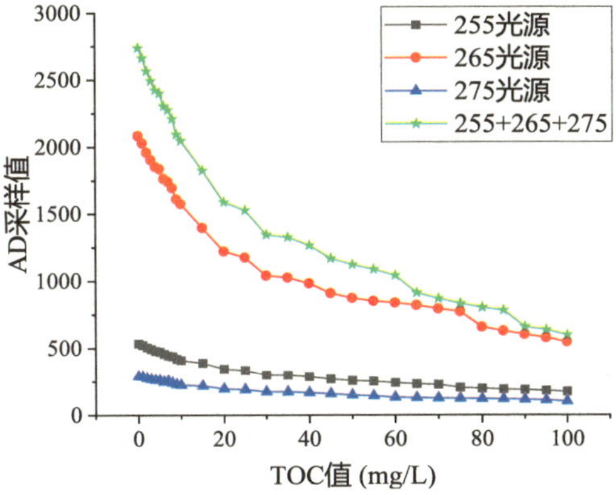

图 7-11 TOC 传感器采样数据

从图 7-11 中可以看出，随着 TOC 标准液样品浓度的增大，多光源 TOC 传感器的紫外光电探测器的 AD 采样值逐渐减小，这是因为样品 TOC 含量越高，对紫外光的吸收能力越强，导致探测光路的紫外光电探测器能够检测到的透射紫外光信号减弱，从而致使主控芯片采集到的 AD 采样值减小，符合紫外吸收光谱法检测 TOC 的规律。

根据多光源 TOC 检测系统的采样数据对紫外单波长 TOC 检测模型和紫外多波长 TOC 检测模型进行校正，紫外单光源检测模型校正结果如图 7-12 所示。

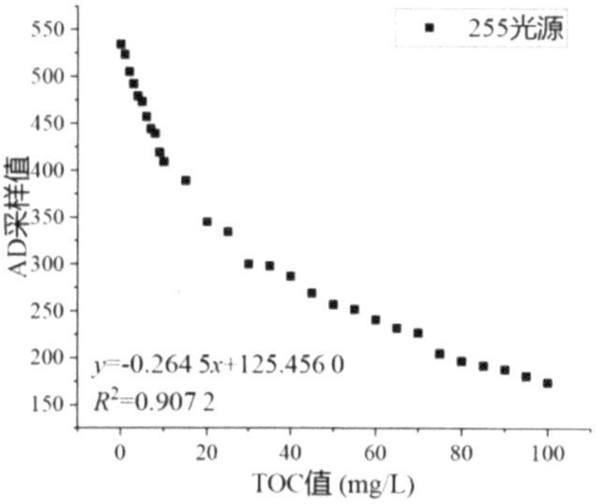

a—255nm 紫外光源模型的校正结果

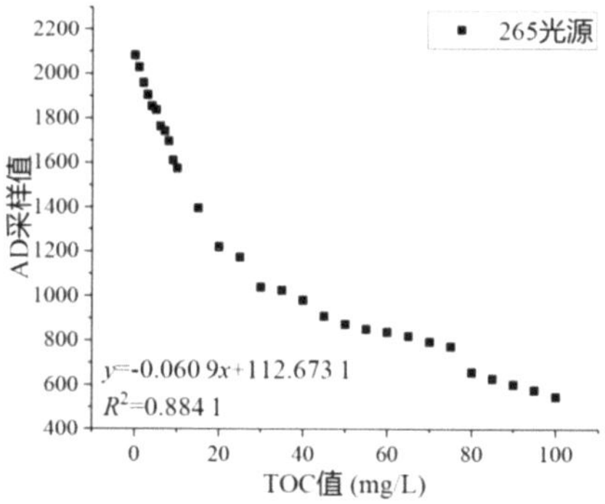

b—265nm 紫外单光源模型的校正结果

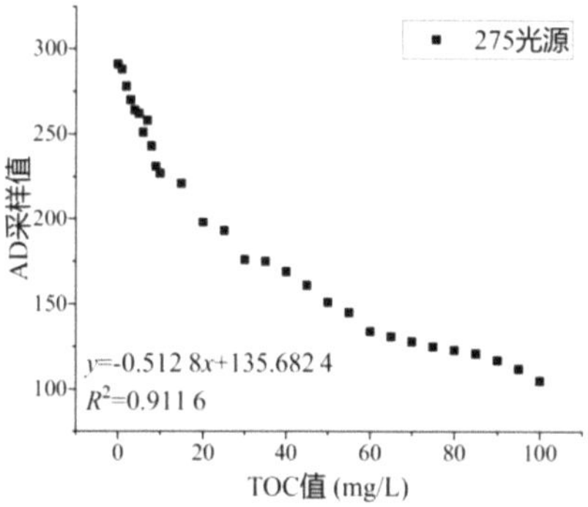

c—275nm 紫外光源模型的校正结果

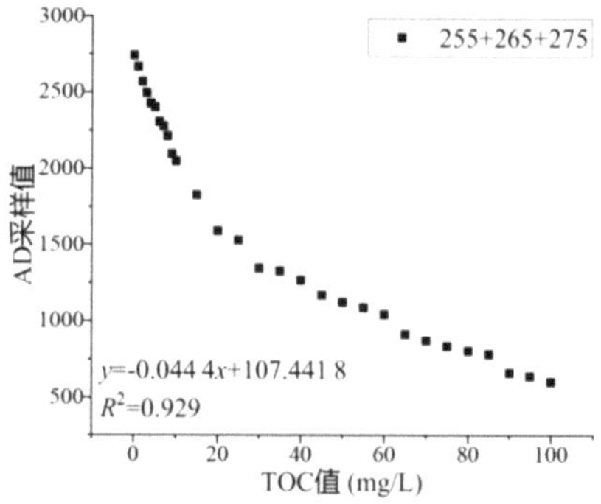

d—三紫外光源模型的校正结果

图 7-12　紫外单光源检测模型的校正结果

使用多元回归方法对紫外多光源检测模型校正后的模型结果为：

$$y = 132.908\,1 - 0.540\,9x_1 + 0.176\,6x_2 - 0.080\,2x_3 - 0.073\,7x_4, R^2 = 0.933\,1 \quad (7\text{-}1)$$

式中　y——TOC 预测值；

x_1——255nm 光源的 AD 采样值；

x_2——265nm 光源的 AD 采样值；

x_3——275nm 光源的 AD 采样值；

x_4——255nm 光源、265nm 光源和 275nm 光源同时点亮时的 AD 采样值；

R^2——决定系数。

从图 7-12 和式（7-1）的模型校正结果可以看出，对整个浓度范围的数据的校正效果并不好，多光源模型的决定系数 R^2 仅为 0.933 1，与第 3 章中的多波长模型预测效果相差较大。通过观察采样数据图发现，整个数据的趋势并不适合使用回归模型直接对整个浓度范围的数据进行校正，数据的下降趋势在 TOC 标准液样品浓度为 20mg/L 时发生了变化，将此变化点作为一个转折点。在 0—20mg/L 浓度范围，AD 采样值的下降趋势较为陡峭，在 20—100mg/L 浓度范围，AD 采样值的下降趋势较为平缓，分段后的数据如图 7-13 所示。因此可以对检测模型进行分段校正，分段校正后的结果如图 7-14 至 7-17 所示。

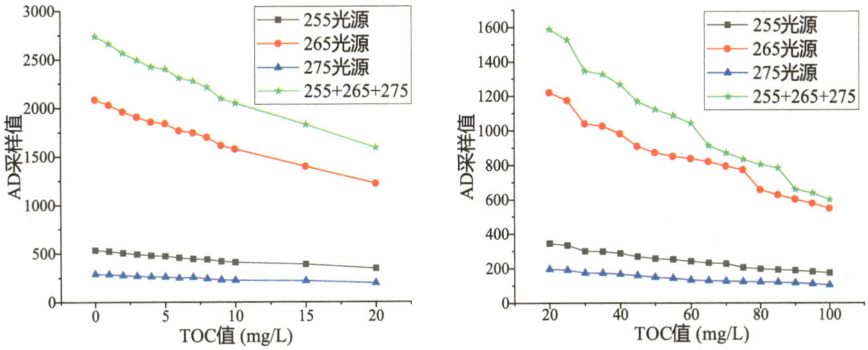

a—0—20mg/L 样品的采样数据　　b—20—100mg/L 样品的采样数据

图 7-13　TOC 标准液样品采样数据

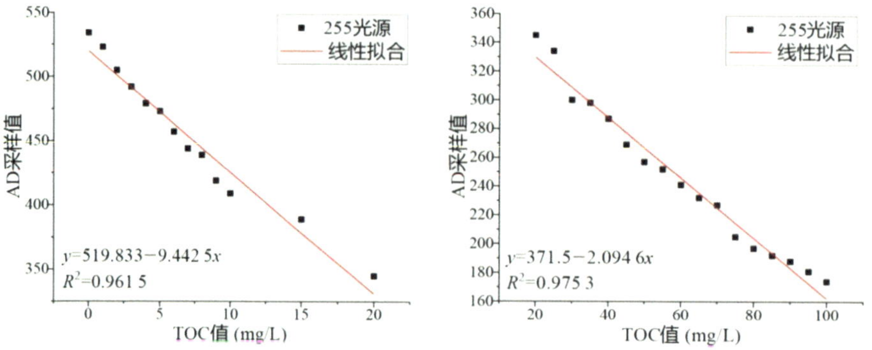

a—0—20mg/L 时 255nm 模型校正结果　　b—20—100mg/L 时 255nm 模型校正结果

图 7-14　255nm 紫外单光源模型校正结果

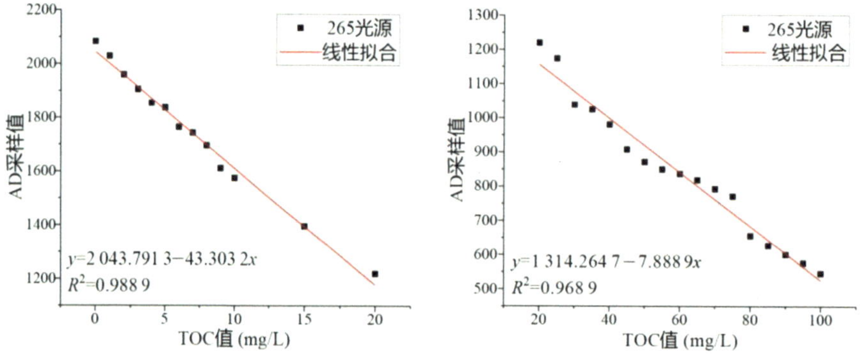

a—0—20mg/L 时 265nm 模型校正结果　　b—20—100mg/L 时 265nm 模型校正结果

图 7-15　265nm 紫外单光源模型校正结果

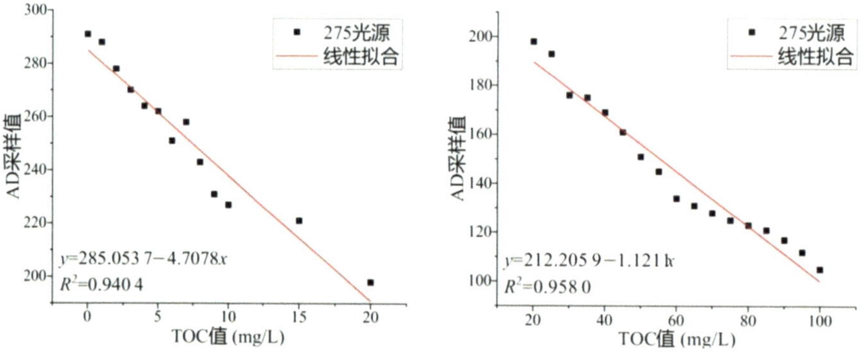

a—0—20mg/L 时 275nm 模型校正结果　　b—20—100mg/L 时 275nm 模型校正结果

图 7-16　275nm 紫外单光源模型校正结果

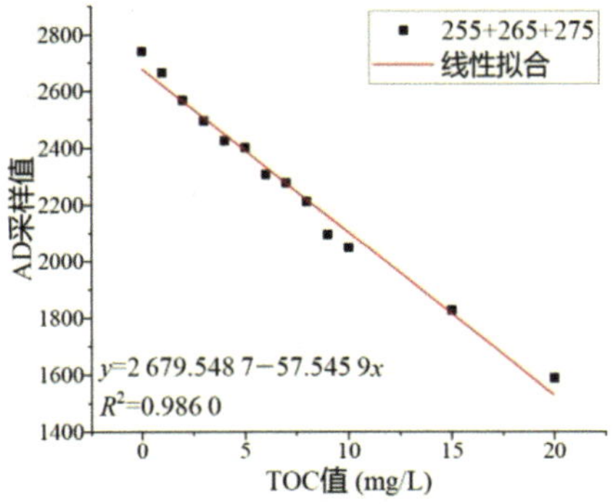

a—0—20mg/L 时 255+265+275 模型校正结果

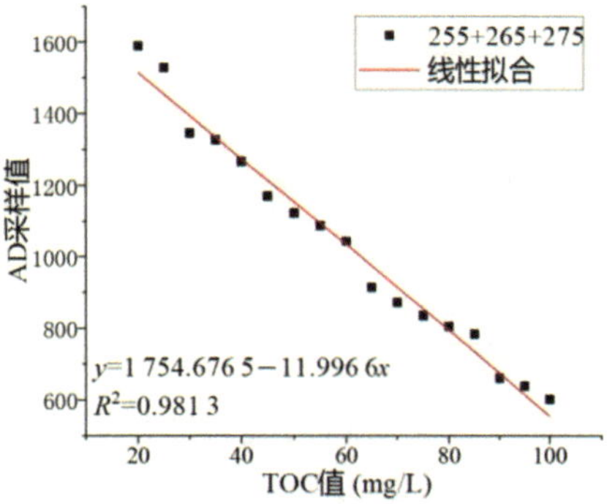

b—20—100mg/L 时 255+265+275 模型校正结果

图 7-17　255+265+275nm 紫外多光源模型校正结果

紫外多光源检测模型的校正结果为：

$$y=\begin{cases}50.106\,4-0.019\,3x_1-0.135\,2x_2+0.023\,4x_3+0.085\,7x_4, \\ \quad x_1\geqslant 345 \text{ and } x_2\geqslant 1\,220 \text{ and } x_3\geqslant 198 \text{ and } x_4\geqslant 1\,589, R^2=0.995\,5 \\ 148.248\,0-0.048x_1-0.026\,6x_2+0.081\,8x_3+0.063\,8x_4, \\ \quad x_1<345 \text{ or } x_2<1\,220 \text{ or } x_3<198 \text{ or } x_4<1\,589, R^2=0.983\,1\end{cases} \quad (7\text{-}2)$$

式中　y——TOC 预测值；

x_1——255nm 光源的 AD 采样值；

x_2——265nm 光源的 AD 采样值；

x_3——275nm 光源的 AD 采样值；

x_4——255nm 光源、265nm 光源和 275nm 光源同时点亮时的 AD 采样值；

R^2——决定系数。

为了便于比较单光源检测模型和多光源检测模型的校正效果，将图 7-14 至图 7-17 中和式（7-2）中的决定系数 R^2 列于表 7-8 中。从表 7-8 中的数据可知，紫外多光源 TOC 检测模型在 0—20mg/L 范围内的 R^2 为 0.995 5，在 20—100mg/L 范围内的 R^2 为 0.983 1，预测效果明显优于单光源 TOC 检测模型。

表 7-8　单光源和多光源 TOC 检测模型的评价指标

模型类型	0—20mg/L 范围内的 R^2	20—100mg/L 范围内的 R^2
255nm 紫外单光源检测模型	0.961 5	0.975 3
265nm 紫外单光源检测模型	0.988 9	0.968 9

（续表）

模型类型	0—20mg/L 范围内的 R^2	20—100mg/L 范围内的 R^2
275nm 紫外单光源检测模型	0.940 4	0.958 0
255+265+275 检测模型	0.986 0	0.981 3
紫外多光源检测模型	0.995 5	0.983 1

7.4.2 浊度补偿回归模型校正

按照第 3 章配置浊度样品的方法，配置 12 份 TOC 浓度为 10mg/L、浊度分别为 0—150NTU 的样品，使用本书制作的 TOC 传感器依次采集样品的光谱数据，并使用 7.4.1 节建立的多光源 TOC 检测模型对样品的 TOC 含量进行预测，采样数据和样品的预测结果如表 7-9 所示，蓝光探测器 AD 采样值与浊度的关系如图 7-18 所示。本实验采样蓝光光源的透射谱数据预测样品的浊度，选择蓝光的原因是有机物在蓝光波段没有吸收，不会对浊度的测量产生干扰。

表 7-9　采样数据和样品预测结果

TOC 真实值 /（mg/L）	浊度 /NTU	蓝光探测器 AD 采样值	TOC 预测值 /（mg/L）	TOC 浓度变化量/（mg/L）
10	0	15 265	10	0
10	5	14 603	11.33	1.33
10	10	13 852	12.53	2.53
10	20	13 111	14.68	4.68
10	30	12 560	17.03	7.03
10	40	11 863	19.11	9.11
10	50	11 211	20.98	10.98
10	60	10 632	23.12	13.12
10	70	10 002	25.23	15.23
10	80	9 456	27.11	17.11
10	90	8 623	28.98	18.98
10	100	8 230	31.23	21.23
10	110	7 956	33.56	23.56
10	120	7 438	36.23	26.23

（续表）

TOC 真实值 /（mg/L）	浊度 /NTU	蓝光探测器 AD 采样值	TOC 预测值 /（mg/L）	TOC 浓度变化量/（mg/L）
10	130	7 101	39.86	29.86
10	140	6 965	43.26	33.26
10	150	6 432	47.58	37.58

从图7-18中可以直观地看出样品的浊度越大、越浑浊，蓝光探测器的AD采样值越小。这是由于浊度值越大，样品溶液中悬浮的固体或胶状颗粒物数量越多，用于探测浊度的蓝光碰到这些悬浮的固体或胶状物小颗粒会发生散射或反射，致使探测器所能检测到的光信号减弱。因此随着浊度的增大，AD采样值会逐渐减小。浊度预测模型的一元回归表达式为：

$$y = 14\ 379.26 - 57.38x \tag{7-3}$$

式中　y——浊度的预测值；

x——蓝光探测器的采样值。

此预测模型的 R^2 为 0.97 748，表明模型具有较好的预测效果。

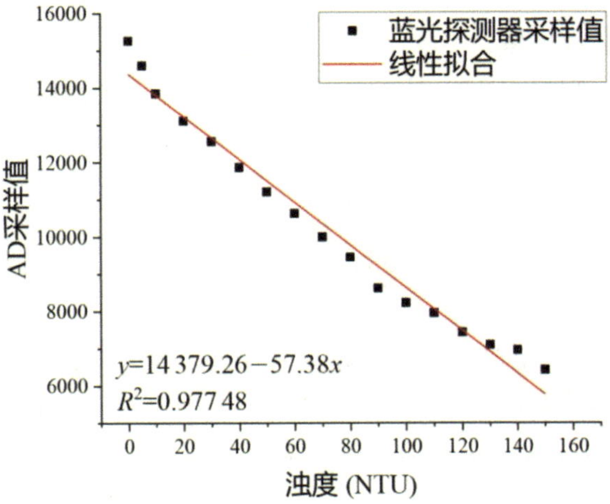

图 7-18　浊度预测模型的预测效果

对于浊度补偿模型的校正，采用与第3章相同的方法，建立样品TOC变化量与浊度值之间的校正模型，校正结果如图7-19所示。

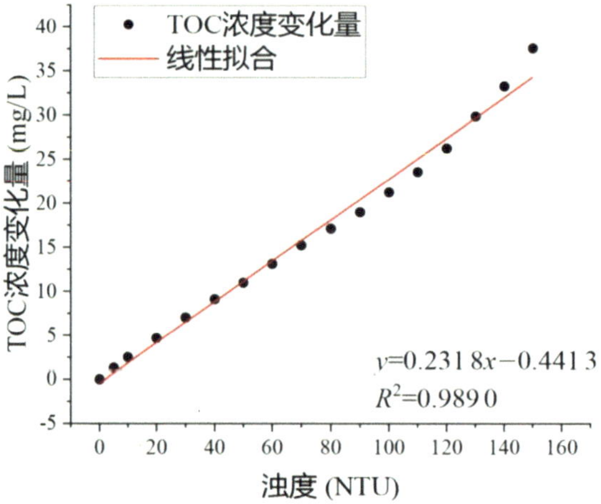

图 7-19 浊度补偿模型校正结果

从图 7-19 中可以看出，样品的 TOC 浓度变化量与样品的浊度值之间具有很好的线性关系，且回归模型的决定系数 R^2 达到了 0.989 0，说明浊度变化与 TOC 浓度变化之间具有很高的拟合度，拟合方程为：

$$y = 0.231\,8x - 0.441\,3 \tag{7-4}$$

式中：y——样品 TOC 浓度变化量；

x——样品浊度值。

将式（7-3）和式（7-4）进行联立，可以得到对于浊度的补偿模型，表达式为：

$$y = 3\,332.67 - 13.30x \tag{7-5}$$

式中：y——样品 TOC 浓度变化量；

x——蓝光探测器的采样值。

根据式（7-5）建立的浊度补偿模型对样品中浊度的影响进行补偿，浊度补偿前后的结果如表 7-10 所示。为了方便比较浊度补偿前后的 TOC 预测结果与真实值之间的差异，将补偿前后的 TOC 检测结果作图比较，对比效果如图 7-20 所示。

表 7-10　浊度补偿前后模型预测结果对比

样品浊度/NTU	浊度补偿前/（mg/L）	浊度补偿后/（mg/L）	样品浊度/NTU	浊度补偿前/（mg/L）	浊度补偿后/（mg/L）
5	11.33	10.612 3	80	27.11	9.007 3
10	12.53	10.653 3	90	28.98	8.559 3
20	14.68	10.485 3	100	31.23	8.491 3
30	17.03	10.517 3	110	33.56	8.503 3
40	19.11	10.279 3	120	36.23	8.855 3
50	20.98	9.831 3	130	39.86	10.167 3
60	23.12	9.653 3	140	43.26	11.249 3
70	25.23	9.445 3	150	47.58	13.251 3

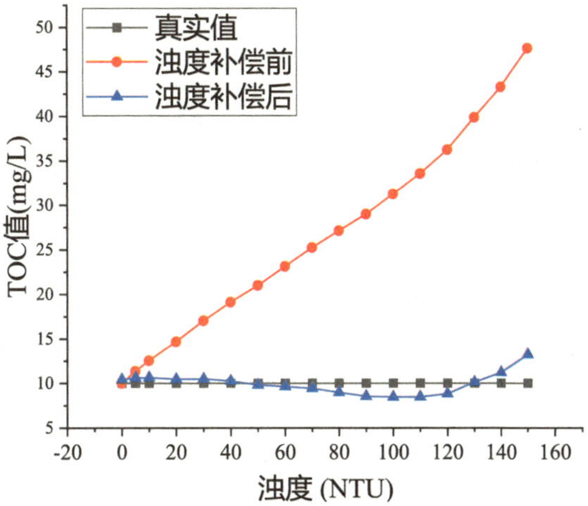

图 7-20　浊度补偿前后结果对比

7.5 多光源 TOC 传感器测试及实验结果分析

7.5.1 多光源 TOC 传感器稳定性检测

按照第3章配制溶液的方法分别配置两份浓度分别为0.3mg/L和4.5mg/L的TOC标准液样品，作为多光源TOC传感器稳定性检测样品。在调试好本书制作的TOC传感器之后，将TOC传感器采样时间间隔设置为10

秒，然后将配置好的TOC标准液样品放入传感器的样品池中，进行连续24小时的不间断测试。多光源TOC传感器对两组TOC样品的检测结果分别如图7-21和图7-22所示。

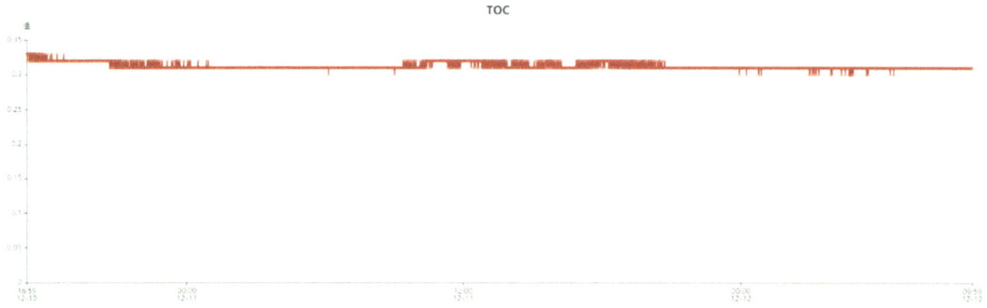

图 7-21　0.3mg/L 标准液样品的测试结果

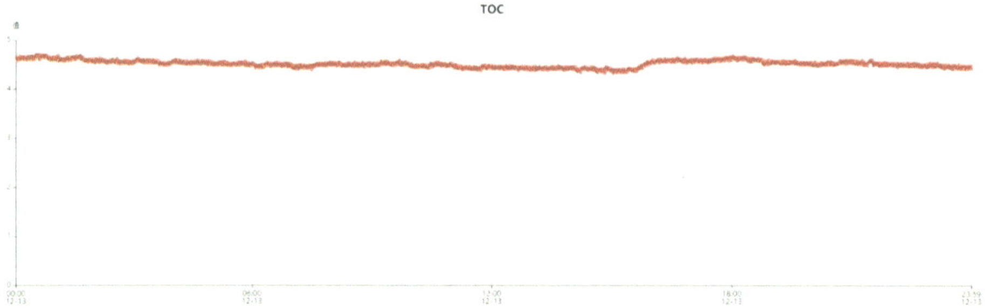

图 7-22　4.5mg/L 标准液样品的测试结果

从图 7-21 可以直观地看出，多光源 TOC 传感器对 0.3mg/L 的 TOC 标准液样品进行连续 24 小时检测后，传感器的检测数值曲线较为平稳。通过对 0.3mg/L 的 TOC 标准液样品的检测数据进行分析，得到 TOC 标准液样品检测结果的最小值为 0.3mg/L，最大值为 0.34mg/L，平均值为 0.33mg/L，TOC 平均值与真实值的绝对误差为 0.03，相对误差为 10%。从图 7-22 可以直观地看出，多光源 TOC 传感器对 4.5mg/L 的 TOC 标准液样品进行连续 24 小时检测后，传感器的检测数值曲线较为平稳。使用同样的方法得到样品测量结果的最大值为 4.83mg/L，最小值为 4.35mg/L，平均值为 4.63mg/L，TOC 平均值与真实值的绝对误差为 0.13，相对误差为 2.9%。从以上分析能够发现，多光源 TOC 传感器在检测样品时具有较好的稳定性和较高的准确度。

7.5.2 多光源 TOC 传感器实验结果分析

为了能够更好、更全面地分析本书制作的多光源 TOC 传感器的实测效果，应该对传感器的整个检测范围进行测试，尽可能避免模型校正点的浓度值。因此配置 0.5mg/L、8.5mg/L、13mg/L、17mg/L、23mg/L、27mg/L、33mg/L、37mg/L、58mg/L、73mg/L 和 98mg/L 的 TOC 标准液样品共 11 份，作为多光源 TOC 传感器的检测集。使用多光源 TOC 传感器依次对所配的标准液样品进行测试，检测结果如表 7-11 所示。

表 7-11　多光源 TOC 传感器的测量结果

样品 TOC 真实值 /（mg/L）	传感器测量值 /（mg/L）	绝对误差	相对误差
0.5	0.42	0.08	16.00%
8.5	7.88	0.62	7.29%
13	12.11	0.89	6.85%
17	18.33	1.33	7.82%
23	24.99	1.99	8.65%
27	29.12	2.12	7.85%
33	35.65	2.65	8.03%
37	39.34	2.34	6.32%
58	54.32	3.68	6.34%
73	79.01	6.01	8.23%
98	93.12	4.88	4.98%

从表 7-11 中可知，多光源 TOC 传感器的测量值与样品 TOC 浓度的真实值比较接近，最大相对误差点在 0.5mg/L，相对误差为 16%，最小相对误差点在 98mg/L，相对误差为 4.98%，基本上传感器的测量值与真实值的相对误差都在 10%以下。因此本书所制作的多光源 TOC 传感器可以用于水体中 TOC 含量的检测。

7.6 基于紫外 LED 的 TOC 三维荧光光谱

7.6.1 荧光采集实验装置

荧光采集的原理示意图如图 7-23 所示。

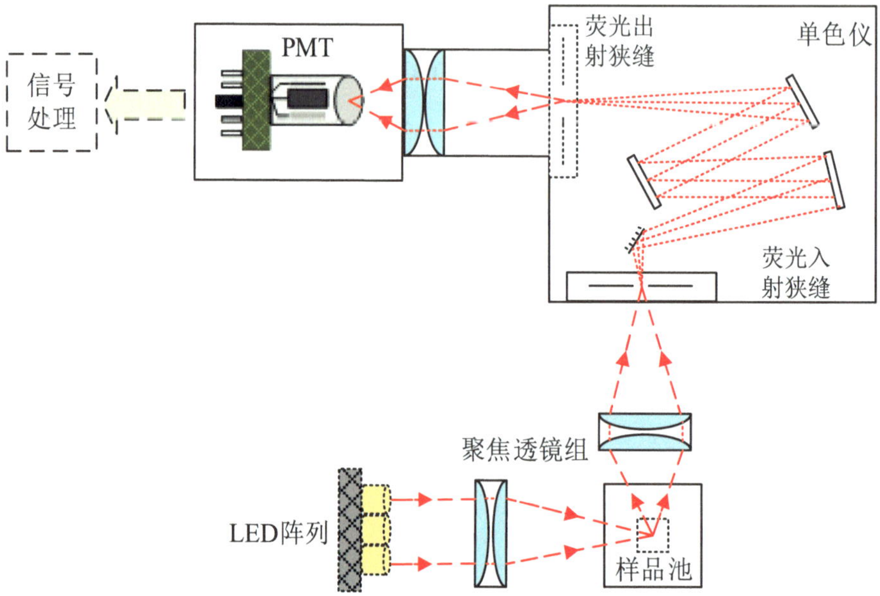

图 7-23　荧光采集原理示意图

首先，采用重蒸馏水对实验所用的比色皿进行彻底的清洗，清洗之后用本次实验采用的TOC标准液浓度试剂对样品池进行预先的润洗，通过清洗以及溶液的润洗两个步骤以减少每次实验残留在比色皿中的TOC标准液，减小因溶液残留而产生的实验数据误差。其次，分别采用不同中心波长的紫外LED照射到装有TOC标准液的样品池中，通过聚焦透镜使LED光束以最大强度在样品池中形成焦点，此焦点既是荧光信号的产生焦点，又是荧光信号的采集焦点，产生的荧光信号经过聚焦透镜放大信号强度输入到单色仪中，单色仪对输入的荧光信号进行分光处理，然后通过光电倍增管对分光处理之后的荧光信号进行采集，最后通过信号处理系统得到有关TOC标准液不同浓度的荧光光谱曲线图。

7.6.2 荧光光谱采集

7.6.2.1 LED 驱动电路

紫外 LED 阵列驱动电路的核心控制芯片采用单片机作为主控芯片，采用了 CMOS 工艺制造的 AT89C51 型号单片机，具有较为丰富的 I/O 口资源，单片机的供电电压为 5V，功耗较低，是一个性价比较高的芯片，因其性能优越以及成本较低被广泛应用于电子控制系统中。单片机最小系统中的晶振电路的晶振频率设置为 12MHz。

紫外 LED 阵列作为系统的激发光源需要具有稳定的光强度，而供电电流的稳定性决定着 LED 光强度是否稳定，所以必须采用恒流源对 LED 进行驱动，确保 LED 的光强度处在稳定状态。恒流源供电电路中的核心器件 LM317，输出电流范围为 5mA—1.5A，芯片内部具有过流、短路保护电路、稳压性能好等优点，是一个性价比较高的芯片。LM317 封装以及引脚如图 7-24 所示。

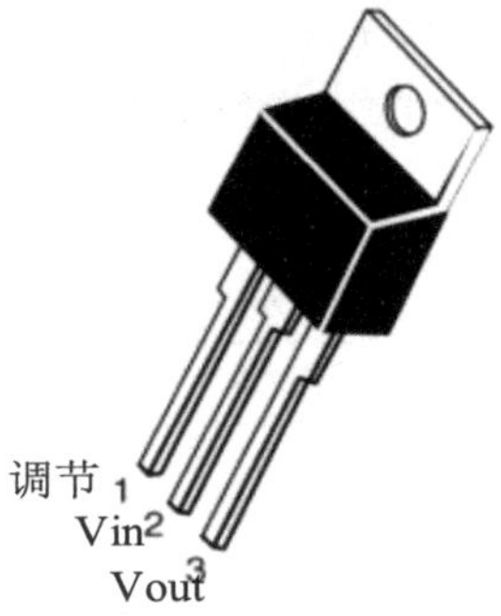

图 7-24　LM317 封装以及引脚

本系统以单片机为核心对三极管通断进行控制，从而控制紫外 LED 阵列的开关和闭合。三极管是一种采用电流进行控制的元器件，可以用基极的小电流去控制集电极和发射极的大电流，相当于一个控制水的流量的阀门；同时具有电流放大功能，把较小电流放大成为较大电流。本系统选用的是型号为 2N5551 的 NPN 型三极管，其最高可以通过 600mA 的电流，完全满足光源 20mA 驱动电流的需求。控制电路加恒流源的驱动电路图如图 7-25 所示。

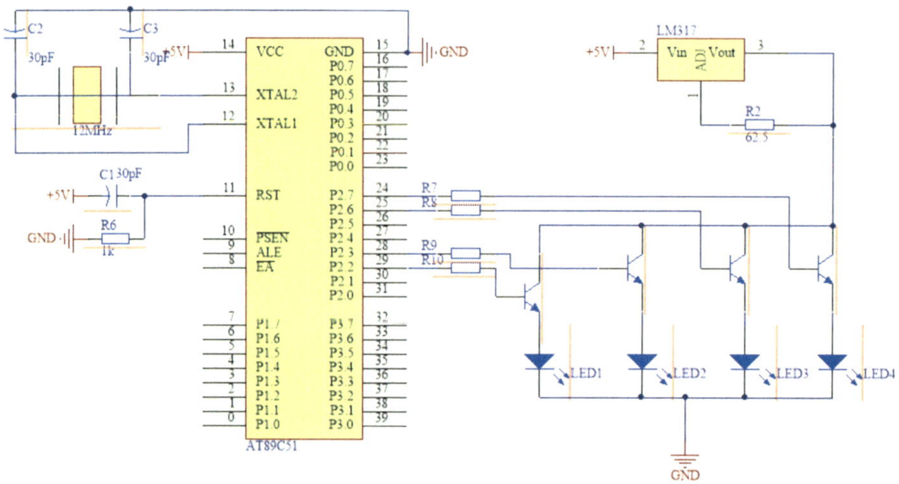

图 7-25　光源恒流源驱动电路

通过合理设置电路中 R_2 的电阻值，使 LM317 芯片输出满足 LED 驱动的供电电流，电路路中 V_{ref} 为调节端 ADJ 与输出端 V_{in} 之间的电压差，由器件本身决定，本电路中 V_{ref} 为 1.25V。紫外 LED 作为激发光源需要的恒流源大小为 20mA，计算可得电阻 R_2 的具体公式表达为：

$$R_2 = \frac{V_{ref}}{I_O} = \frac{1.25\text{V}}{20\text{mA}} = 62.5\Omega \tag{7-6}$$

选用单片机的 IO 口引脚作为三极管开关的输入，紫外 LED 阵列和恒流源电路分别连接在了三极管的发射极和集电极，当单片机引脚输出高电平时三极管就会导通，恒流源提供 20mA 的电流就会流过相应的 LED，这时 LED 就可以点亮从而完成荧光的激发。紫外 LED 光谱图如图 7-26 所示。

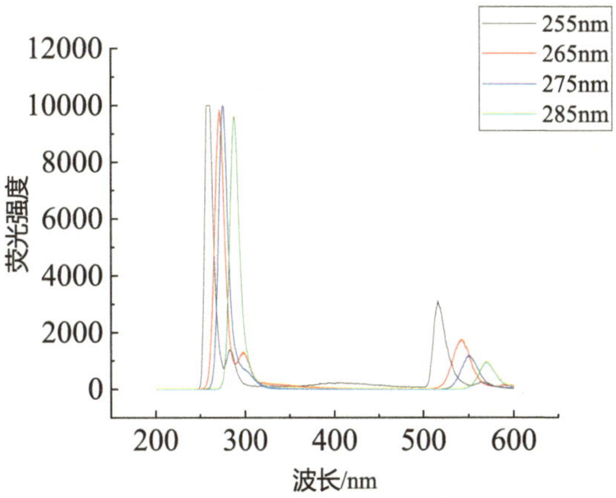

图 7-26　紫光 LED 光谱图

采用紫外光功率计对选取的紫外 LED 的光功率进行测量，紫外 LED 光功率的结果如表 7-12 所示。

表 7-12　紫光 LED 的光功率

波长/nm	255	265	275	285
光功率/mW	2.136 5	2.265 4	1.986 7	2.147 3

通过表 7-12 可知，选取的 TO39 型封装的 LED 的光功率在 2mW 左右，完全满足对于低功率 LED 作为激发光源代替传统大功率光源的要求。

7.6.2.2 低浓度 TOC 溶液

首先，采用中心波长为 255nm、265nm、275nm、285nm 组成的紫外 LED 阵列作为激发光源对 0.3—2mg/L 低浓度 TOC 标准液进行三维荧光的激发实验，实验所得荧光光谱图如图 7-27 所示。

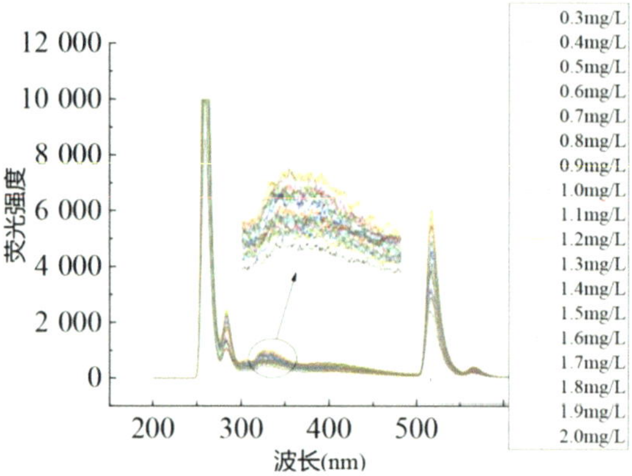

a—255nm 波段荧光光谱图

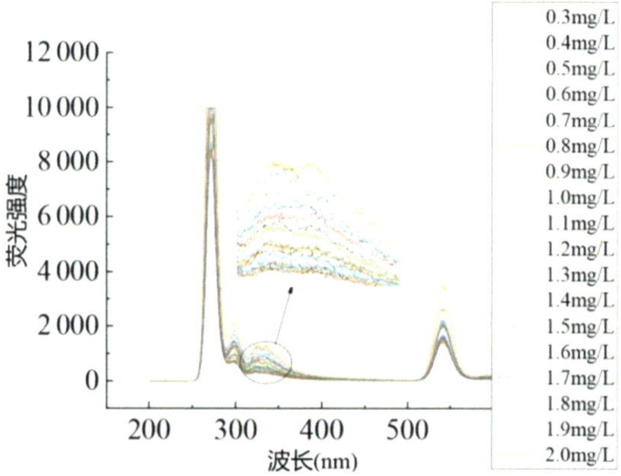

b—265nm 波段荧光光谱图

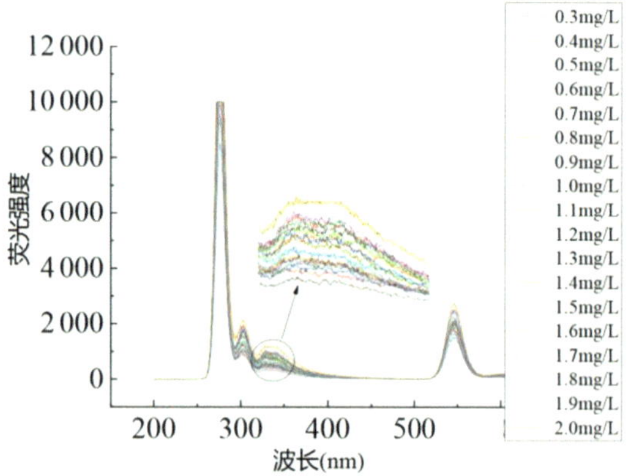

c—275nm 波段荧光光谱图

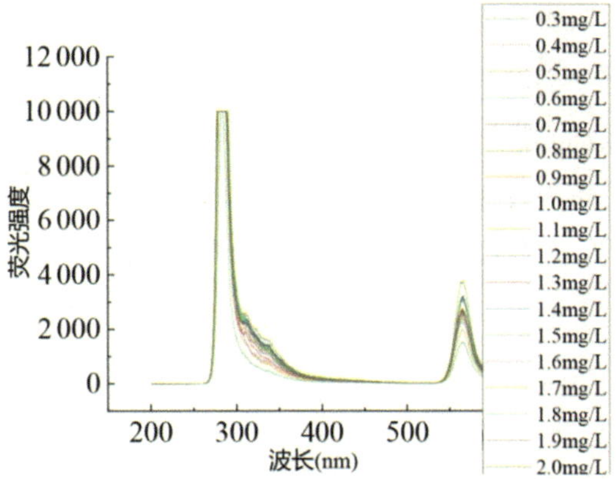

d—285nm 波段荧光光谱图

图 7-27　低浓度荧光光谱曲线图

通过荧光光谱曲线图 7-27 可知，采用中心波长为 255nm、265nm、275nm 的紫外 LED 作为激发光源在 340nm 波段附近激发出明显的荧光峰，而中心波长为 285nm 的紫外 LED 作为光源在 340nm 波段附近没有明显的荧光峰出现，造成这种现象的主要原因是 LED 光源的带宽较宽，致使光源产生的散射峰范围较大，散射峰数据与激发出的荧光峰数据部分交叉重叠，致使有用的荧光峰数据被散射峰部分淹没，对激发产生的荧光峰造成了一定影响，而中心波长为 255nm、265nm、275nm 的 LED 较中心波长为 285nm 的 LED 较短，致使光谱中散射峰向前移动，使散射峰与荧光峰两者之间有一定距离，从而使其交叉重叠较少，所以中心波长 255nm、265nm、275nm 的紫外 LED 产生的荧光峰效果较好。

通过图 7-27 低浓度荧光光谱曲线图可得到一个结论：由图 7-27 中 a、b、c 可知，低浓度 TOC 标准液激发的荧光光谱数据与 TOC 浓度数值之间并没有明显的线性关系，需要通过非线性建模寻找 TOC 标准液浓度数值与荧光光谱数据之间的数学映射模型关系，从而达到通过荧光光谱法检测低浓度 TOC 标准液浓度的目的。

7.6.2.3 高浓度 TOC 溶液

由低浓度 TOC 标准液激发荧光的实验所得结论可知：采用中心波长为 255nm、265nm、275nm 的紫外 LED 作为光源激发出的荧光光谱图中得到效果较好的荧光峰数据，而中心波长 285nm 的紫外 LED 激发的荧光光谱图中荧光峰效果较差。所以，在后续的实验中舍去中心波长为 285nm 紫外 LED 的激发光源，采用中心波长为 255nm、265nm、275nm 的紫外 LED 阵列作为高浓度 TOC 标准液的激发光源。通过控制点亮不同中心波长的紫外 LED 激发 5—100mg/L 高浓度 TOC 标准液溶液的荧光，并对激发的荧光光谱数据进行采集，实验获得高浓度 TOC 标准液的荧光光谱曲线图如图 7-28 所示。

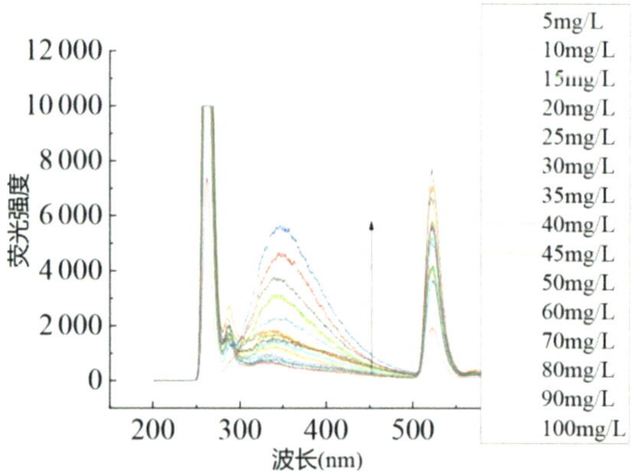

a—255nm 波段荧光光谱图

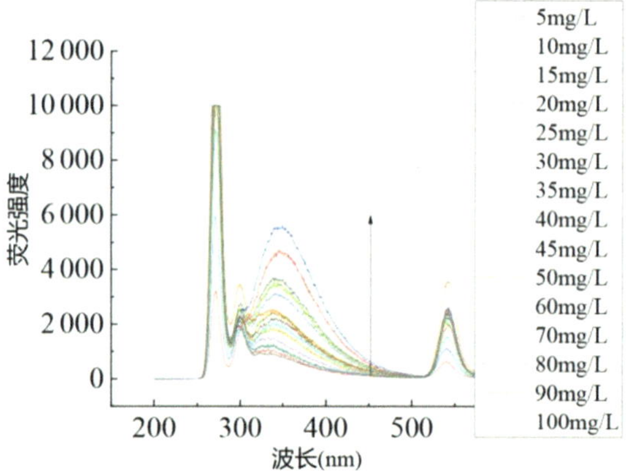

b—265nm 波段荧光光谱图

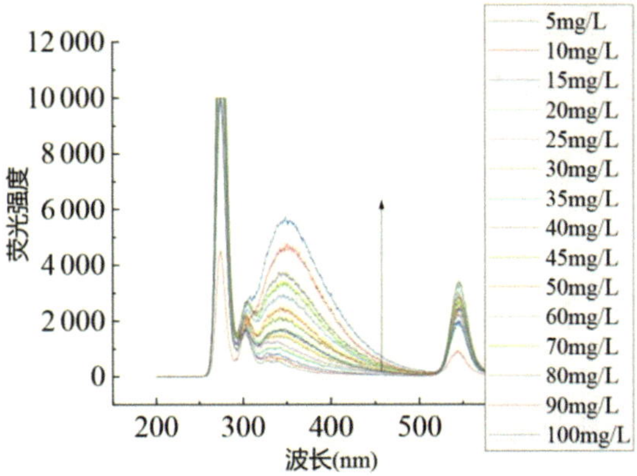

c—275nm 波段荧光光谱图

图 7-28 高浓度荧光光谱曲线图

通过图 7-28 的荧光光谱曲线图可知，高浓度 TOC 标准液荧光光谱曲线中的荧光强度会随着溶液浓度的升高而逐步增加，两者之间呈现一种线性规律关系，并通过大量实验验证了高浓度 TOC 标准液浓度与荧光强度之间的线性关系，为下一步算法建立映射的数学模型打下了良好的原始荧光数据基础。

7.6.3 荧光光谱数据预处理技术

7.6.3.1 平滑处理

光谱数据中存在着的没有规律的波动信号是最常见的噪声干扰，产生的主要原因是环境因素以及系统电子器件的影响，噪声会在光谱数据建立光谱数学模型的过程中造成不可忽略的干扰，同时，也会使建立的预测数学模型出现很大的偏差。数据平滑处理是最简单、有效的去除噪声方法，通过对光谱数据中一个点数据周围一定窗口范围内的数据进行平均或者拟合处理，从而估算出该点的近似值作为该点光谱数据的理想值，达到了去除大部分光谱数据中的波动噪声信号、提高光谱数据的信噪比的效果。

在 1964 年，Savitzky 和 Golay 发明了一种简单有效的去除光谱数据噪声的平滑方法，此算法为 Savitzky-Golay 平滑法。本书采用 SG 平滑法处理去除荧光光谱数据中无规律的波动信号，提高荧光光谱数据的信噪比。此算法在处理光谱数据的过程中，滤波函数使用最小二乘拟合系数，对移动窗口区间内的光谱数据进行最小二乘多项式拟合，该方法的平滑过程可以看成一种加权平均过程，算法的具体表达公式为：

$$S_i^* = \frac{\sum_{j=-m}^{m} S_{i+j} w_j}{\sum_{j=-m}^{m} w_j} \tag{7-7}$$

式中：S_i——平滑前数据；

S_i^*——平滑后数据；

w_j——移动窗口平滑中的权重因子。

通过图 7-29 中 a、b 的对比可知，SG 平滑算法可以有效去除光谱曲线中的毛刺噪声，基本不使光谱曲线发生改变，从而有效地提高信噪比。

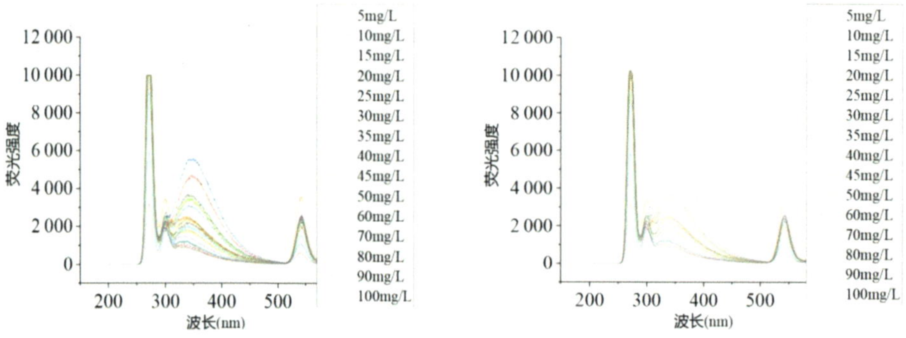

a—未平滑处理之前　　　　b—平滑处理之后

图 7-29　平滑处理前后对比

7.6.3.2 多源光谱信息融合处理

现代信息融合的方式主要有三种：数据级融合、特征级融合、决策级融合。这是主要的多源信息数据处理方式。

（1）数据级融合

数据级融合是对未经预处理的原始数据进行简单融合的最低层次融合。数据级融合只能对相同类型的多源原始数据进行融合，融合成立的必要条件是多源原始数据类型必须统一。其最大优点是保证了原始数据的原始性以及真实性，基本不存在丢失大量原始数据的情况。但是也存在两大缺点；其一，数据级融合具有只能对单一类型的原始数据进行处理的局限性；其二，数据级融合虽然保留了大量原始数据，使数据具有真实性，但是在处理器对海量的数据进行处理时，需要较高的性能处理器以及较大内存的存储器，增加了硬件成本，数据级融合流程图如图 7-30 所示。

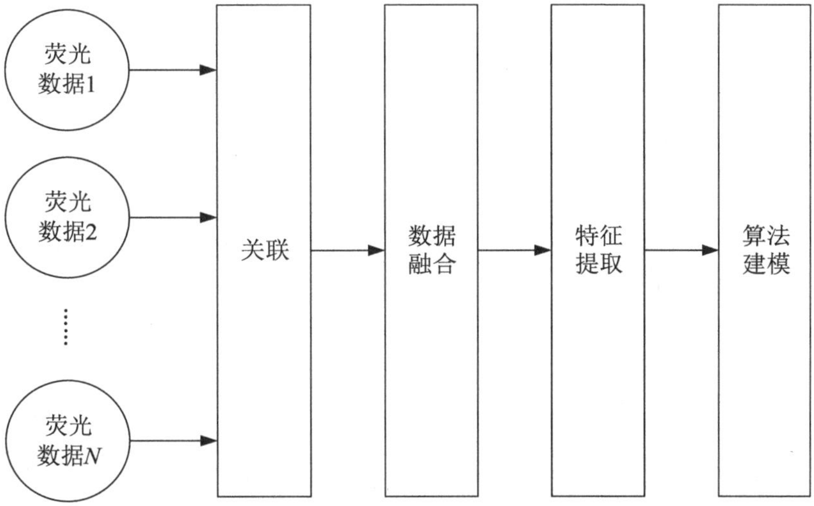

图 7-30　数据级融合流程图

（2）特征级融合

特征级融合是在原始数据进行预处理以及特征提取之后进行的数据融合的中层次融合。特征级融合首先对单一类型或多类型的原始数据进行特征提取，然后提交给融合中心进行处理，最后给出属性判决结果。特征级融合主要的优点就是在损失较小的原始数据信息的情况下，提取了大部分的有用原始数据。其优点是：因对原始数据进行了特征提取而压缩了数据，所以通信传输量级变小，因此对于通信带宽要求不高，且进一步降低了算法对于硬件的性能要求；缺点是：特征级融合因为对原始数据进行了特征提取，最后导致数据中部分信息丢失，相较于数据级融合降低了数据的精度。特征级融合流程图如图 7-31 所示。

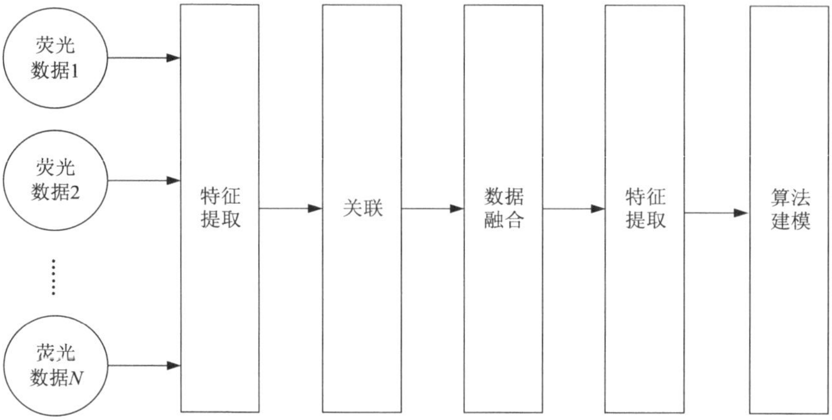

图 7-31　特征级融合流程图

（3）决策级融合

决策级融合是建立在模型融合基础上、对于最终的处理结果进行综合决策的高层次融合。决策级融合对每个类型的原始数据独立进行特征提取、预测，然后由融合处理中心对不同类型数据进行处理并根据各类型的数据识别情况作最终决策。其优点是：具有超高的实时性、容错能力以及抗干扰能力变强等；缺点是：由于对原始数据进行了多层次的数据处理，原始数据中的有用信息丢失较为严重，使数据信息部分失真，从而降低了融合结果的准确性。决策级融合流程图如图 7-32 所示。

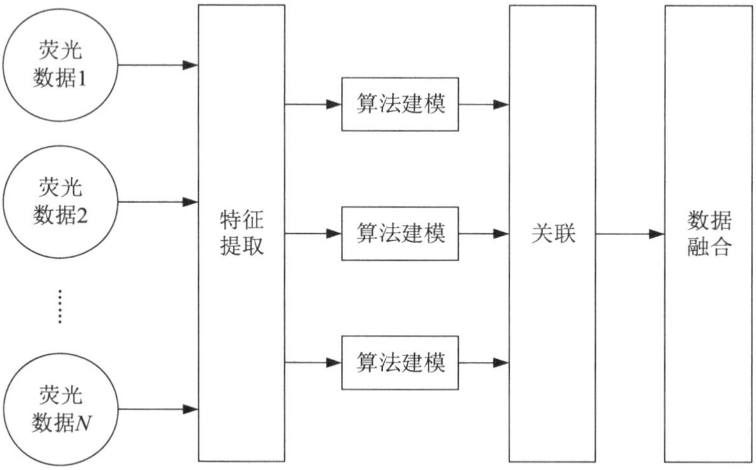

图 7-32　决策级融合流程图

多源信息融合根据不同的处理数据方式具有不同的特点，数据级融合、特征级融合、决策级融合三种处理数据方式的特点比较如表 7-13 所示。

表 7-13　属性级融合特点比较

	数据级融合	特征级融合	决策级融合
信息处理量	最大	较小	最小
信息损失量	最小	较小	最大
容错能力	最差	较差	较好
抗干扰能力	最小	较小	最小
融合算法难度	难	中	易
融合性能	最好	中	差

通过表 7-13 中多源信息融合方式处理数据的不同特点对比，以及本书中荧光光谱数据特点为具有数据量级较小且明显的特征荧光峰，考虑到多源信息融合难度和有用数据信息的丢失情况以及算法对硬件的性能要求，经过综合比较以及考虑，本书选择特征级融合的数据处理方式。

7.6.4 基于化学计量学的建模理论基础

现代的光谱分析技术的建模方法主要是根据多元回归方法找出光谱数据与待测样本之间的数学关系，从而建立光谱数据与样本之间的数学模型，最后实现通过光谱数据对待测样本的定性、定量分析。而现代应用普遍的光谱非线性建模方法为最小二乘支持向量机算法。

7.6.4.1 最小二乘支持向量机算法

1995 年，Corinna Cortes 和 Vapnik 联合发布了名为支持向量机（Support Vector Machine，SVM）的新型机器学习方法。SVM 算法在对于非线性数据的建模、样本的数据量、数据的挖掘方面具有很大的优势。经过多年不同学者的不断改进，支持向量机算法在理论和实践中都取得了很大的进步，被广泛地应用于函数拟合以及模式识别等研究中。支持向量机利用结构风险最小化的统计学习理论进而分析数据量偏小的样本而得到最终决策解，提高了所建模型的学习和泛化能力。同时提供了多种不同用途的核函数，根据不同问题可选择多种不同核函数，常用核函数有如下几种：

（1）线性核函数：$(x_i,x_j)=<x_i,x_j>$；

（2）多项式核函数：$K(x_i, x_j) = (< x_i, x_j > +R)^2$；

（3）多层感知器核函数：$K(x_i, x_j) = \tanh(a < x_i, x_j > +r)$；

（4）径向基核函数：$K(x_i, x_j) = \exp\dfrac{-\left\| x_i - x_j \right\|^2}{2\sigma^2}, (\sigma > 0)$。

7.6.4.2 粒子群优化算法

粒子群算法最早由 Eberhart 和 Kennedy 在 20 世纪 90 年代基于群鸟觅食而提出。群鸟觅食中的个体可以被看成一个粒子，粒子的位置值可以用 (c, σ^2) 表示，c 为惩罚参数，σ^2 为径向基函数参数。本书中把 (c, σ^2) 记为 $x = (x_1, x_2)$，并将其看作群体中的粒子，其中第 i 个粒子的位置和速度分别记为 $x_i = (x_{i1}, x_{i2})$ 和 $v_i = (v_{i1}, v_{i2})$，粒子个体经历过的最好位置记为 $p_i = (p_{i1}, p_{i2})$，群体中所有粒子经历过的最好位置记为 $p_g = (p_{g1}, p_{g2})$。粒子采用优化的具体公式为：

$$v_{ij}^{(i+1)} = \omega v_{ij}^t + c_1\delta_1(p_{ij}^t - x_{ij}^t) + c_2\delta_2(p_{gj}^t - x_{ij}^t)(\omega > 0) \quad (7\text{-}8)$$

$$x_{ij}^{(t+1)} = x_{ij}^{(t)} + v_{ij}^{(t+1)},\ j = 1,2 \quad (7\text{-}9)$$

式中：w——惯性性因子；

c_1, c_2——学习因子；

δ_1, δ_2——[0,1]范围内变换的随机数。

惩罚参数 c 和径向基核函数中 σ^2 两个参数对建立模型的优劣具有重要作用。将荧光数据分为校正集和检验集，校正数据集用来训练回归数学模型，通过粒子群算法进行迭代寻找最优参数 c 和 σ^2，从而可以得到最优的 LSSVM 模型，然后将检验数据集代入最优的 LSSVM 模型即可进行 TOC 浓度预测。因此，寻找构造适合的适应度函数是求解最优参数的关键。本书选取均方误差（MSE）作为适应度函数，具体公式表达为：

$$MSE = \frac{1}{n}\sum_{i=1}^{n}\left(\bar{y}_i - y_i\right)^2 \quad (7\text{-}10)$$

式中：n——训练样本个数；

$\bar{y}_i$——预测值；

y_i——真实值。

粒子群优化 LSSVM 流程如图 7-33 所示。

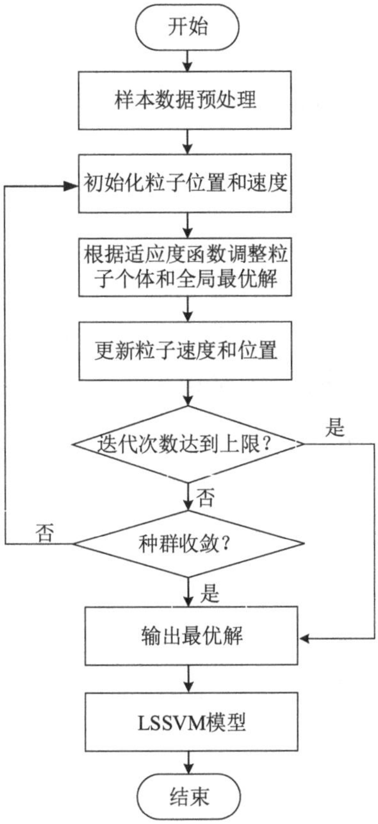

图 7-33　粒子群优化 LSSVM 流程

具体步骤为：

（1）输入样本数据，并对样本数据进行预处理；

（2）初始化粒子的速度和位置，并将每个粒子的最优位置记为 p_i，将整个群体所有粒子的全局最优位置记为 p_g；

（3）根据粒子的适应度函数获得的粒子的适应度值，调整粒子的个体最优位置 p_i 和全局最优位置 p_g；

（4）根据式（7-8）和式（7-9）对粒子位置和速度进行更新，从而得到一组优化 LSSVM 的新参数；

（5）当达到最大迭代次数或种群收敛，输出结果，否则返回步骤（3）继续计算，直到符合上述终止条件。

7.6.5 荧光光谱数据的建模

本书中主要采用特征级融合方法处理由紫外 LED 阵列作为光源得到的荧光光谱数据。首先对得到的多组荧光光谱的数据进行特征提取，并进行数据信息融合而形成新的荧光数据集，然后对得到的新荧光数据集按照一定的比例分成两组数据作为算法的输入，一组作为数学模型的校正集数据，另一组作为数学模型的检验集数据。校正集数据是为了建立准确的训练模型，检验集数据是为了检验校正集数据所建立数学模型的预测性能，从而验证算法对于荧光光谱数据处理的适用性。最后，采用 PSO-LSSVM 算法对荧光光谱数据建立数学模型的性能参数进行分析与讨论。PSO-LSSVM 算法处理数据基本流程图如图 7-34 所示。

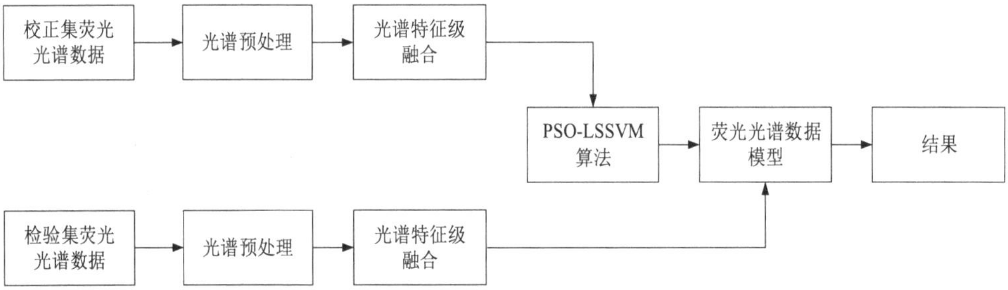

图 7-34 算法处理数据基本流程图

7.6.5.1 低浓度标准液荧光光谱数据建模

首先，采用紫外 LED 阵列作为光源对 0.3—2mg/L 低浓度 TOC 标准液激发得到的荧光光谱数据进行平滑处理，经多源信息的融合形成新荧光数据集，并采用 PSO-LSSVM 算法进行建模。PSO-LSSVM 算法所建模型效果如图 7-35 所示。

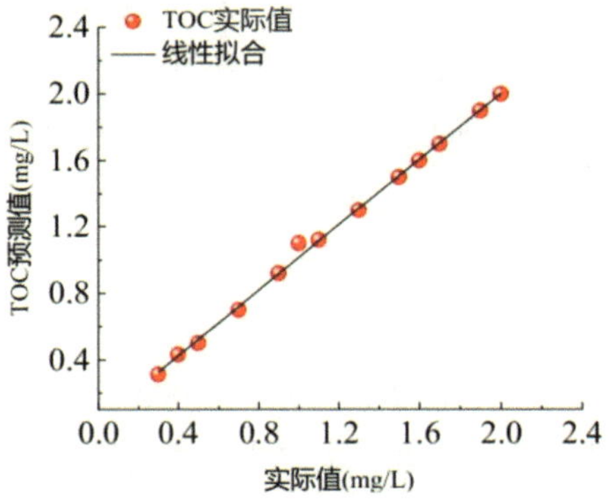

a—校正集效果

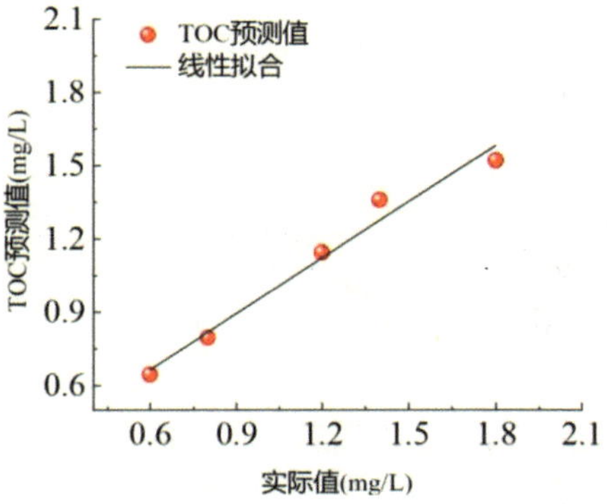

b—检验集效果

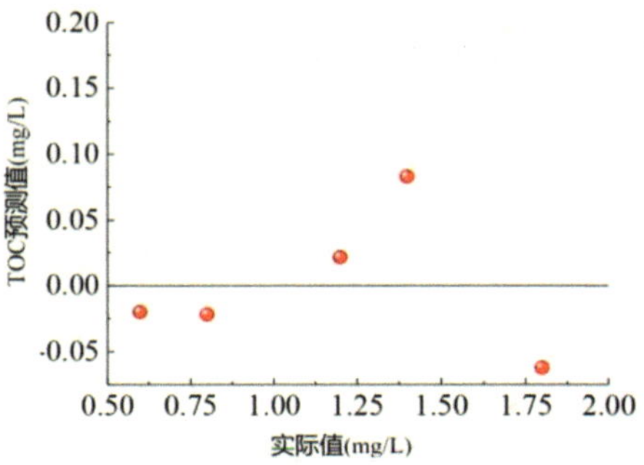

c—预测值残差均值

图 7-35　低浓度 TOC 标准液建模效果图

由图 7-35 可知，模型校正集的决定系数 R_c^2 为 0.997 7，检验集的决定系

数 R_p^2 为 0.977 7，建模均方根误差 RMSECV 为 0.001 2，预测均方根误差 RMSEP 为 0.130 6，预测值的残差平方和为 0.012 1。通过建立模型的参数可知， PSO-LSSVM 算法对低浓度 TOC 标准液产生的荧光光谱数据所建立的模型效果较好，虽然 PSO-LSSVM 算法所建立模型预测的 TOC 浓度数值和真实值有一定的误差，但是在可接受的范围内。

7.6.5.2 高浓度标准液荧光光谱数据建模

首先，采用紫外 LED 阵列作为光源对 5—100mg/L 高浓度 TOC 标准液激发出的荧光光谱数据进行平滑处理，去除光谱中的噪声，提高信噪比，然后采用特征级融合处理多源光谱数据。最后，采用 PSO-LSSVM 算法对处理之后形成的新荧光数据集进行建模。通过 PSO-LSSVM 算法所建的模型效果如图 7-36 所示。

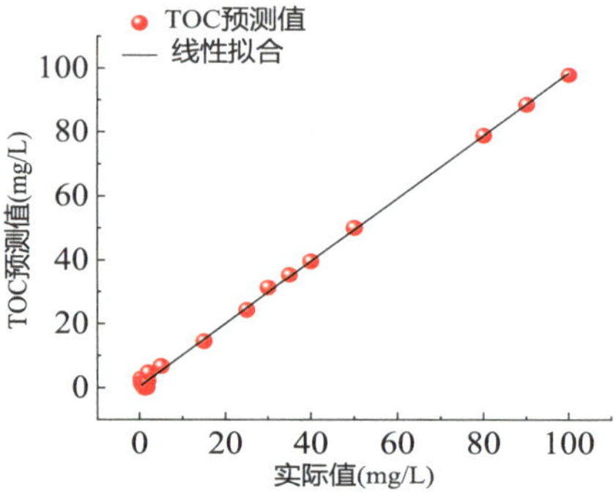

a—校正集效果

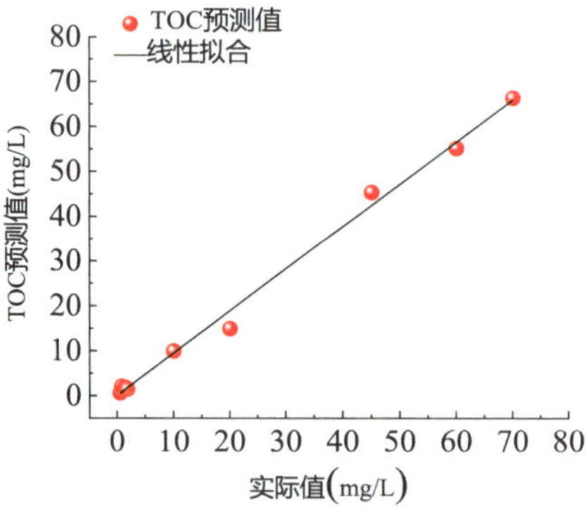

b—检验集效果

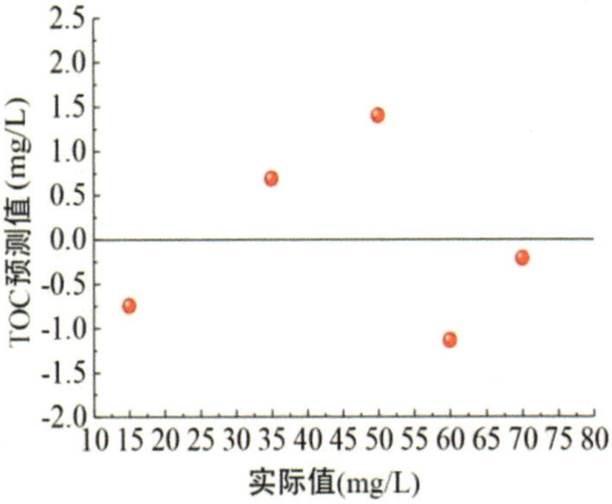

c—预测值残差均值

图 7-36 高浓度 TOC 标准液建模效果图

由图 7-36 可知，PSO-LSSVM 算法所建数学模型的性能参数：校正集决定系数 R_c^2 为 0.998 67，检验集决定系数 R_p^2 为 0.994 49，建模均方根误差 RMSECV 为 1.222 2，建模预测均方根误差 RMSEP 为 2.560 4，预测值的残差平方和为 4.340 1。通过图 7-35、7-36 模型效果以及模型的性能参数可知，采用 PSO-LSSVM 算法对紫外 LED 阵列作为激发光源而得到荧光光谱数据进行处理建立的模型效果较好，验证了紫外 LED 阵列作为激发光源、应用荧光光谱法检测水体中 TOC 的数值是一个具有可行性的方案。

7.7 TOC 微弱三维荧光检测系统

7.7.1 三维荧光检测系统原理

现在市场上大部分光谱仪器对于光谱数据的采集主要为积分连续扫描方式。通过文献的查询以及调研，发现新兴的单光子计数技术对弱信号的采集具有灵敏性高、精度高等优点，所以提出了基于单光子技术对激发出的弱荧光信号进行采集的新方式。

7.7.2 微弱荧光信号采集系统设计

采用基于单光子计数技术模块对紫外 LED 作为光源激发出的弱荧光信

号进行采集测试，验证采用单光子计数技术实现微弱三维荧光光谱信息获取方法的适用性和优势。

7.7.2.1 荧光激发光路

首先，采用恒流驱动技术驱动紫外 LED 光源照射到比色皿中的水样中，对水体中的 TOC 进行荧光激发；其次，采用聚焦透镜对产生的荧光进行增强，并通过选取合适参数的滤光片滤掉除荧光之外的其他杂散光；再次，荧光信号进入光电探测器的入射窗口，光电探测器把光信号转换成电信号，信号处理电路对电信号进行后续的处理；最后，把信号的处理结果通过串口通信传输到电脑端的上位机软件中显示数据。荧光激发的光路示意图如图 7-37 所示。

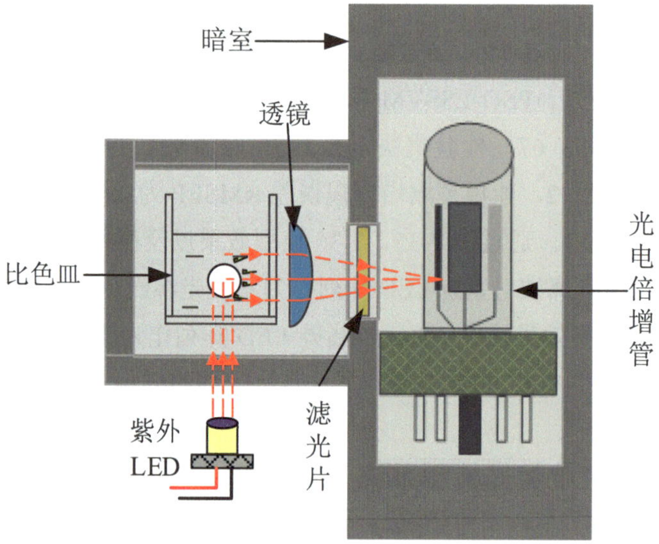

图 7-37　荧光激发的光路示意图

荧光激发的光路结构以及暗室采用 3D 打印技术进行制造。需要预先在 SolidWworks 软件上进行三维的光路结构的设计，之后采用切片软件对模型进行切片处理，把处理之后的模型导入 3D 打印机中，3D 打印机根据切片一层一层向上进行打印，最后形成一个三维立体的光路实物，打印材料采用常见的 PLS 塑料。主要采用 3D 打印技术是因其具有可以高精度实现设计的光路结构、制造成本较低以及生产周期较短等突出优点，3D 打印机的实物图如图 7-38 所示。

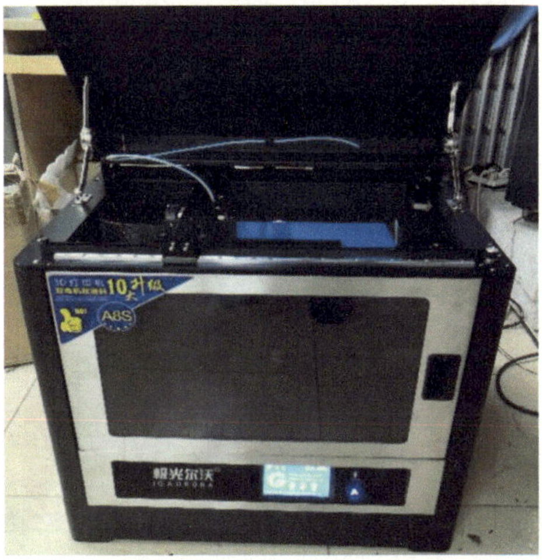

图 7-38　3D 打印机实物图

因为激发光源以及激发产生的荧光都是在紫外波段，正常材质的比色皿会对紫外波段的光进行吸收，造成荧光信号缺失，影响荧光激发实验的效果。所以，系统中的比色皿、聚焦透镜、滤光片的材质都采用石英玻璃，石英材料可以有效地透过紫外波段的光信号，透光范围为 185—2 500nm，透射率可达到 90%以上，可以满足荧光激发实验对于器件的透光性能要求。滤光器件采用中心波长为 340nm、半带宽为 20nm 的紫外滤光片，主要作用是滤除环境中的其他杂散光对于荧光信号的干扰。系统中光学器件制作所需石英材料的透射光谱图如图 7-39 所示。

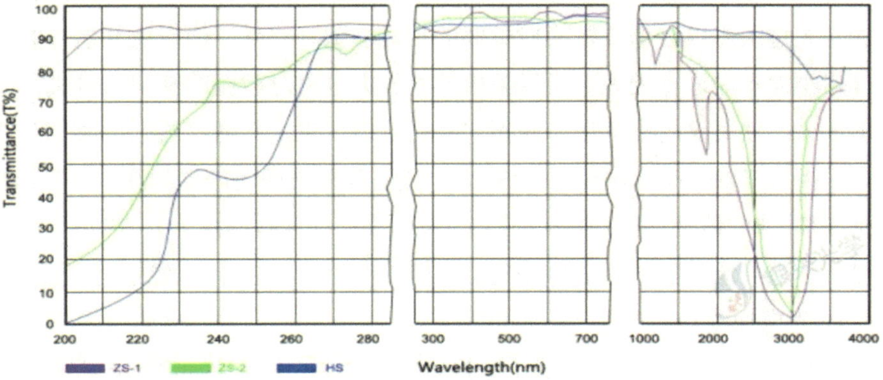

图 7-39　光学石英材料透射图

7.7.2.2 单光子采集模块

本书选择高灵敏性的光电倍增管作为本系统的前端光电探测器对微弱荧光信号进行采集，整个系统主要分为光电倍增管模块、信号处理模块、脉冲计数模块、显示模块四大组成部分。单光子计数系统的总体结构如图 7-40 所示。

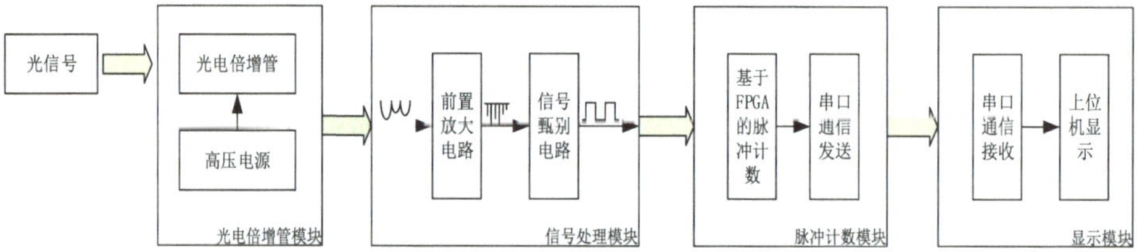

图 7-40　单光子采集系统结构图

光电倍增管模块主要由高精度高压电源和灵敏度超高的光电倍增管组成，主要功能是对微弱的荧光信号进行采集；信号处理模块主要由前置放大电路和信号甄别电路组成，主要功能是对微弱的脉冲信号进行放大以及根据预先设置的阈值把脉冲信号转换成 TTL 方波；脉冲计数模块主要由以 FPGA 为核心设计的脉冲计数器和串口通信组成，主要功能是对输入端的 TTL 方波信号进行计数，并及时把计数数值发送给显示模块；显示模块主要由串口通信和上位机软件组成，主要功能是接收下位机传输过来的方波信号计数数值，通过上位机软件对数据包进行解调并显示数值。

综上所述，单光子计数系统实现的过程为：通过紫外 LED 激发出的微弱荧光首先进入光电倍增管转换成微弱的负极性脉冲信号；但因脉冲信号的幅值非常小而不易进行处理，所以采用前置放大电路对微弱的脉冲信号进行适当的放大，使其满足后续信号甄别电路的处理要求，并通过甄别电路把脉冲信号转换成 TTL 方波信号以及滤除大部分因各种噪声而产生的脉冲信号；最后把 TTL 方波信号连接到以 FPGA 为核心设计的计数器中，对 TTL 方波信号进行计数，通过串口通信传输到上位机软件中进行脉冲计数数值的显示。

1. 光电探测器的选择

综合各方面因素考虑，采用的高性能光电倍增管为滨松公司研发的 CR131 型号，光谱的响应范围为 185—900nm，阴极面积为 8mm×24mm，阴极灵敏度为 74mA/W，典型增益为 8×10^6，可以承受的最高电压为 1 250V，阳极脉冲上升时间为 2.2ns。光电倍增管工作原理以及实物图如图 7-41、7-42 所示。光电倍增管对于采集到的光信号的内部处理过程为：

（1）光信号首先要透过入射窗口到达光电倍增管的光阴极面；

（2）激励光阴极面的光子会向真空中放出少量的光电子（外光电效应）；

（3）光电子经聚焦极汇集到第一倍增极，然后再相继经过各倍增极（发射二次电子），进行二次电子倍增；

（4）最后倍增的二次电子由末极倍增极发射给阳极进行输出。

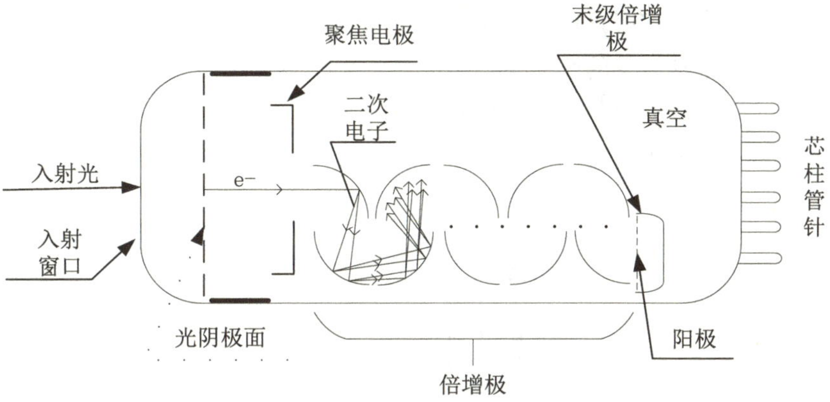

图 7-41　光电倍增管工作原理

图 7-42　光电倍增管实物图

光子入射到光阴极面后，光子的价带上电子吸收足够能量而被激励并向表面扩散。然后电子会越过真空位垒后成为自由光电子进而发射到真空中。这种现象的发生是有一定概率的，常用“量子效率”来表示这种概率过程，光电倍增管的光谱响应图如图 7-43 所示，量子效率的具体公式表达为：

$$\eta(\nu)=(1-R)\frac{P_{\nu}}{K}\left(\frac{1}{1+1/kL}\right)P_{S} \tag{7-11}$$

式中：R——反射系数；

K——光子全吸收系数；

P_{ν}——光吸收时，能够激励到真空能级以上的概率；

L——激励电子的平均逸出距离；

P_{S}——到达表面的电子发射到真空的概率；

ν——光振动频率。

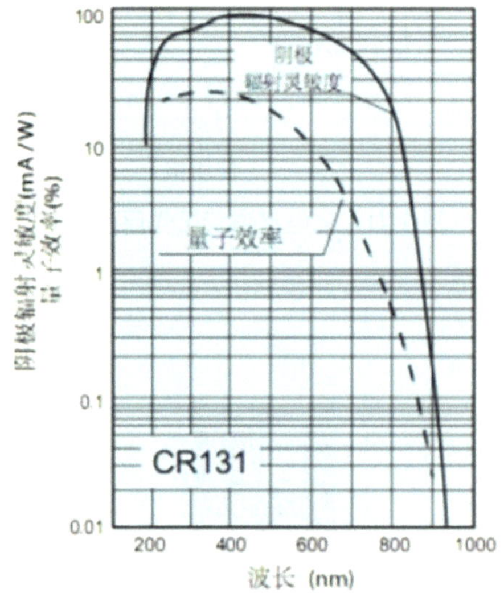

图 7-43　CR131 光谱响应曲线图

光电倍增管在接收弱光信号时，其阴极就不会产生连续的光电流，从而导致了阳极会输出高频率离散型的数字脉冲信号。每当有微弱的光子进入光电倍增管中，阳极就会产生一个数字脉冲信号，光子数量与脉冲的数量成正比例关系，通过计算光电倍增管阳极产生的数字脉冲信号数量就可以得到入射光子的数量。

光电倍增管的暗计数参数对于光子计数器系统的精度产生较大的影响，在选择光倍增管型号时要充分考虑暗计数参数。新买的光电倍增管还需要在正常供电电压下老化一周到两周的时间，这会使光电倍增管中暗计数大大减少，对于提高单光子计数系统的精确性有很大帮助。

2. 前置放大电路

通过光电倍增管阳极输出的是负极性微弱脉冲信号的频率较高，所以在考虑放大器件时需要选择带宽较高的芯片。本书考虑到以芯片的低噪声、高通频带等性能参数，选择美国德州仪器公司生产的 THS3001 放大芯片。THS3001 放大芯片是 420MHz 的负反馈放大器，具有信噪比高、超高的转换速率、超低失真性等优点。THS3001 芯片的封装及引脚如图 7-44 所示。

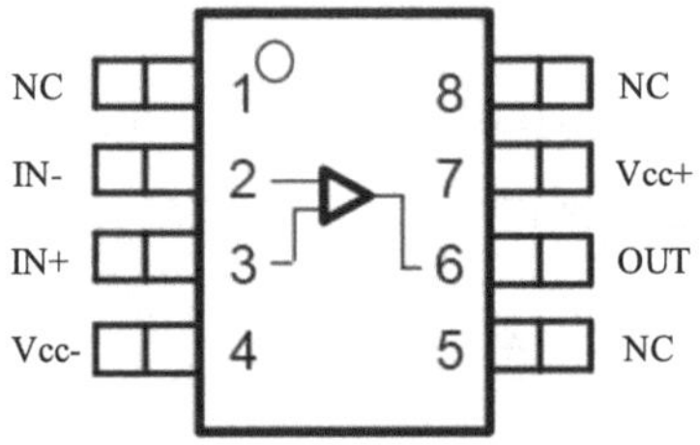

图 7-44　THS3001 封装以及引脚

THS3001 芯片的关键性能参数：

（1）电源电压选择范围：±4.5—±15V；

（2）超高的转换速率；

（3）高输出电流：100mA；

（4）非常低的失真；

（5）低输入失调电压。

因为光电倍增管阳极输出的脉冲信号幅度会比较小，所以采用两级的放大电路对光电倍增管输出的微弱脉冲信号进行放大处理，如图 7-45 所示。

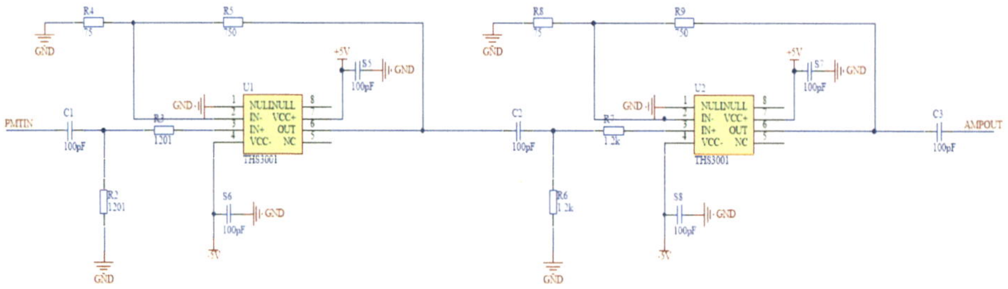

图 7-45　前置放大电路原理图

由图 7-45 可知，该电路是同比例运算放大电路，根据“虚短路”以及“虚断路”电路的规则可知，前置两级放大电路的放大增益可由公式（7-24）计算，其中 R_F 为电路的负反馈电阻，R_G 为电路反相端的接地电阻，这两个电阻的比值决定了放大电路的放大倍数。图 7-45 中的 R_5 和 R_9 为放大电路中的负反馈电阻，R_4 和 R_8 为 THS3001 放大芯片反相端的接地电阻。第一级和第二级放大电路的放大增益分别由 R_5 和 R_4 的比值以及 R_9 和 R_8 的比值决定。

$$A = 1 + \frac{R_F}{R_G} \tag{7-12}$$

第一级放大电路的增益为：

$$A_0 = 1 + \frac{R_5}{R_4} = 1 + \frac{750\Omega}{75\Omega} = 11 \tag{7-13}$$

第二级放大电路的增益为：

$$A_1 = 1 + \frac{R_9}{R_8} = 1 + \frac{750\Omega}{75\Omega} = 11 \tag{7-14}$$

所以两级放大电路的总增益为：

$$A = A_0 \times A_1 = 11 \times 11 = 121 \tag{7-15}$$

前置放大电路的主要作用就是对光电倍增管输出的微弱脉冲信号进行放大，为了证明图 7-45 的电路可以达到预先设置的放大倍数，使弱脉冲信号达到后续甄别电路的识别信号要求，以及加快电路调试的周期，预先对放大电路进行仿真测试。利用信号发生器产生的信号模拟光电倍增管输出的脉冲信号，信号发生器参数设置为：频率 30MHz，占空比 90%，振幅 10mV，偏置电压-10mV。这样的参数可以产生近似负极脉冲的信号，然后利用示波器分别对信号发生器的输出端以及电路的输出端进行连接并采集信号。仿真结果如图 7-46 所示。

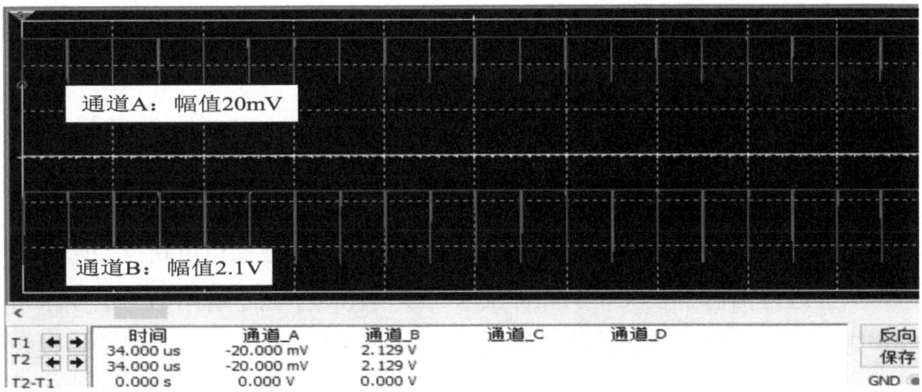

图 7-46　放大电路仿真图

由图 7-46 的仿真图可以看出，A 通道为电路输入信号，B 通道为电路输出信号，电路输出的信号幅度是输入的信号幅度的 100 倍左右，与理论基本符合，证明设计的放大电路基本满足要求。

3. 信号甄别电路

光子致使光电倍增管产生的有用脉冲信号的幅值集中在一个区间，形成一个“单光电子峰”。前面采用的两级前置放大电路对光电倍增管输出的有用脉冲信号以及包含的各种噪声信号同时进行了放大，其中的噪声信号来源有很多，主要来源包括电路中元器件的噪声、光电倍增管本身的噪声以及环境辐射的宇宙射线等。因其热噪声和背景噪声而产生的脉冲信号幅值较低且分布得较为离散，所以主要集中在单光子峰的左边；日常生活环境中的宇宙射线较少，因其产生的脉冲信号数量很少，但是幅值较高，所以主要集中在单光子峰的右边。信号甄别电路的功能就是尽可能地滤除掉噪声产生的无用脉冲信号，而将光子产生的有用脉冲信号提取出来，提高信号的信噪比。通常可以设置两个合理的甄别电平 U_H 和 U_L 来分别滤除背景噪声、热噪声和宇宙射线噪声产生的脉冲信号，而把处于 U_H 和 U_L 之间的脉冲信号提取出来进行后续的其他处理。甄别电路示意图如图 7-47 所示。

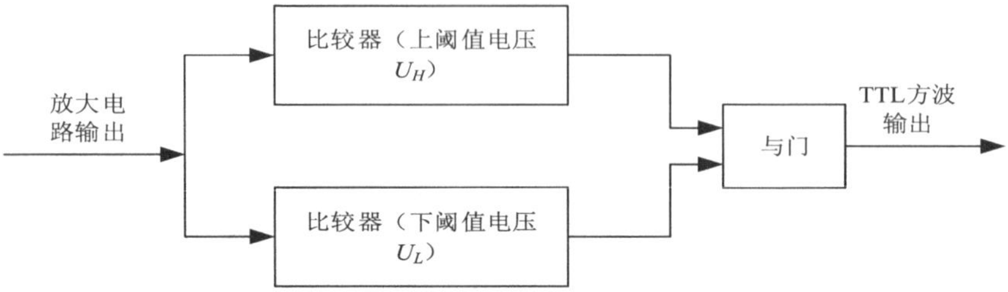

图 7-47　甄别电路示意图

通过图 7-47 中可知，将前置放大电路放大之后的脉冲信号分别连接到上阈值电路以及下阈值电路的输入端。当脉冲信号输入上阈值电路反相输入端时，只会通过幅值小于 U_H 的脉冲信号，从而滤除了高于有用信号的宇宙射线产生的脉冲信号；当脉冲信号输入下阈值电路正相输入端时，只会通过幅值大于 U_L 的脉冲信号，从而滤除了低于有用信号的背景噪声以及热噪声产生的脉冲信号。最后，把上阈值电路与下阈值电路输出的信号通过一个与门进行整合处理，就会得到一个预先设置的 U_H 和 U_L 之间的有用脉冲信号转换的 TTL 方波信号。甄别电路输出方波信号真值表如表 7-14 所示。

表 7-14　甄别电路输出方波信号真值表

输入脉冲幅度	上阈值比较输出电平	下阈值比较输出电平	与门输出电平
$U_{IN} < U_H$	1	0	0
$U_L < U_{IN} < U_H$	1	1	1
$U_{IN} > U_L$	0	1	0

本书采用美信半导体公司生产的型号为MAX913的高性能芯片作为甄别电路的比较器芯片。MAX913 芯片的封装以及引脚如图 7-48 所示。

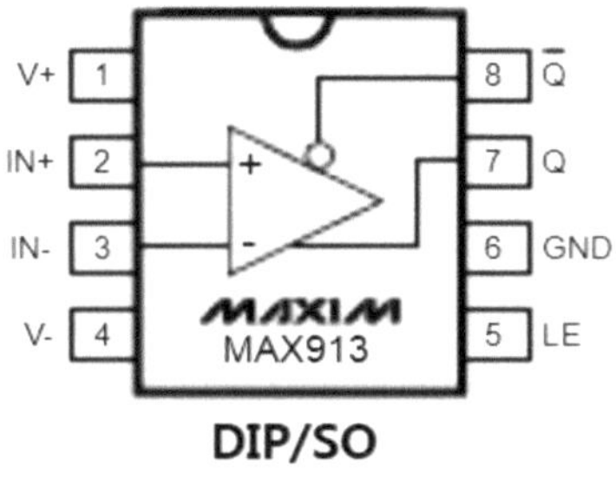

图 7-48　MAX913 封装以及引脚

MAX913 芯片的关键性能参数：

（1）可单电源+5V 或双电源±5V 供电；

（2）典型值为 10ns 的超低延迟传输时间；

（3）低失调电压：0.8mV；

（4）无最小输入信号摆率的要求；

（5）稳定的线性区域输出；

（6）输入范围扩展至负电源以下；

（7）低功耗。

由以上 MAX913 芯片的主要性能指标参数可知，该芯片基本满足对于高频脉冲信号的甄别处理功能。因为日常生活中的宇宙射线很少，而光电倍增管本身的热噪声以及背景噪声较多，所以热噪声以及背景噪声产生的脉冲信号对于有用的信号影响较大，而宇宙射线产生的脉冲信号对有用信号的影响几乎没有，基本不会降低脉冲计数模块的精度和准确性，因此，本书只设计了下阈值比较器对脉冲信号中的热噪声以及背景噪声信号进行滤除。设置下阈值比较的硬件电路设计原理图如图 7-49 所示。

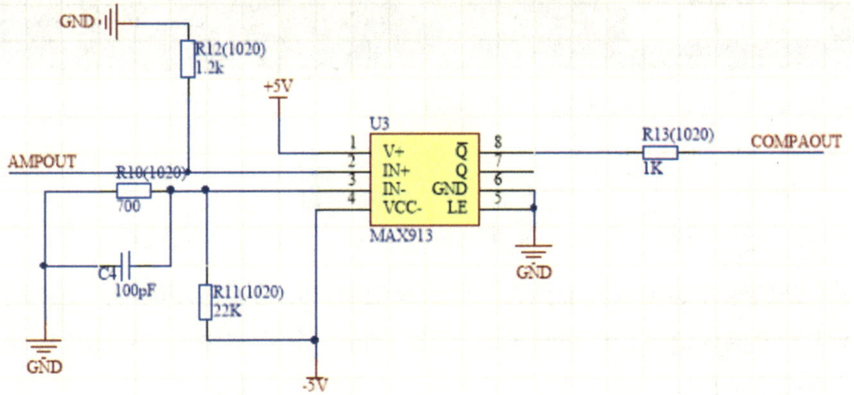

图 7-49　电路设计原理图

由图 7-49 可知，电路中 MAX913 芯片的 LE 引脚接地使芯片处于正常工作模式，经过前置放大电路放大之后的信号连接到比较器的正相输入端。由于信号甄别电路的输入端信号是负极性脉冲信号，所以将反相端连接电路中的阈值设置为负电压，通过合理调节反相端连接的分压电路中 R_{10} 和 R_{11} 的电阻值得到芯片阈值电压，不同的阈值电压对于 TTL 方波的产生会有一定影响。当 MAX913 的正相输入端电压大于反相输入端电压时，输出为 TTL 高电平；

反之，输出为 TTL 低电平。信号甄别电路把负极性脉冲信号转换成一系列的 TTL 方波信号进行输出，TTL 方波信号可以直接输入脉冲计数模块中进行计数等后续处理。

为了验证设计甄别电路的功能，缩短后续实际电路调试的时间，预先对设计的甄别电路进行仿真测试。信号发生器的参数设置为：频率 30MHz，占空比 90%，振幅 1V，偏置电压-1V。将信号甄别电路的输入电压阈值设置为-1.5V。然后，利用示波器分别对信号发生器的输出端以及甄别电路的输出端进行连接并采集信号，研究信号进入甄别电路前后的变化。甄别电路的仿真结果如图 7-50 所示。

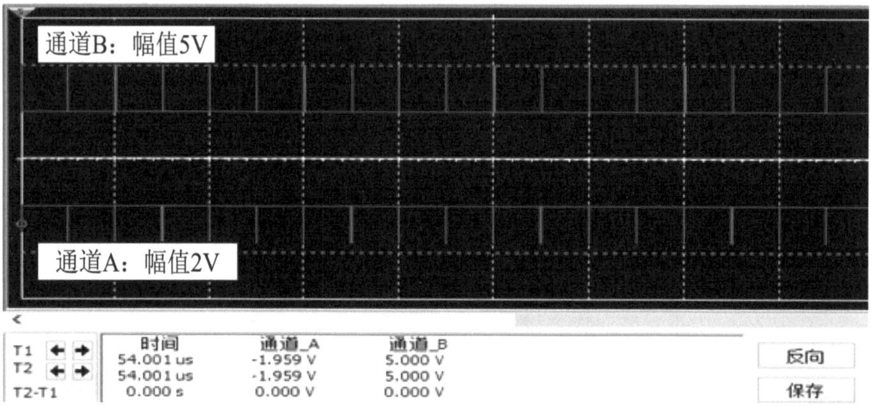

图 7-50　甄别电路仿真图

由图 7-50 可知，通道 A 为电路输入信号，通道 B 为电路输出信号，当甄别电路的输入端电压大于预先设置的阈值时，电路输出高电平；当电压小于预先设置的阈值时，电路输出低电平。同时，把电路输入信号的负极性信号转换成了正极性方波信号，证明设计的信号甄别电路是可行的。

4. 串口通信电路

单光子计数系统的下位机与上位机的通信采用常用的串口通信协议，利用 Verilog 语言进行通信协议的编写。通信芯片采用 Texas Instruments 生产的 MAX3232 芯片。串口通信主要有传输线少、成本较低、抗干扰能力强以及传输数据控制简单等优点。MAX3232 芯片封装以及电路如图 7-51、7-52 所示。

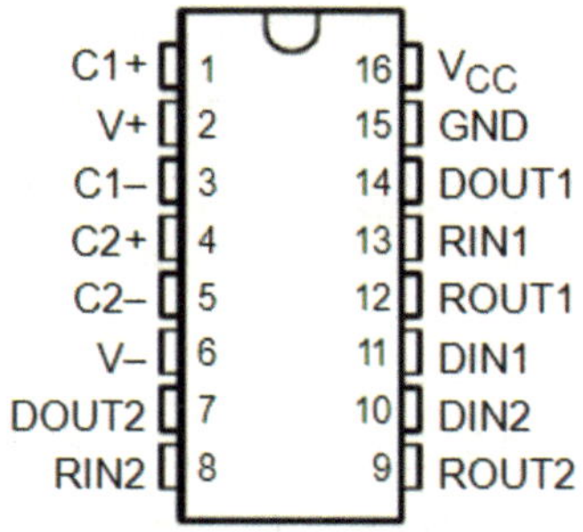

图 7-51　MAX3232 封装以及引脚

MAX3232 芯片的关键性能参数：

（1）单电源+3.3V 或+5V 供电；

（2）具有 1μA 关断模式；

（3）低功耗；

（4）120kbps 的最低数据速率；

（5）具有低压差发送器输出级。

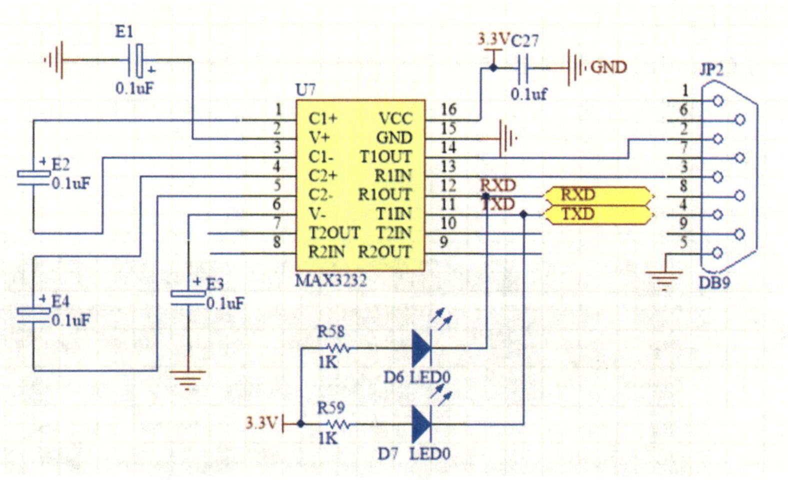

图 7-52　串口通信电路

7.7.3 软件仿真与上位机软件设计

7.7.3.1 基于 FPGA 的脉冲计数功能仿真

现场可编程逻辑门阵列（Field Programmable Gate Array，FPGA），作为

专用集成电路领域的一种半定制电路，解决了定制电路的不足以及原有可编写器件门电路数有限的缺点，是在可编程器件基础上进一步发展的产物。所以，采用 FPGA 作为本设计电路的核心控制芯片，其突出的优点基本能满足本课题设计的要求。

美国的 Xilinx 公司和 Altera 公司是生产、制造 FPGA 芯片的两大巨头公司。Xilinx 公司生产的芯片具有更优越的性能，芯片内部的逻辑单元更多，有着较为丰富的 IP 核资源，能够满足多种用途的需要，但是价格更贵。Altera 公司生产的芯片在使用中更灵活，性价比较高，有着良好的配套软件编译环境，用户可以在 Altera 公司开发的 QuartusII 软件上开发芯片的硬件编程。因此，本设计中的核心芯片采用了 Altera 公司生产的 EP4CE10E22C8 型号 FPGA 芯片，使用 Verilog 语言在 QuartusII 软件上对设计的电路硬件功能进行软件开发。EP4CE10E22C8 属于 Cyclone IV 系列器件，具有 144 个引脚、150K 的逻辑单元、高达 6.3MB 的嵌入式内存，以及多达 360 个嵌入式 18×18 乘法器，应用程序总功率低于 1.5W。所以，EP4CE10E22C8 芯片基本能满足本课题对于芯片的性能参数的要求。

采用 QuartusII 软件的 IP 核对芯片的计数功能进行设计，对于输入芯片中的 TTL 方波进行计数，并采用 Modelsim 软件对编写的代码进行仿真验证，如图 7-53 所示。

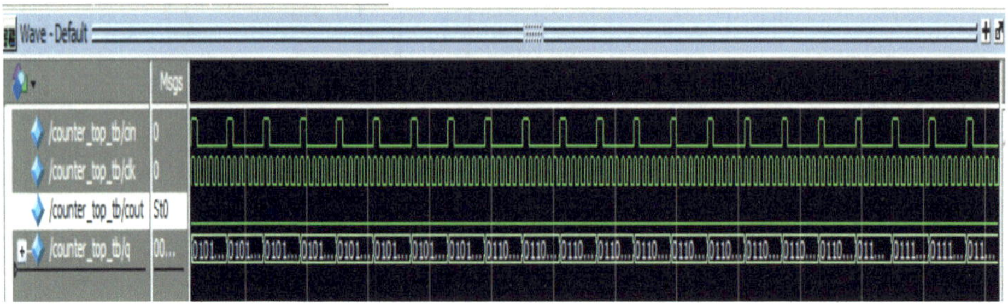

图 7-53　方波信号计数仿真验证图

7.7.3.2 串口通信传输仿真

串口通信传输的数据协议把数据的一个字节主要分为 1 个开始位、8 个数据位、1 个停止位进行传输，通信模块根据所编写的数据协议把 8 个数据位分 8 次由低位到高位按顺序一位一位地进行传送。Bps_CLK 为波特率时钟，

Rs232_Tx 为待发送数据字节，每当波特率时钟的上升沿到来时进行数据位的传输。串口通信发送一个字节的时序示意图如图 7-54 所示。

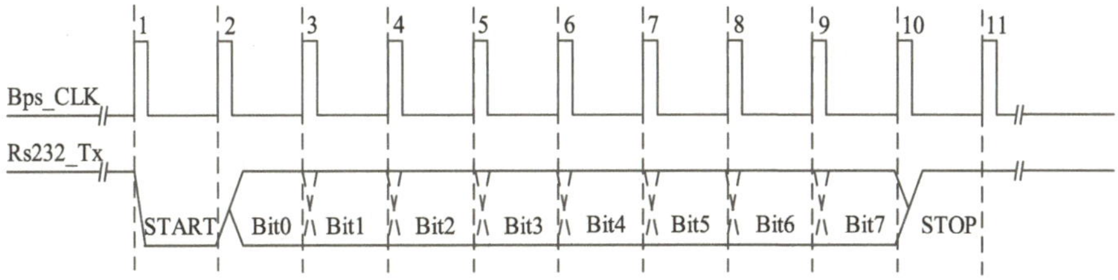

图 7-54　发送一个字节的时序示意图

Send_En为发送数据使能信号，高电平有效，Data_Byte为需要发送的数据，Baud_Set为波特率的时钟设置，Clk为系统时钟，Rst_n为复位信号，Rs232_Tx为按照编写的数据协议发送数据，Tx_Done为发送数据完成标志，高电平为完成标志，UART_state为发送数据的状态标志。通信模块的结构示意图如图7-55所示。

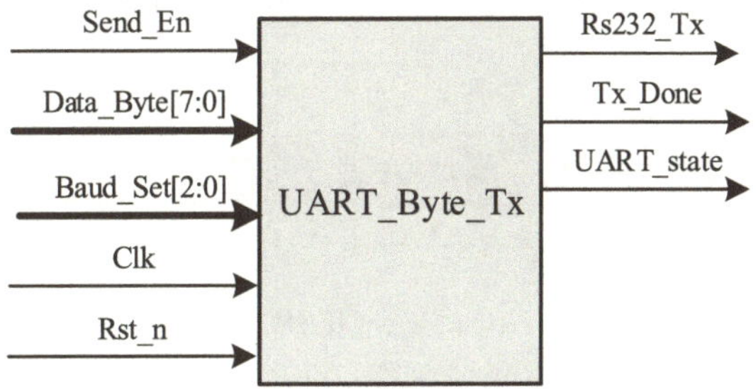

图 7-55　串口通信模块结构示意图

串口通信发送字节数据仿真时序图如图 7-56 所示。

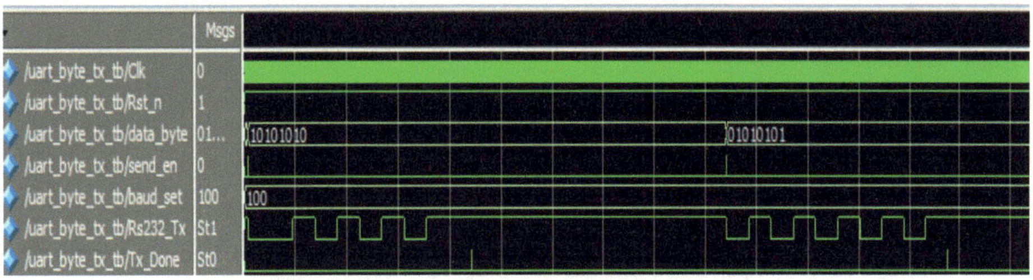

图 7-56　串口通信发送字节数据仿真时序图

7.7.3.3 上位机软件设计

系统上位机软件程序采用 C++语言在 Visual Studio 2013 软件上进行编写。Visual Studio 2013 是微软公司在 2013 年发布的一款应用功能强大的 Windows 平台应用程序的集成开发环境软件。该软件具有功能全面的数据库工具、智能化的软件建模功能、高效的体系结构指导、优秀的测试代码功能、集成的源代码控制等。并且该软件在编写程序时会自动生成通用的软件框架，可供用户在框架中增删所需的软件功能模块并进行开发，使开发过程十分高效。开发系统软件过程中使用的 C++语言是由美国科学家 Bjarne Stroupstrup 在 20 世纪 80 年代发明的一种面向对象的程序设计语言，C++语言主要有无须复杂的程序设计开发环境、数据结构丰富、程序运行高效且可移植性强等突出的优点。

编写完成的系统软件主要是对信号处理模块产生的单光子计数数值进行接收并予以显示。本系统的上位机软件需要拥有一个良好的人机交互界面，此上位机软件的主要模块有开始、退出、串口选择、波特率选择、设置采集数据间隔时间等模块。上位机软件的可视化操作界面以及工作流程图如图 7-57、图 7-58 所示。

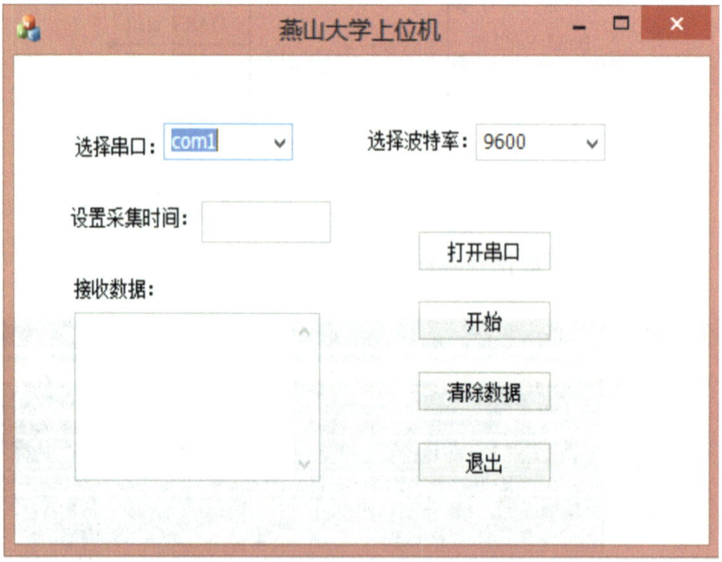

图 7-57　单光子计数上位机软件

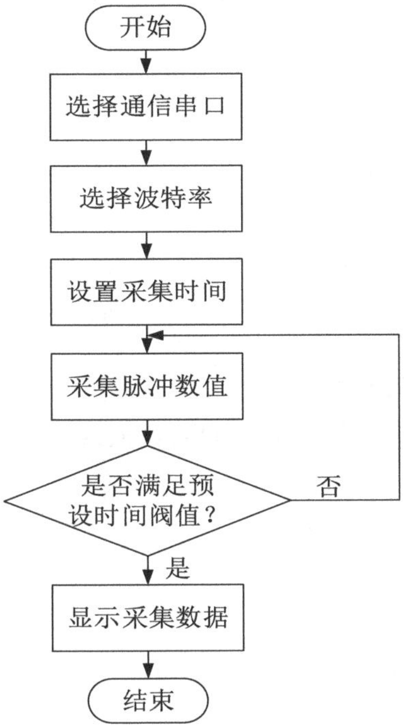

图 7-58　上位机工作流程图

7.7.4 实验结果与分析

配置 0.1—1.0mg/L 的低浓度 TOC 标准液，并点亮紫外 LED 激发 TOC 标准液的弱荧光信号，对上位机软件的串口和波特率进行选择，设置采集的时间为 10ms，对每种浓度 TOC 标准液 10ms 产生的光子数进行计数并在上位机软件上显示，对同一浓度的 TOC 标准液进行多次测量以减小实验过程中产生的误差，实验获得 TOC 标准液的单光子计数数值如表 7-15 所示。

表 7-15　单光子计数数值

溶液浓度	第 1 次计数（10ms）	第 2 次计数（10ms）	第 3 次计数（10ms）
0.1 mg/L	183 648	180 657	181 542
0.2 mg/L	189 652	186 488	179 464
0.3 mg/L	194 326	188 968	195 326
0.4 mg/L	209 414	218 647	208 646

（续表）

溶液浓度	第 1 次计数（10ms）	第 2 次计数（10ms）	第 3 次计数（10ms）
0.5 mg/L	227 564	224 648	223 572
0.6 mg/L	232 635	226 423	224 265
0.7 mg/L	238 956	236 498	240 065
0.8 mg/L	249 234	258 649	256 152
0.9 mg/L	264 919	259 468	260 324
1.0 mg/L	261 264	263 465	268 314

通过对表 7-15 中 TOC 标准液不同浓度激发荧光信号产生的单光子数值取平均数，寻找单光子数值与被测 TOC 标准液浓度之间的关系，荧光信号产生的单光子数值与 TOC 标准液浓度的相关关系如图 7-59 所示。

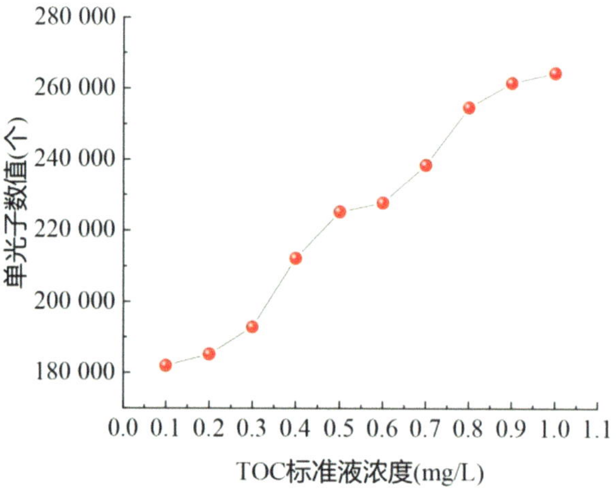

图 7-59　实验结果图

通过图 7-59 实验结果可知，单光子数值与 TOC 标准液的浓度整体呈正相关线性关系，可以通过检测弱荧光信号产生的单光子数值达到检测 TOC 标准液浓度的目标。而上一章通过积分连续扫描方式采集的低浓度 TOC 标准液荧光数据的线性关系较差，说明采用单光子计数技术对采集弱荧光信号的精度具有一定程度上的提升。但是由测试结果分析可知，本系统还有需要改进的地方：（1）在测量 TOC 标准液产生的单光子数值过程中，测量的结果具有一定的波动性，造成问题的主要原因是噪声信号对于采集结果的影响，需要通过设计合理的电路板布局布线、调整合适的甄别电路电压阈值、采用高性能的芯片和光学器件以及对光电倍增管模块增加制冷装置等多方面减小噪声信号的影响；（2）不能对产生的荧光信号进行光谱的采集，造成问题的主要原因是在采集信号光路结构中缺少分光模块对荧光信号进行分光，后续通过设计合理的光路结构以及增加分光模块对本系统的软硬件进行升级。

第 8 章　TOC 紫外吸收检测模型干扰规律的研究

8.1 引言

对 TOC 紫外吸收模型和干扰因素的研究是海洋 TOC 光学传感器能够准确测量的基石和提高抗干扰能力的强力保障。本章以 TOC 光谱建模为出发点，首先对 TOC 检测光谱实验系统进行实验室搭建，对 TOC 紫外吸收光谱数据进行采集并利用 PLS 算法选取了最优模型。重点研究了浊度、温度、pH、硝酸盐氮和盐度对 TOC 检测的影响规律，对这些影响因素进行结果分析并对干扰因素建立相应的补偿模型。

8.2 TOC 检测光谱实验系统的搭建

TOC 检测光谱实验系统主要由四部分组成，分别是光源、比色皿、光谱仪和软件采集模块，如图 8-1 所示。搭建完成的整体光谱实验系统结构如图 8-2 所示。

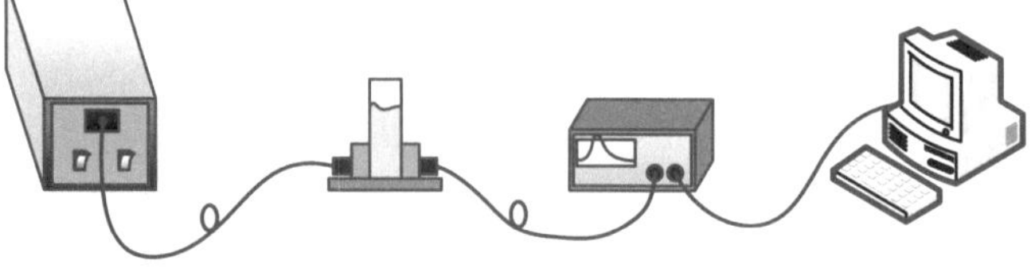

图 8-1　光谱实验系统

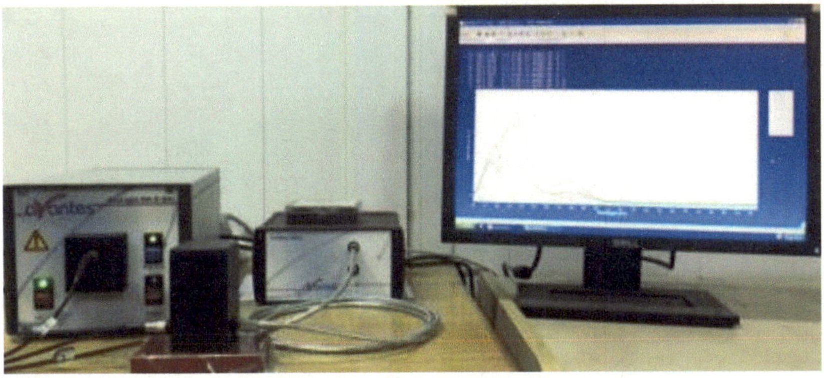

图 8-2　光谱实验系统搭建结构

光谱实验系统中，光源部分采用的是 AvaLight-DH-S-BAL 均衡型氘-卤素灯组合光源，能够输出 200—2 500nm 波段的光，输出效率高、动态范围大，可以取得精确的实验结果；比色皿采用的是石英材料比色皿，考虑石英比色皿的透光范围为 120—4 500nm，广泛的谱段范围内没有任何吸收峰，化验数据更准确、可靠；光谱仪采用的是 AvaSpec-2048 型光纤光谱仪，测量波长范围为 200—1 100nm，可以覆盖本章所需的紫外光谱部分；光谱软件采集部分是 AvaSoft 8.1.0，能够高效准确地采集光谱数据，并通过白背景、黑背景的设置来提高检测精度。

8.3 TOC 紫外吸收光谱数据采集与建模

8.3.1 紫外光谱数据采集

本书实验采用符合国标方法的 TOC 标准液进行相应的光谱实验，TOC 标准液从国家标准物质中心统一采购，主要成分为邻苯二甲酸氢钾，符合相关国家标准条件。TOC 标准液的初始浓度为 1 000mg/L，按照一定比例对其进行稀释操作，分别配置 TOC 溶液浓度为 1—80mg/L 等 33 组等体积不同浓度的溶液来进行 TOC 紫外吸收光谱数据的采集和建模，对光谱仪设定最佳积分时间为 2ms，平均采集次数 200 次。为排除采集设备和外界环境因素对光谱的干扰，去除光谱曲线的毛刺现象，对采集的光谱进行光谱预处理之后得到 TOC 标准液紫外吸收光谱图，如图 8-3 所示。

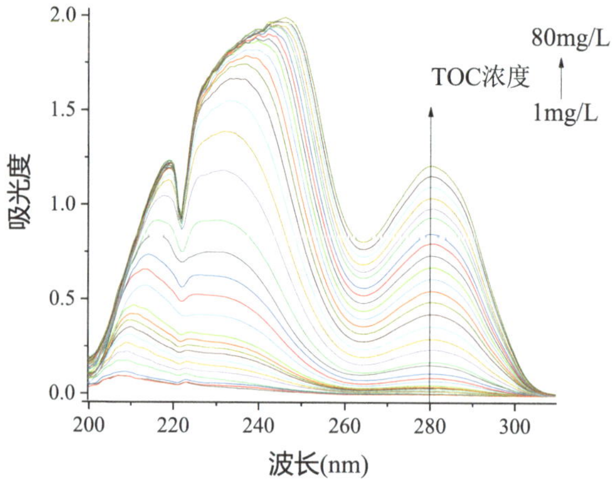

图 8-3　TOC 标准液紫外吸收光谱图

由图 8-3 可知，TOC 标准液的紫外吸收集中体现在光谱的近紫外区域，当 TOC 标准液的浓度过低时，光谱数据可能在个别波段会出现一部分重叠和交叉现象，随着浓度的升高，紫外吸光度的数值也逐渐增大。根据 TOC 标准液的光谱紫外吸收原理可将其吸收带分为 3 种，分别对应 200—220nm 的 E1 吸收带、220—265nm 的 E2 吸收带和 265—310nm 的 B 吸收带。当标准液的浓度逐渐增加时，E1 吸收带峰值发生饱和不再上升，伴随着 E2 吸收带最大吸收峰的红移，B 吸收带的峰值会逐渐增强，E2 吸收带的峰值对应波长由 230nm 处红移到 250nm 处，B 吸收带最大峰值对应 280nm 波长处不发生蓝移和红移现象，对应峰值吸光度逐渐增强到 1.2 左右。

8.3.2 紫外光谱数据建模

将 8.3.1 节经过光谱预处理后的 33 组光谱实验数据进行建模，其中抽取 10 组数据作为测试集，其他 23 组数据作为训练集。考虑到建模的精确性，将波长分为 200—245nm、245—265nm、265—310nm 和 200—310nm 共 4 组，通过 PLS 算法建模得到 TOC 浓度的训练集和测试集的真实值与预测值的关系，如图 8-4 至图 8-7 所示。

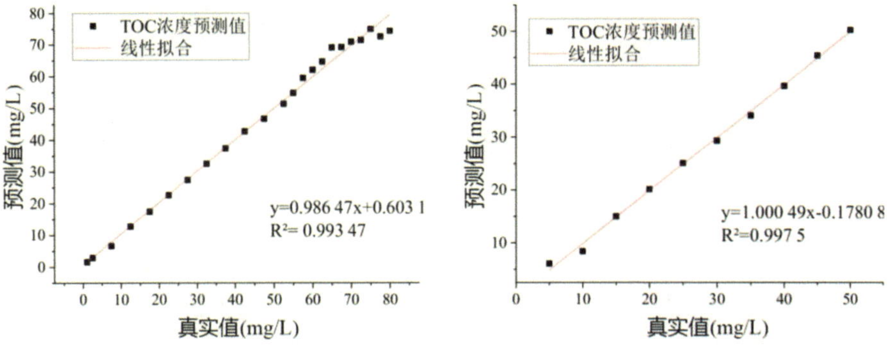

a—训练集建模结果　　　　b—测试集建模结果

图 8-4　200—245nm 模型建模结果

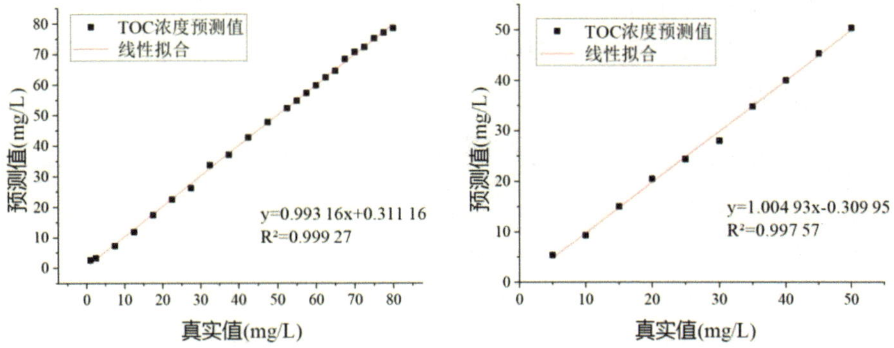

a—训练集建模结果　　　　b—测试集建模结果

图 8-5　245~265nm 模型建模结果

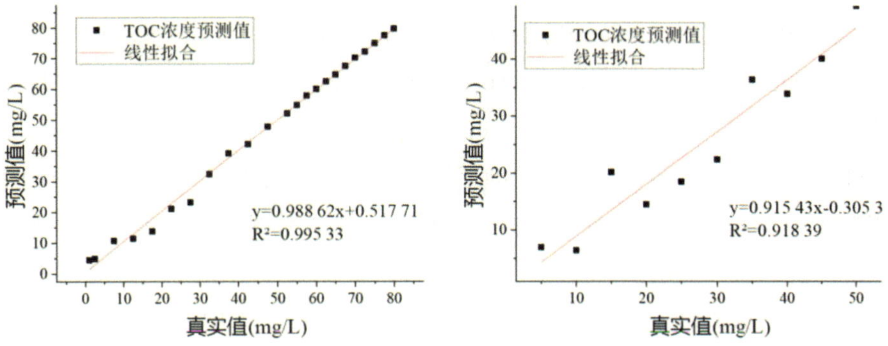

a—训练集建模结果　　　　b—测试集建模结果

图 8-6　265—310nm 模型建模结果

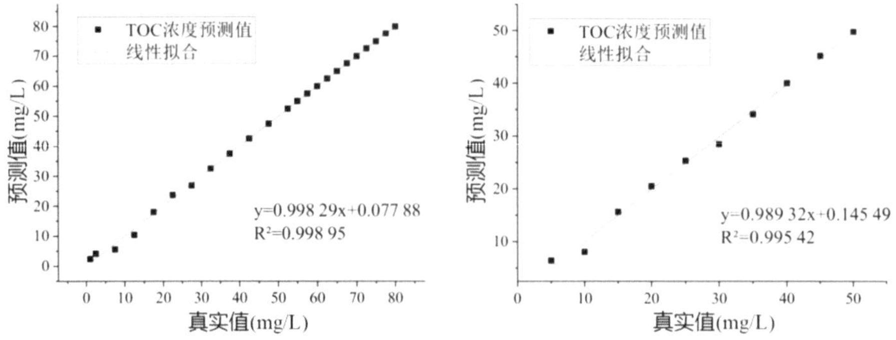

a—训练集建模结果　　　　b—测试集建模结果

图 8-7　200—310nm 模型建模结果

为更直观地比较各个模型之间的评价指标，将波长为 200—245nm、245—265nm、265—310nm 和 200—310nm 的 4 组模型记作模型 1、2、3、4 列表，具体数据如表 8-1 所示。

表 8-1　模型建模结果评价指标对比

模型序号	R_c^2	RMSECV /（mg/L）	R_p^2	RMSECP /（mg/L）
1	0.993 47	2.022 5	0.997 50	0.738 3
2	0.999 27	0.690 7	0.997 57	0.719 4
3	0.995 33	1.713 3	0.918 39	4.874 0
4	0.998 95	0.809 0	0.995 42	0.986 8

建立的模型需要靠相关评价参数来评定模型的优劣，本章采用的模型评定参数主要有决定系数（Coefficient of Determination，R^2）、交叉验证均方根误差（Training set cross validation root mean square error，RMSECV）和测试集外部检验均方根误差（Root mean square error of external test of test set，RMSEP）。一般对于以上 3 种评价指标而言，决定系数 R^2 值越大，交叉验证均方根误差 RMSECV、测试集外部检验均方根误差 RMSEP 越小，所建立模型的效果越好、精度越高。由表 8-1 可知，训练集模型系数 R^2 最高的为模型 2，决定系数高达 0.999 27，比决定系数最低的模型 1 增加了 0.584%；交叉验证均方根误差 RMSECV 为 0.690 7，比建模效果较差的模型 1 减少了 65.8%。对比测试集建模结果，决定系数最高的是模型 2，其决定系数 R^2 为 0.997 57，与模型 1、4 的建模差距较小，但与模型 3 的决定系数相比有较大

提升；测试集外部检验均方根误差 RMSEP 最低的为模型 2 的 0.719 4，预测效果最差的为模型 3，RMSEP 高达 4.874 0，远大于其他 3 个模型。

根据模型评判标准，决定系数 R^2 越接近于 1、交叉验证均方根误差 RMSECV 和测试集外部检验均方根误差 RMSEP 的数值越小，则该模型的准确度越高。综上所述，最优建模为模型 2，建模谱区为 245—265nm，其训练集和检验集的最优回归方程表示为：

$$y=0.993\ 16x+0.311\ 16 \tag{8-1}$$

$$y=1.004\ 93x-0.309\ 95 \tag{8-2}$$

式中：x——TOC 浓度的真实值；

y——TOC 浓度的模型预测值。

8.4 影响 TOC 光谱模型干扰因素研究及补偿校正

8.4.1 浊度对 TOC 检测的影响

实际海水中含有各种颗粒物，如泥土、粉砂、浮游生物等悬浮物和胶体物，当光与海水中固体颗粒发生相互作用时，可产生反射、吸收、透射、散射等情况，多源反射等现象会影响甚至覆盖原有被测样本的吸收光谱，因此需要着重研究浊度对于紫外吸收光谱模型的影响。本节实验配置 30mg/L 和 50mg/L 两组 TOC 标准液，利用国标 400NTU 浊度标准液稀释调节每组的浊度值，每组标准液的浊度值分别为 1—100NTU 10 个梯度，通过实验得到的光谱数据图如图 8-8 所示。

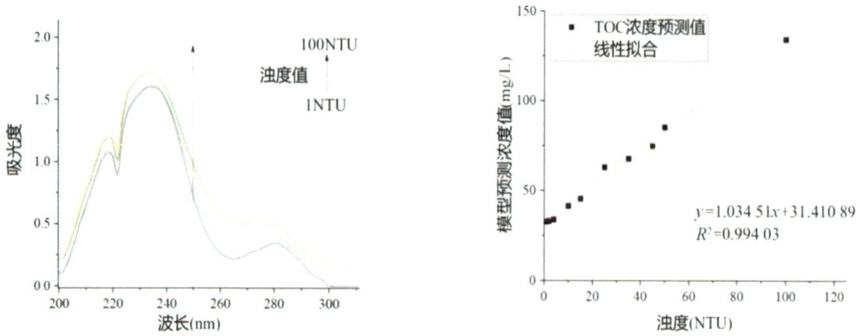

a—30mg/L TOC 标准液　　b—50mg/L TOC 标准液

图 8-8　浊度对不同浓度 TOC 标准液光谱的影响

由图 8-8 可知，当 TOC 溶液浓度一定时，随着整体溶液浓度浊度逐渐增加，TOC 的紫外吸收光谱在一定波段范围内会受到较大程度的干扰，并会使 TOC 的紫外吸收峰的峰值增加，浊度增加至 100NTU 左右，TOC 紫外吸收光谱会出现失真、毛刺等现象，TOC 溶液的紫外吸收峰的峰值会出现较大的增加，这是由于浊度标准液的主要成分中含有硫酸肼和六次甲基四胺这两种化学物质，它们会发生反应产生聚合物，从而吸附 TOC 标准液中的邻苯二甲酸氢根离子，影响 TOC 标准液紫外吸收光谱的变化。利用上述 2 组浊度影响实验数据对 8.3.2 节建立的最优模型 2 进行预测，得出浊度值的变化对模型预测值的影响，结果如图 8-9 所示。

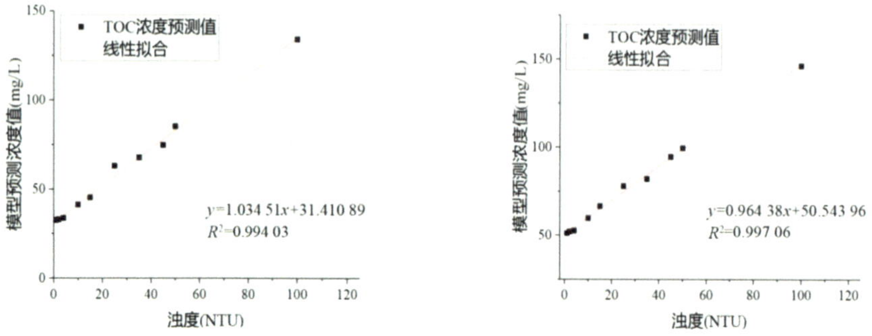

a—10mg/L TOC 标准液　　b—50mg/L TOC 标准液

图 8-9　浊度对不同浓度 TOC 标准液预测结果的影响

上述浊度值的变化对模型预测值的影响结果显示，浊度越高，模型预测的TOC浓度也会随之增加，二者呈正相关关系。其中50mg/L 的TOC溶液浊度影响实验决定系数R^2=0.997 06，高于30mg/L的决定系数R^2=0.994 03，为减小浊度对模型预测结果的影响，利用该模型下浊度变化量与模型预测TOC浓度值相对于原始溶液浓度真实值的变化关系来进行浊度的补偿和校正，如图8-10所示。

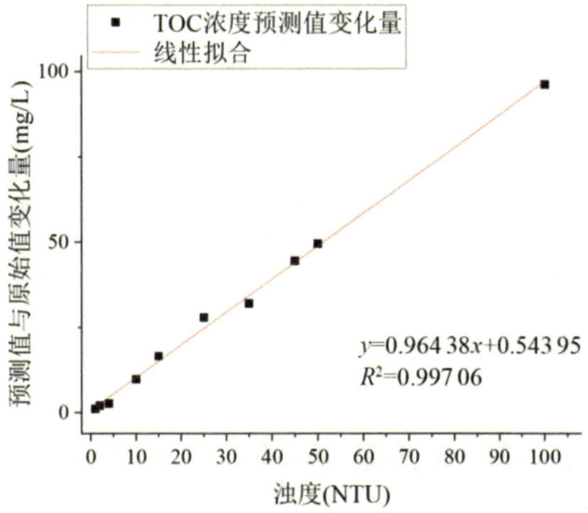

图 8-10　TOC 标准液的浓度变化量与浊度关系

由图 8-10 可知浊度与预测值变化量的拟合方程为：

$$y= 0.964\,38x+0.543\,95 \tag{8-3}$$

式中：x——TOC 溶液浊度变化量；

y——TOC 模型预测值与原始值之间的变化量。

浊度的变化对 TOC 模型预测值的影响及补偿后的溶液浓度值如表 8-2 所示。

表 8-2　浊度变化对 TOC 模型影响及补偿结果

浊度 /NTU	预测值 /（mg/L）	浊度补偿后 /（mg/L）	浊度 /NTU	预测值 /（mg/L）	浊度补偿后 /（mg/L）
1	51.092 5	50.415 8	25	77.926 2	46.727 8
2	52.033 3	50.439 4	35	82.039 7	52.257 6
4	52.625 3	51.776 2	45	94.494 8	49.446 3
10	59.732 5	50.455 3	50	99.480 7	49.282 0
15	66.546 6	48.463 0	100	146.244 6	50.737 4

其光谱模型经浊度补偿后前后对比整体图如图 8-11 a 所示，浊度低浓度局部放大对比如图 8-11 b 所示。由表 8-2 和图 8-11 可知，预测模型经过浊度补偿后，可以有效减少浊度干扰因素对 TOC 浓度值预测结果的影响。

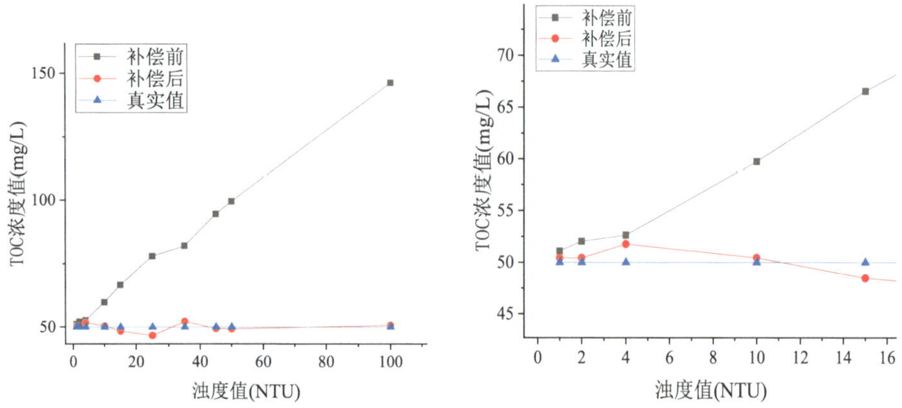

a—整体对比　　　　b—浊度低浓度局部放大

图 8-11　模型浊度补偿后前后对比图

8.4.2 温度对 TOC 检测的影响

当被测溶液温度发生较大变化时，温度过高或者过低，都会使溶液中的物质运动状态发生改变，可能使物质的激发态电子发生变化进而影响 TOC 溶液的紫外吸收光谱。本节将研究不同水温下 TOC 标准液的紫外吸收光谱的变化情况，观察不同水温梯度对同一浓度 TOC 溶液紫外吸收光谱的影响规律。

本节实验配置 50mg/L TOC 标准液，调节溶液温度 5—80℃共 9 组温度梯度，观察各个温度下的光谱谱带变化。TOC 标准液温度影响实验光谱图如图 8-12 所示。其中 8-12 a 为 50mg/L TOC 标准液在 9 组不同温度梯度下的紫外吸收光谱图，可知在温度由 5℃调节至 80℃的过程中，其光谱吸收带并未发生较大变化，吸收峰没有发生红移或者蓝移现象，比较 235nm 处的吸光度变化，ΔAbs=0.008 48，峰值吸光度变化相当于 1.06×10^{-3}/℃。图 8-12 b 为常温 25℃下，浓度为 47.5mg/L 与 50mg/L 的 TOC 溶液光谱对比图，峰值吸光度变化为 ΔAbs=0.078 46，则 TOC 标准液在 235nm 峰值吸光度变化对于浓度而言，浓度变化 1mg/L，吸光度变化约等于 0.03，是温度变化的 28 倍。由于温度引起的吸光度数值的改变远小于浓度带来的变化，世界海洋的水温变化，一般在 -2~30℃，海洋 TOC 光学传感器工作在距离海平面 10m 的水深，温度不会给测量结果带来干扰，因此在实际测量海水 TOC 浓度时，可以忽略温度的影响。

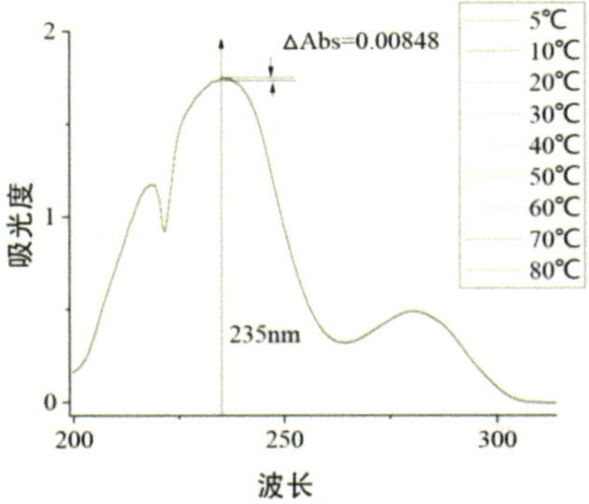

a—温度对 TOC 标准液光谱的影响

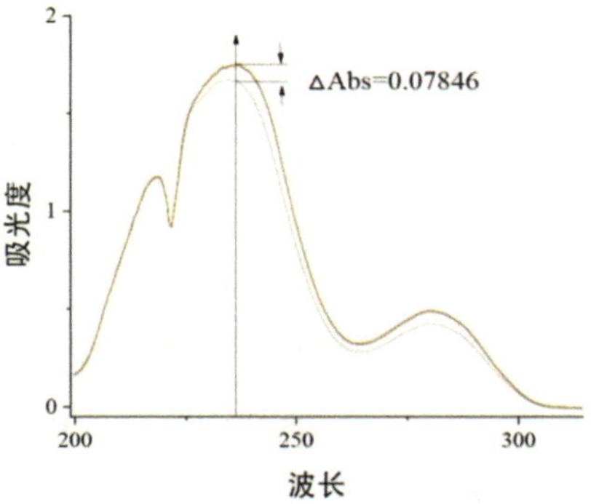

b—常温 47.5mg/L 与 50mg/L TOC 溶液光谱对比

图 8-12　TOC 标准液温度影响实验光谱图

8.4.3 pH 对 TOC 检测的影响

光谱法利用紫外吸收光谱可以快速、实时地测量海水中的 TOC 浓度，但不免会受到水环境改变的影响而引起测量误差。海水的酸碱度的平衡不仅与海洋生物的生命息息相关，更关系到传感器参数检测的准确性。pH 的改变可能影响物质生色团中共轭与非共轭的关系，从而改变介质紫外吸收光谱的峰值，或者使该光谱发生红移或者蓝移现象。因此本节将研究这些峰移现象与规律，分析传感器工作最佳海水环境的酸碱度变化对紫外吸收光谱的干扰，为海水 TOC 检测建模优化提供补偿信息。

本节重点研究配置 60mg/L 的 TOC 标准液在不同 pH 下的紫外吸收光谱规律，采用 pH-981 防水型笔式 pH 计进行溶液 pH 的测定，笔式 pH 测试计具有测量范围广、测量精度高等特点，有助于提高实验室测量的准确度与效率。酸碱调节剂采用 1mol/L 的氢氧化钠和硫酸溶液，调节溶液 pH 范围为 1.2—11.2，得到 pH 对 TOC 光谱检测影响的结果图如图 8-13 所示。其中图 8-13 a 为 pH 对 TOC 标准液吸收光谱的影响结果显示。图 8-13 b 为选取的三处波长 240nm、250nm、280nm 处的吸光度变化结果。

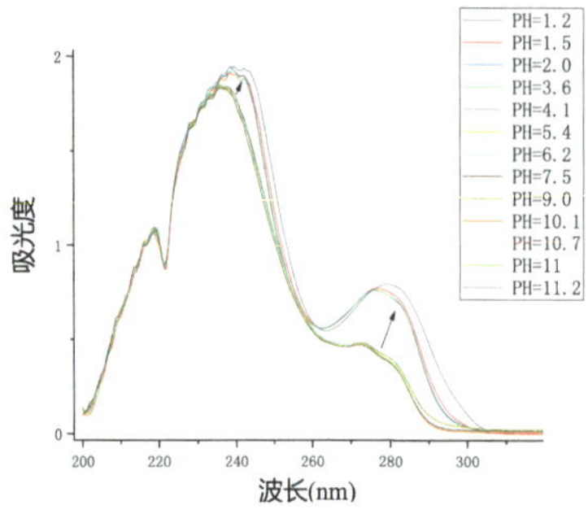

a—pH 对 TOC 标准液光谱的影响

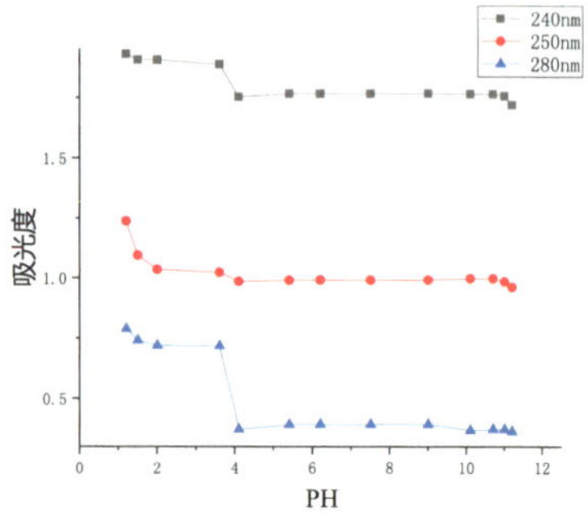

b—不同波长处的吸光度变化结果

图 8-13 pH 对 TOC 光谱检测影响图

由图 8-13 的实验结果可知，当溶液的 pH 逐渐减小，TOC 标准液紫外吸收光谱的吸收带会发生蓝移现象，如图 8-13 a 所示，在溶液 pH 由 3.6 减小到 1.2 的过程中，光谱对应波长 236—305nm 对应的紫外吸收带吸光度逐渐增加。当溶液的 pH 大于 4 并且逐渐增大时，溶液吸光度明显减小，TOC 紫外吸收光谱的吸收带 E2 和 B 吸收峰减小，并伴随着红移现象的发生。产生以上现象的原因是 TOC 标准液线性分子式为 $HOOCC_6H_4COOK$，具有酸性或碱性可解离基团，在酸性介质中形成—COOH 离子，在碱性介质中形成—COO 离子，以上两种离子的吸收系数 ε 不同，其吸收峰的形状、吸收峰的位置、吸收强度等都有可能发生相应的改变。

由图 8-13 b 可知，当 pH<4 时，标准液的紫外吸收光谱吸光度随着 pH 的改变会相应增加或减少；当 4<pH<11 时，其不同波长处的吸光度几乎不发生改变。研究资料表明海水的 pH 一般在 7.5—8.2 的范围变化，浮动较小，因此在实际采用光谱法 TOC 传感器测量海水 TOC 浓度时，pH 几乎不会对检测结果造成干扰，可以排除 pH 的干扰因素。

8.4.4 硝酸盐氮和盐度对 TOC 检测的影响

根据紫外吸收光谱法的原理，自然界的很多物质在紫外波段都存在吸收情况，在实际海洋环境中，不仅有机物遵循紫外吸收定律，部分无机物也在紫外波段存在较强的吸收，从而干扰光谱法测量 TOC 的准确性，因此本节将重点研究硝酸盐氮和盐度对 TOC 紫外吸收光谱的影响规律。

硝酸盐氮（NO_3-N）是含氮有机物氧化分解的最终产物，在水中以硝酸盐的形式存在。实验采用国标 1 000ug/ml 硝酸盐氮标准液进行稀释配比，配置 30mg/L TOC 标准液，其硝酸盐氮的含量分别为 3—30mg/L，共 9 组实验样本，测量各组紫外吸收光谱图，结果如图 8-14 所示。其中图 8-14 a 为 NO_3-N 对 TOC 标准液光谱的影响实验结果显示，图 8-14 b 是三处典型波长 226nm、240nm、280nm 在不同 NO_3-N 浓度下吸光度的变化情况。

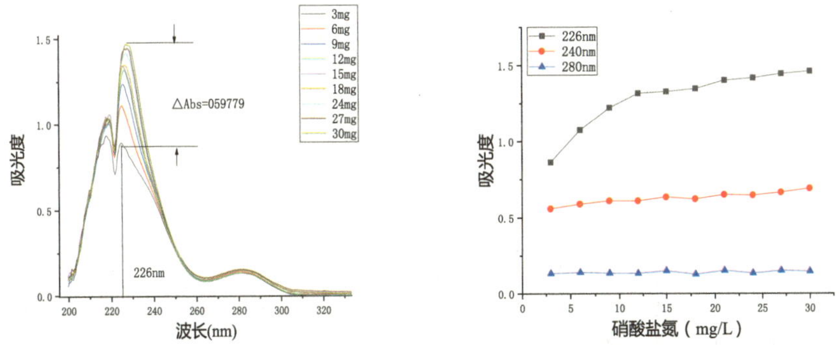

a—NO_3-N 对 TOC 标准液光谱的影响　　b—不同波长处吸光度变化

图 8-14　硝酸盐氮对 TOC 标准液紫外吸收光谱影响

由图8-14 a可知，不同浓度的NO_3-N主要在波长217—240nm处对TOC标准液的吸光度造成干扰，随着硝酸根离子的增加，标准液的吸收峰也逐渐增加，吸光度增加，这是因为硝酸根离子在紫外区220nm波长处具有对光强吸收进而影响原始TOC样本光谱的吸收带，峰值吸光度变化ΔAbs=0.597 79。根据图8-14 b显示，当波长≥240nm时，硝酸盐氮对原有吸收光谱的影响几乎没有，可以忽略不计；当波长<240nm时，结合图8-14 a可以得出对TOC紫外吸收光谱影响较大，如果建模谱区包含低于240nm部分，则需进一步研究硝酸盐氮对模型的补偿，不可忽略其对测量结果准确性的影响。在实际测量海水实验时，研究资料表明海水中的硝酸盐氮含量很少，在海水水质标准中并没有被列入检测指标，且本书研制的海洋光学TOC传感器采用的最佳建模谱区在8.3.2节中为模型2的245—265nm，因此实际测量时可以不计水中硝酸盐氮对实验结果的影响。

盐度也是海水中含盐量的一个评价标准，世界大洋的平均盐度为35‰。海水含盐量是海水的重要特性，由于NaCl是海水盐度的主要成分，因此盐度对TOC检测的影响实验采用配置60mg/L的TOC标准液，加入固体NaCl调节溶液盐度为5‰—50‰的共10组样本，采集其紫外吸收光谱并观察结果，如图8-15所示。

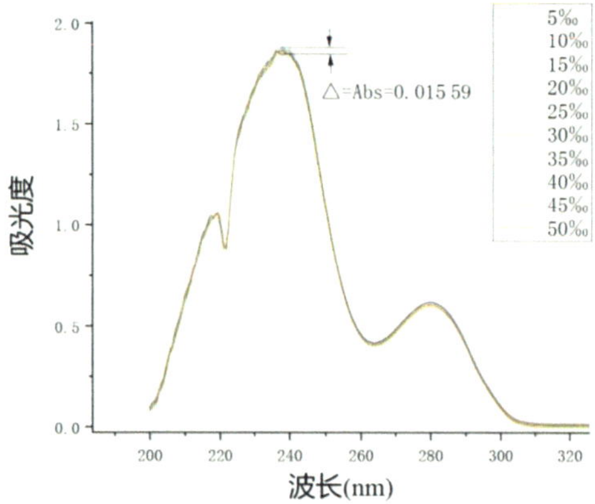

图 8-15　盐度对 TOC 标准液光谱的影响

由图 8-15 可知，在标准液的盐度由 5‰增加到 50‰过程中，并未对 TOC 紫外吸收带造成明显干扰和影响，E2 吸收带峰值吸光度变化为ΔAbs=0.015 59，相当于盐度每升高 1‰，吸光度变化约为 0.001 732，而 8.4.2 小节中 TOC 标准液吸光度由浓度引起的改变为浓度变化 1mg/L，吸光度变化约等于 0.03，是盐度变化的 17 倍之多。因此可以忽略盐度对传感器的干扰，海水盐度对海洋 TOC 光学传感器测量结果准确性的干扰影响较小。

参考文献

[1] 徐沾伟. 多参数在线水质传感器的研究与实现[D]. 武汉: 武汉大学, 2012: 1-5.

[2] Ramon R, Valero F, Valle M D. Rapid Determination of Chemical Oxygen Demand Using a Focused Microwave Heating System Featuring Temperature Control[J]. Analytica Chimica Acta, 2003, 491(1): 99-109.

第 9 章　TOC 传感器运行环境干扰方法的研究

9.1 引言

海洋 TOC 光学传感器需固定在水上浮标或者水质监测船舶上，长期工作在复杂的海洋环境下，不需要工作人员长期值守。海洋环境复杂多变，为保证 TOC 传感器的正常运行，不可忽视海洋压力、海洋运动、海洋生物活动等因素对 TOC 传感器的干扰，这三种干扰因素会影响传感器的工作状态与寿命。因此，为确保传感器适应复杂的海洋工作环境，在众多恶劣海洋环境条件下稳定地运行，就需要更加周密地对 TOC 传感器的运行环境进行分析和研究，保护传感器内部光源、电路等重要器件不受损坏，从而使得到的 TOC 数据真实、可靠。

9.2 海洋压力对传感器的影响和抗干扰优化

海洋 TOC 光学传感器需长期工作在水下，传感器整体能够正常运行的前提是传感器内部各种电子、光学器件的紧密配合，而精密仪器内部的电子、光学器件非常敏感，容易受到外界环境的干扰发生损坏，传感器任何一处器件发生问题将影响整个检测结果。传感器内部器件需要真空、干燥的工作环境，由于传感器在水下工作，海洋的压力会对传感器封装造成影响。如果由于传感器裸露在水环境下受水压影响发生海水渗漏现象，会直接导致传感器的数据处理板短路、内部光源光窗被浸泡损坏，影响传感器的正常工作与运行，不仅增加了维修与检测成本，而且干扰了海洋 TOC 水质数据的准确性。

因此为应对海洋水下环境的压力，就需要对传感器的水下密封性进行抗干扰优化设计，保证其在复杂的海洋环境中能够长时间稳定工作，能够平稳长期地传送海洋 TOC 的数值，确保海洋环境的监测不因传感器本身的设计缺陷而中断。

本书在初期传感器的设计基础上进行密封性、抗压性的设计优化，初期传感器设计结构较为简单，外壳等器件封装简陋，采用极光尔沃3D打印机打印壳体和封装，固体胶固定传感器底部光窗接口。由于封装设计较为粗糙，经实验发现如果长期工作在水下环境，传感器各个部分接口处承受不住水压从而极易发生海水渗漏，造成传感器的损坏，如图9-1所示。

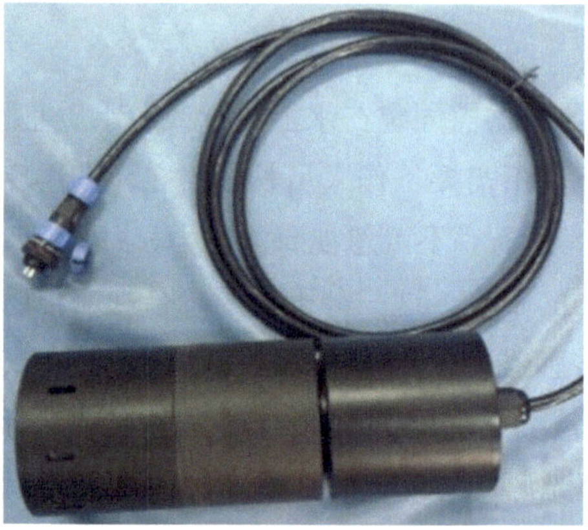

图 9-1　初期海洋 TOC 传感器

针对传感器部分接口处无法承受水压易发生海水渗漏的问题，主要对电缆与传感器的连接部分和传感器的主壳体进行密封性重新设计优化。传感器内部电子器件与外接电缆之间的接口部分是连接腔体内外的重要部分，可以应用到河水、海水等水环境当中，在承受一定水压的情况下能保证 TOC 传感器内部机械性能、电气性能的正常使用。本书中最新设计的传感器水密接头的部分主要有航插、航插底座、固定吊环插口、固定螺母插口等，尾部电缆连接部分采用 IP68 防水航插，能够适应水深 10m 的压强，可在水下保持连续防水抗压工作状态。为保证电缆不受力的作用，在末端端盖设计固定吊环插口，采用钢丝吊环固定传感器，水中传感器的重量将由钢丝吊绳来承担。端盖采用 M5 不锈钢螺母固定，并安装强力 O 型密封圈保障传感器的防水严密性，其结构图如图 9-2 所示。

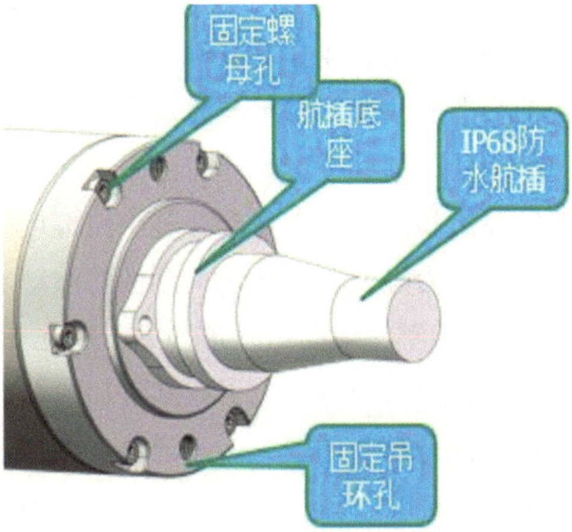

图 9-2　水密接头部分

传感器主壳体考虑到防水密封性与抗压性，设计采用 316 不锈钢材质加工制作。316 不锈钢拥有强抗拉和屈服强度机械性质，密度高达 8.03 g/cm^3，因其组成成分中含有 Mo，故其耐蚀性、耐温性特别好，抗干扰能力强，能够很好地适应复杂多变的海洋环境。良好的密封性需要尽可能减少传感器各个组分结构之间的连接，因此主壳体采用一体化设计，摒弃初期传感器壳体结构一分为二的旋转拼接结构，可以有效减少因拼接结构造成的海水渗漏、漏压等问题。外部主壳体结构图如图 9-3 所示。

图 9-3　外部主壳体结构图

9.3 海洋运动对传感器的影响和抗干扰优化

众所周知，海洋的主要构成成分是一种流体物质，流体物质本身的特性导致其极易发生运动状态的改变。海水与海水中的物质一直处在运动状态，这些运动的形式各不相同，都维持着地球海洋生态环境的平衡。海洋运动的形式主要分为波浪、潮汐和洋流三大部分。其中波浪运动是海风吹刮水面，产生的摩擦力和不均匀压力等使海水出现周期性的波动起伏运动，主要作用于海水表面。第 2 种海水的潮汐运动由月球与太阳和地球之间的引力而引起，气潮的影响范围较广，它作用于海面上引起其附加的振动，使海潮的变化更趋复杂。第 3 种运动洋流是海水的较大运动迁移方式，范围较广，既有水平流动方式，又有垂直流动方式。海洋 TOC 光学传感器的工作运行环境是运动方式多变的复杂海洋环境，传感器不可避免受到以上 3 种海洋运动的影响，海洋运动产生的海水震动与碰撞，直接影响传感器内部器件结构的稳定性与抗干扰性。因此本节对初期海洋 TOC 光学传感器的内部器件灯源支架与电路板支架进行防震抗干扰稳定性设计制作，确保传感器的正常工作运行，以减少海洋运动对 TOC 检测结果的影响。

（1）灯源支架设计

灯源支架外壳分为两部分，分别是左件和右件，方便进行器件的拆卸和安装，使用这种装配方式可以在短时间内极大提高 TOC 传感器光源部分的安装维护效率，降低维修成本。外壳采用黑色聚甲醛材质加工制作，螺钉全部采用 316 不锈钢螺钉紧固，防止螺钉在海水中受到腐蚀生锈，具备良好的防震性能，防止光源和探测器受到外界海水运动产生的剧烈晃动而发生脱落、移位等情况，有效地延长了固定光源等器件的使用寿命。灯源支架设计结构图如图 9-4 所示。

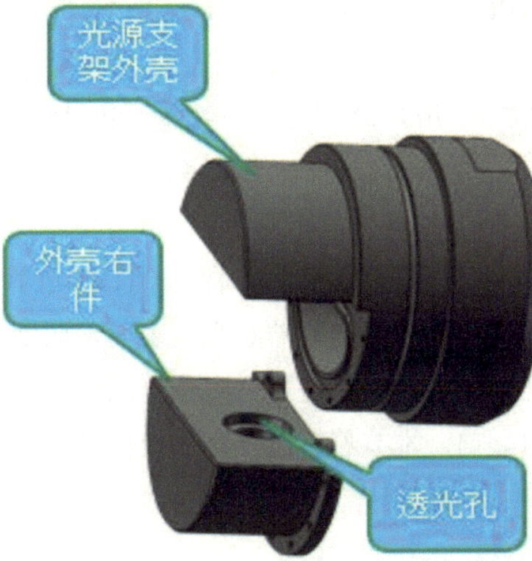

图 9-4　灯源支架外壳

（2）电路板支架设计

与初期传感器相比，设计的新一代传感器增加了电路板支架结构，电路板支架采用不锈钢板材质制作，并在表面喷涂绝缘材料。电路板通过 8 个 316 不锈钢紧固螺钉固定在支架上，电路板支架与前端灯源结构相连。电路板支架可以使电路板及与前端灯源系统连接的线路稳定地固定在传感器的内部腔体，不会因传感器剧烈晃动和突然碰撞而损坏，保护了传感器核心电子器件，极大地提高了海洋 TOC 传感器的稳定性。内部电路板支架图如图 9-5 所示。

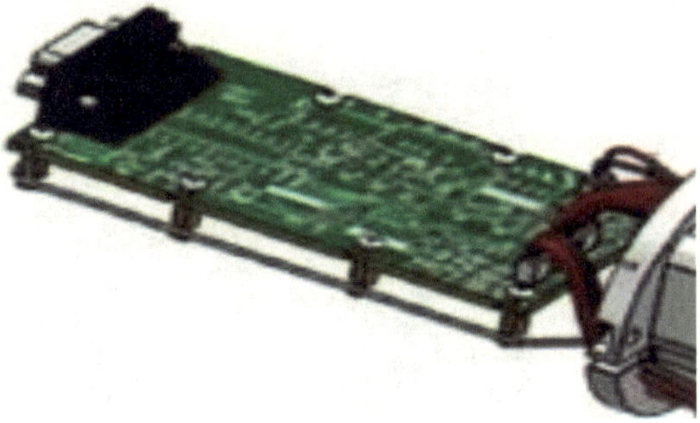

图 9-5　电路板支架图

9.4 海洋生物活动对传感器的影响和抗干扰优化

海洋占地球总表面积的70.8%，而海洋生物量则占地球总生物量的87%，多达20万种。复杂多样的海洋动植物种类繁多、大小参差不齐，海洋TOC光学传感器工作在海洋中，属于“外来入侵者”，会与海洋中原本存在的动植物发生排斥现象，这些海洋生物的活动会对海洋TOC光学传感器的正常工作检测造成干扰，一些海洋微生物会附着在光窗表面，阻断光路的传播，影响传感器的检测结果甚至会对传感器造成一定程度的损坏。因此，为减少海洋生物活动对传感器的影响，本节着重对灯源支架保护罩和光窗进行抗干扰防护设计。

（1）灯源支架防护罩

灯源支架防护罩包裹在灯源支架周围，起到对灯源支架外壳防护的作用，防止海洋生物等直接对支架造成冲击而损坏光窗等脆弱器件。除此以外，防护罩周围采用镂空设计，形成过水孔便于水流动，从而不会因为水流不满形成空气泡而造成测量结果的误差。灯源支架保护罩材料选用的同样是非金属材料聚甲醛（全名聚甲醛树脂，简称聚甲醛，热塑性结晶聚合物），具有高韧性、高强度、耐疲劳性等优点，材料本身能抵御绝大部分海洋生物活动轨迹的干扰，具有较强的抗干扰能力。保护罩设计图如图9-6所示。

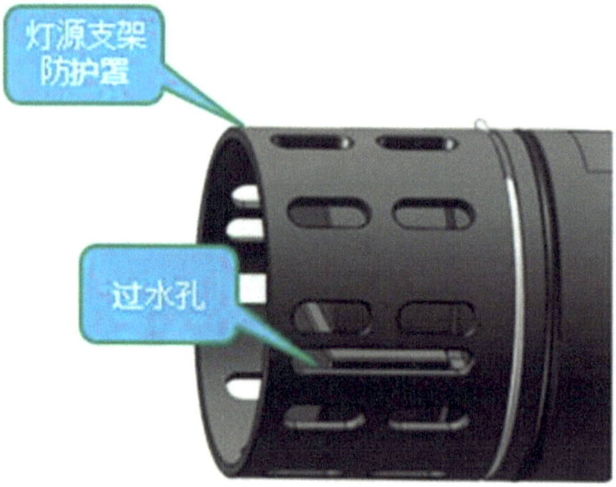

图9-6 灯源支架保护罩

（2）光窗防护

传感器灯源部分的光窗器件非常容易受到小体积海洋动植物运动的干扰与附着，影响光路的正常通过与测量，所以需要为传感器增加额外的外部机械防护。考虑到海洋环境的不确定性，本传感器决定采用精密超声波电机控制毛刷定时清理光窗的防护技术改进设计。超声波电机简称 USM，是不同于传统电机的一种全新概念的驱动装置，它基于压电材料的逆压电效应，把电能转换为弹性体的超声震动，并通过摩擦传动的方式转换成运动体的回转运动。与传统电机相比，更适合海洋 TOC 光学传感器的使用环境，拥有结构紧凑的设计、时间为毫秒级的反应速度和强大的抗干扰能力，能够为传感器提供更加优秀的清理防护，保证海洋 TOC 光学传感器正常稳定运转。超声波电机与实际样机显示图如图 9-7 所示。

机械转动的毛刷活动半径大小应与样品池匹配，毛刷的材质方面，考虑到对于光窗表面的保护作用，过硬的材料经过多次清洗易磨损光窗表面的防护涂层，造成测量结果的误差，所以本课题选择使用橡胶或者尼龙等材料，最大限度地保证测量结果的准确性。毛刷的转动周期设定为 15min 转动一次，可以有效去除光窗表面新近附着的微生物或者浮游植物等。重新进行抗干扰设计优化制作后的海洋 TOC 光学传感器样机如图 9-8 所示，具备强大的抗干扰能力。

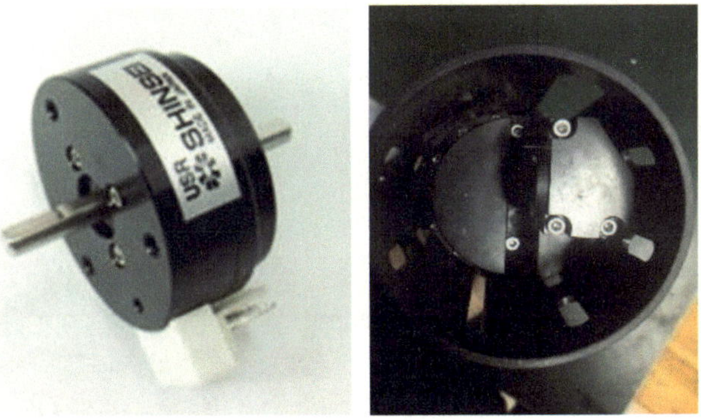

图 9-7　超声波电机

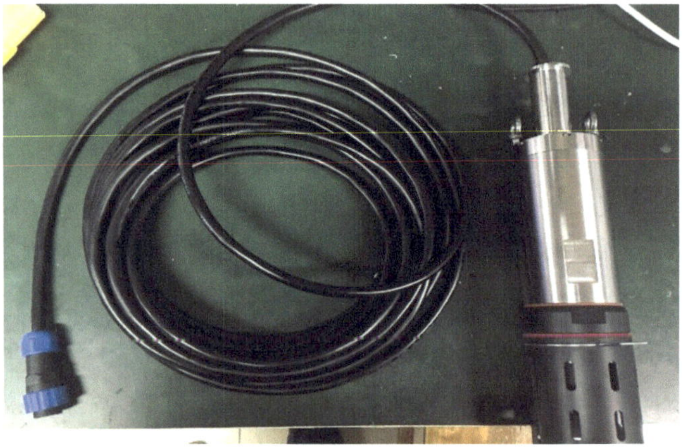

图 9-8　新一代传感器样机

参考文献

[1] Trisha Lyn Spanbauer, Christian BriseñoAvena, Kathleen Johnson Pitz, et al. Salty sensors, fresh ideas: The use of molecular and imaging sensors in understanding plankton dynamics across marine and freshwater ecosystems[J]. Limnology and Oceanography Letters, 2020, 5: 169-184.

第 10 章　TOC 光学传感器测试实验与结果分析

10.1 引言

第 1 章、第 2 章对上一代传感器进行光谱算法、硬件结构等方面抗干扰设计优化后，需经过各种实验来检验其检测海水 TOC 数值的抗干扰能力和相关性能，并对实验结果进行分析，为后续持续优化传感器提供数据基础。本章主要对重新组装设计优化后的传感器样机进行测试对比实验，实验室实验是由自主研发优化后的 TOC 传感器样机与德国 Trios TOC 传感器同时测量不同梯度的 TOC 标准液浓度，实际下海对比实验是由自主研发优化后的 TOC 传感器样机与传统燃烧国标法同时测量实际海水的 TOC 浓度。

10.2 实验室测试对比实验

10.2.1 实验准备

配置不同浓度梯度为 0.1—3mg/L 的 7 组 TOC 标准液，用自主研制设计的海洋 TOC 光学传感器与国际上技术领先的德国 Trios TOC 传感器同时测量，并对实验结果进行对比与分析，如图 10-1 所示。

图 10-1　实验室测试实验

10.2.2 实验结果与分析

实验结果数据如表 10-1 所示。

表 10-1　实验室对比实验测量结果

TOC 标准液 /（mg/L）	自主研发传感器测量值 /（mg/L）	德国 Trios 传感器 /（mg/L）
0.1	0.07	—
0.5	0.45	—
1.0	0.95	1.39
1.5	1.40	1.43
2.0	1.88	1.94
2.5	2.43	2.55
3.0	3.10	3.18

根据表 10-1，利用 origin 2018 对所测量结果进行作图，如图 10-2 所示，自主研发的海洋 TOC 传感器与德国 Trios TOC 传感器测量标准液的浓度结果准确度较高，有较好的相关性和一致性，这是因为在实验室进行标准液测量，没有海水中复杂环境干扰因素的影响，但在低浓度 TOC 标准液处于 0.1—0.5 mg/L 时，德国 Trios 传感器无法显示测量值，即无法测量较低浓度

的 TOC 溶液浓度。

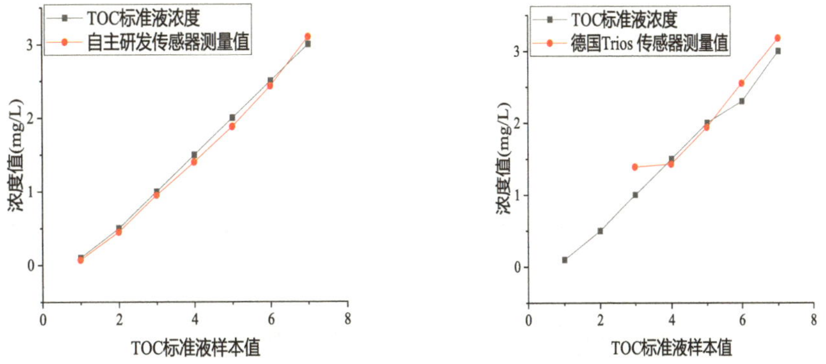

a—自主研发　　　　b—德国 Trios

图 10-2　实验室不同 TOC 传感器测量图

对上述实验室测量数据分别进行数据线性拟合和残差结果分析，拟合结果如图 10-3 所示。自主研发的海洋 TOC 光学传感器与德国 Trios TOC 传感器在实验室同时测量配置一定梯度浓度的 TOC 标准液，拟合性较好，准确性高，自主研发的 TOC 光学传感器 R_1^2=0.992，德国 Trios TOC 传感器 R_2^2= 0.995 11，$R_2^2>R_1^2$，说明整体测量拟合结果中，德国 Trios TOC 传感器要优于自主研发的 TOC 光学传感器。由于实验室测量环境无外界环境干扰，不存在浊度等实际海水中复杂干扰因素的影响，故二者测量结果和精度与实际 TOC 值存在很高的相关性和一致性。

对二者的残差图进行分析，见图 10-4 和图 10-5，自主研发的 TOC 光学传感器残差平方和为 0.005 36，德国 Trios TOC 传感器残差平方和为 0.031 07，说明虽然整体测量效果方面，自主研发略低于德国 Trios，但在 TOC 低浓度测量时，德国 Trios TOC 传感器的测量效果不如自主研发 TOC 传感器。这是由于光学方法测量 TOC 技术国外发展较早，技术成熟，与国外先进传感器相比，自主研发传感器存在一定差距，需要进一步优化传感器样机。

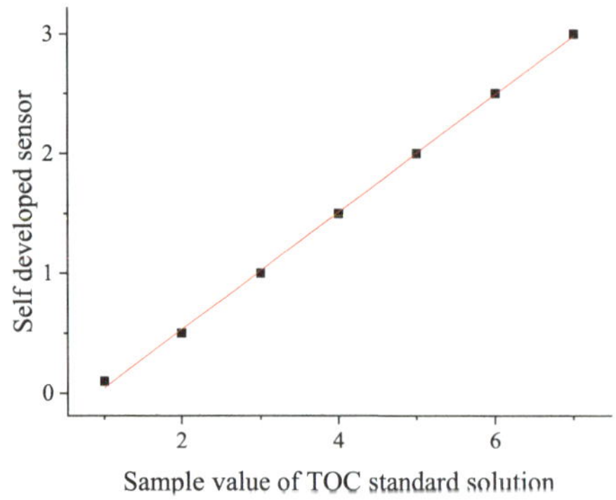

a—自主研发

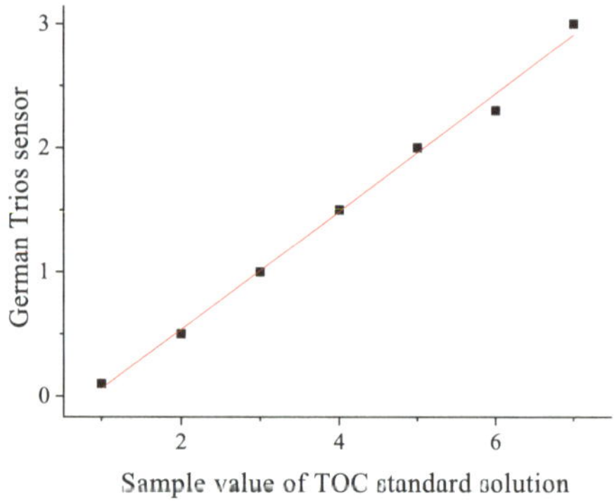

b—德国 Trios

图 10-3　不同传感器测量拟合图

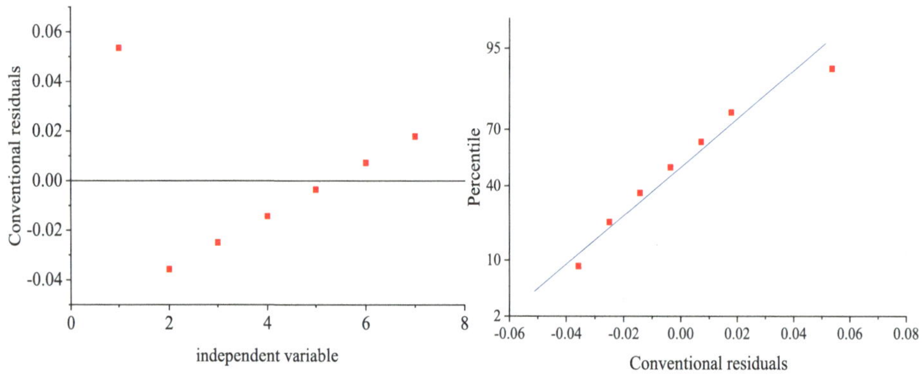

图 10-4　自主研发 TOC 传感器测量常规残差图

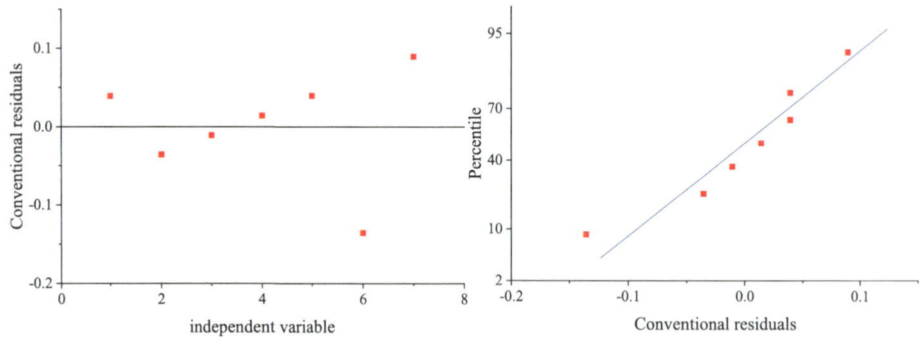

图 10-5　德国 Trios TOC 传感器测量常规残差图

10.3 实际下海测试对比实验

10.3.1 实验准备

本节主要进行 2 次实际下海测试对比出海实验，为确保实验效果的准确性与可靠性，需严格准备实验仪器与相关试剂。需准备的仪器有自主研发的 TOC 光学原位传感器样机 1 台；传感器 GPRS 通信盒，保证传感器采集的数据能够实时有效地传至服务器；笔记本电脑 1 台，实时显示传感器的测量值并进行数据存储；传感器固定支架，由 304 不锈钢制成，发挥固定传感器及承重下潜作用；牵引绳 20m；氯化汞溶液，固定样本，防止海水样本在进行国标燃烧法测量之前发生变质，影响检测的准确性；用于采取固定深度水样的海水取样器；用于盛装国标法测定水样的 250mL 无铅玻璃瓶，以及为了保证水样不受外界空气杂质干扰起密封作用的玻璃封口膜等。

10.3.2 实验方法

出海前对玻璃器皿进行酸洗消毒，再用蒸馏水依次轮流各清洗 3 遍，并进行消毒风干，确保无其他杂质的干扰，使测量结果更加精切。到达指定海域地点前，打开海洋 TOC 光学原位传感器和通信盒模块试运行，完成传感器下海测量前的调试准备工作，待传感器正常工作及通信模块信号与服务器连接成功无误后，组装传感器固定支架并固定传感器，连接牵引绳，下放传感器于水面下 3m 深并在 10min 内连续测量，待电脑显示浓度值稳定后保存测量值并作记录；与此同时利用海水取样器取同一地点及深度的海水放入玻璃瓶保存，加入少许氯化汞固定剂固定溶液后用封口膜密封保存，待取样结束返回后用国标燃烧法测其 TOC 浓度的标准值并作记录。所有样品数据整理完成，采用 OriginPro 2018 进行实验数据的对比、拟合、分析和结果。

10.3.3 实验采样点的选择

本次实验总共分 2 批次，第 1 批样品总共为 13 个采样点，前往河北省沧州市黄骅港周边海域进行实地原位监测，从黄骅港港口乘船出发，分 3 天沿 W 形路线采取 13 个样品，利用氯化汞固定后标号封装，同时利用自主研发的海洋 TOC 光学传感器深入水下原位测量其浓度值，待传回的数据稳定后进行保存；第 2 批样品总共分为 14 个样品点，前往河北省秦皇岛市典型河流入海口进行实地原位监测，从秦皇岛种植资源保护区港口乘船出发，沿陆地岸边依次取样标号封装，同时下潜传感器同步测量 TOC 的浓度值，待客户端显示数据稳定后进行保存，采样点位置如图 10-6 所示。

a—黄骅港　　b—秦皇岛

图 10-6　不同海域取样图

10.3.4 实验结果分析与讨论

如图 10-7 所示，在黄骅港周边海域采取的 13 个不同水样用国标燃烧法和 TOC 光学原位传感器测量的浓度值变化趋势整体基本一致，但第 4 个采样点和第 12 个采样点 TOC 光学原位传感器测量的数值分别为 2.13mg/L 和 2.25mg/L，均小于国标燃烧法测量浓度值的 2.32mg/L 和 2.30mg/L，且偏离了国标燃烧法测量本海域 TOC 浓度值的变化曲线，与海洋 TOC 光学原位传感器测量的其他浓度值产生较大偏差。为此列表 10-2，根据黄骅港周边海域水样 TOC 浓度测量实验水样的详细结果，计算相对误差和绝对误差，并进一步分析讨论和研究。

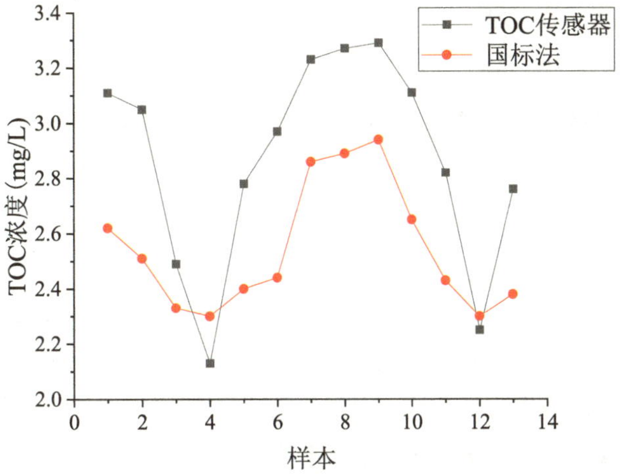

图 10-7　黄骅港周边海域样本测量结果对比图

表 10-2 为黄骅港周边海域出海实验中海洋 TOC 光学原位传感器与国标法测得的 13 个海水水样 TOC 浓度的具体测量数值，比较两者的绝对误差和相对误差。

表 10-2　黄骅港水样 TOC 实验水样详细结果

序号	经度	纬度	传感器 /（mg/L）	TOC（国标）/（mg/L）	绝对误差	相对误差
1	118°7′31″	38°23′6″	3.11	2.62	0.49	18.70%
2	118°11′4″	38°28′49″	3.05	2.51	0.54	21.51%
3	118°13′57″	38°27′3″	2.49	2.33	0.16	6.87%
4	118°16′14″	38°24′14″	2.13	2.32	0.17	7.39%
5	118°11′36″	38°21′16″	2.78	2.4	0.38	15.83%
6	118°9′47″	38°20′32″	2.97	2.44	0.53	21.72%
7	118°7′4″	38°16′39″	3.23	2.86	0.37	12.94%
8	118°7′31″	38°18′6″	3.27	2.89	0.38	13.15%
9	118°7′47″	38°18′32″	3.29	2.94	0.35	11.90%
10	118°6′58″	38°16′29″	3.11	2.65	0.46	17.36%
11	118°2′20″	38°16′50″	2.82	2.43	0.39	16.05%
12	117°59′12″	38°17′20″	2.25	2.30	0.05	2.17%
13	117°56′23″	38°18′5″	2.76	2.38	0.38	16.00%

由表 10-2 可得 TOC 光学传感器的测量浓度值在 2.13—3.29 mg/L 之间，国

标法检测的浓度值在 2.30—2.94 mg/L 之间，海洋 TOC 光学传感器测量的数据比国标法测量的数据整体偏大一些，且相对误差在 2.17%—21.72%的范围内，这是由于两种方法的测量原理不同，国标燃烧法几乎能够完全燃烧样品，使有机物充分氧化，而 TOC 光学传感器基于紫外吸收光谱法测量 TOC 的浓度，虽然本书在理论光谱算法上进行了海水主要干扰因素的研究，如浊度、温度、pH 等，并进行了相关补偿，但在实际下海实验时，测试环境不同于实验室的理想空间，甚至有较大差距，会受到海洋环境复杂多变的影响。可能还存在其他未知的影响因素，如各种各样的海洋微生物等，传感器本身也可能存在不足或者弊端，如电子器件或者灯源系统的选择，都有可能使传感器对测量结果造成干扰，所以与真实的 TOC 浓度值存在一定的误差。

图 10-8 和图 10-9 分别是本次出海实验结果的拟合曲线和常规残差图，从图 10-8 中可知 TOC 光学原位传感器与传统国标法的实验拟合结果整体较好，TOC 传感器能够在实际下海测量中与传统国标法保持较小差距。

图 10-9 显示黄骅港周边海域的常规残差在−0.2 至+0.2 之间，不带系统趋势，无规则地散落分布在图中。通过拟合计算相关系数 R^2=0.737 86，残差平方和数值为 0.165 36，可见水样拟合性检验具有较好线性相关性和一致性，较为实际客观真实，能够反映 TOC 光学原位传感器与国标燃烧法测量结果之间的关系，对后续继续优化样机、减少测量误差具有重要意义。

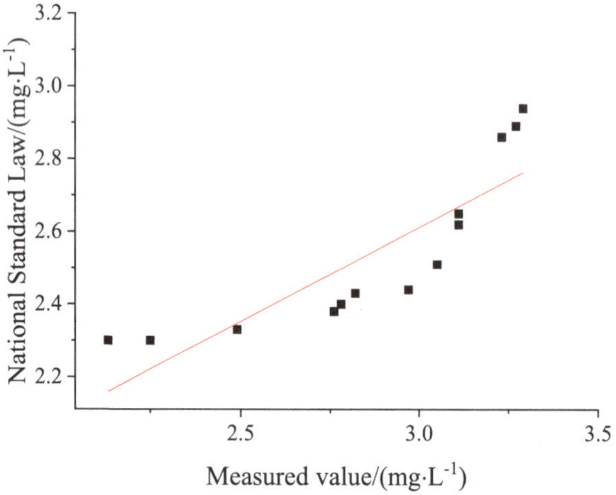

图 10-8　黄骅港周边海域测量结果拟合图

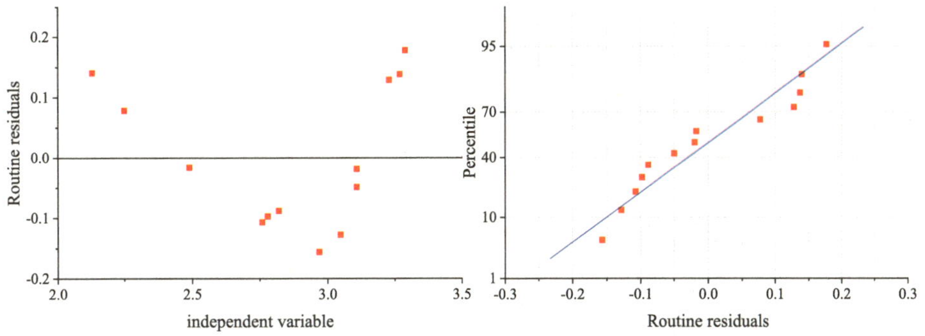

图 10-9　黄骅港周边海域测量结果常规残差图

如图 10-10 所示，在秦皇岛周边海域如老虎石公园海域、汤河入海口海域、戴河入海口海域和体育基地周边海域等地采取 14 个不同水样，用国标燃烧法和 TOC 光学原位传感器测量其浓度值并对测量结果进行分析对比，由两种不同方法测得的海洋 TOC 浓度变化曲线变化趋势和高低变化走向基本一致，第 2 个采样点传感器的测量数值发生突变，测量结果为 0.31mg/L，远低于此处水样用国标法测量的数值 2.03mg/L。分析产生这种情况的原因是外界光或海水中人类排出的工业废水等污染物干扰传感器进光口，遮挡探测器探测信号使其产生较大误差。同时在第 11—13 处采样点的 TOC 浓度测量值突然升高且高于前几个测量样本，在第 14 个样本处又较大幅度地降低。产生此种现象的原因分析：这几处采样点均为河流入海口区域，由于人类活动干预，产生的生活污水和工业废水直接或间接地把物质或能量引入河流环境，使河流的污染程度要远高于海水，导致测量的 TOC 浓度产生较大变化。

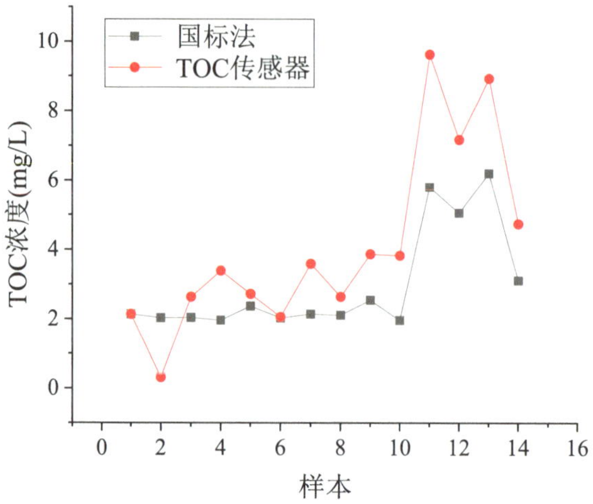

图 10-10　秦皇岛周边海域样本测量结果对比图

为此列表 10-3，根据秦皇岛周边海域水样 TOC 实验水样详细结果，计算相对误差和绝对误差，进一步分析讨论和研究。

表 10-3　秦皇岛周边海域水样 TOC 实验水样详细结果

序号	经度	纬度	传感器 /（mg/L）	TOC（国标）/（mg/L）	绝对误差	相对误差
1	119°26′27″	39°48′5″	2.14	2.10	0.04	1.9%
2	119°31′57″	39°49′24″	0.31	2.03	1.72	84.7%
3	119°30′18″	39°48′22″	2.64	2.04	0.6	29.4%
4	119°29′5″	39°48′13″	3.39	1.96	1.43	72.9%
5	119°28′24″	39°48′7″	2.72	2.37	0.35	14.8%
6	119°27′35″	39°47′16″	2.06	2.03	0.03	1.48%
7	119°26′15″	39°45′50″	3.59	2.14	1.45	67.8%
8	119°25′14″	39°46′23″	2.64	2.11	0.53	25.1%
9	119°25′1″	39°46′37″	3.87	2.54	1.33	52.3%
10	119°25′52″	39°48′13″	3.83	1.96	1.87	95.4%
11	119°24′11″	39°47′11″	9.62	5.8	3.82	16.05%
12	119°25′42″	39°48′17″	7.17	5.05	2.12	65.9%
13	119°33′53″	39°54′18	8.93	6.2	2.73	44.0%
14	119°34′1″	39°55′19″	4.74	3.11	1.63	52.4%

表 10-3 为秦皇岛周边海域实验中海洋 TOC 光学原位传感器与国标燃烧法测得的海水 TOC 浓度的具体数值与绝对误差和相对误差，由海洋 TOC 光学原位传感器测量的浓度值在 0.31—9.62 mg/L 之间，国标燃烧法检测的 TOC 浓度值在 1.96—5.80mg/L 之间。且与黄骅港海域实验数据相比，本次出海实验的海洋 TOC 光学原位传感器测量结果与国标燃烧法的测量结果相对误差相比较大，这是因为秦皇岛周边一些样本如河流入海口是污染的重灾区，生活污水、工业污水使水质存在更多干扰因素，海水与受人类活动污染的河流相比更加清澈，有机物含量更低一些，这些复杂因素不可避免地为海洋 TOC 光学原位传感器的原位测量带来一定误差，对其准确性和稳定性造成了一定的干扰。

秦皇岛周边入海口及其海域的海洋光学TOC传感器和国标燃烧法测量数据的拟合结果和常规残差分析如图10-11和图10-12所示。结果表明，拟合结果R^2=0.883 37，残差平方和为3.513 05，可见拟合效果较好，符合实际海域真实情况。此次实验的相关系数与黄骅港海域实验相关系数作比较，结果为0.883 3>0.737 86，所以秦皇岛周边海域实验比黄骅港周边海域实验线性拟合效果更好一些，这是因为秦皇岛海域采取样本数多，区域跨度较大，不同样本之间有较为明显的TOC浓度值的变化，可以更好地测试海洋TOC光学传感器的性能，为后续传感器的改进优化进一步奠定基础。

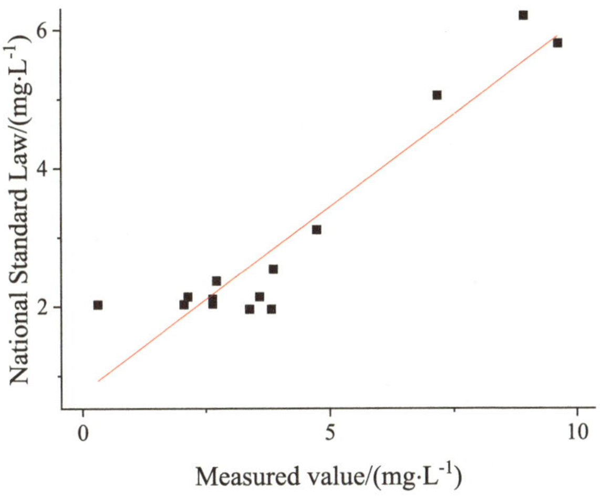

图 10-11　秦皇岛周边海域测量结果拟合图

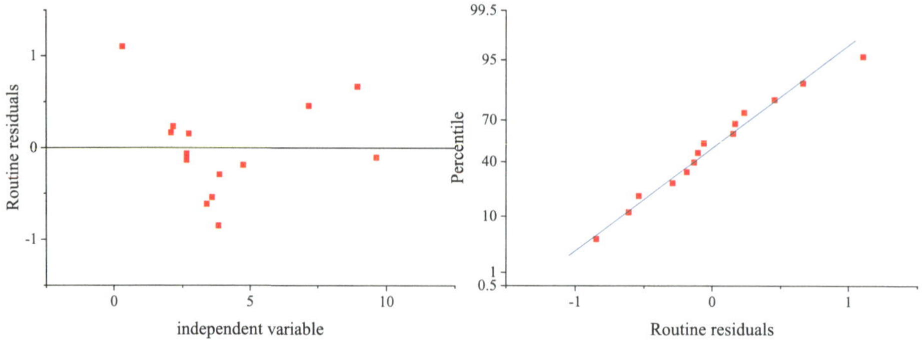

图 10-12　秦皇岛周边海域测量结果常规残差图

10.3.5 出海对比实验结论分析

（1）用海洋 TOC 光学传感器和国标燃烧法测量的 TOC 浓度值变化趋势和曲线走向基本一致，浓度变化曲线有较好的线性相关性和一致性。海洋 TOC 光学传感器测量的数据比国标法测量的数据整体偏大一些，存在极个别水样产生较大误差。

（2）两次出海的实验数据经过线性拟合结果显示相关性较好，由于基于紫外吸收光谱法研制的海洋 TOC 光学传感器与传统的国标燃烧法测量原理不同，样本集比较少，样本浓度覆盖面不大，海洋环境复杂多变，例如秦皇岛周边一些样本如河流入海口是污染的重灾区，生活污水和工业污水使水质存在更多干扰因素，干扰因素的复杂性对海洋 TOC 光学原位传感器的准确性和稳定性造成了一定的干扰，海洋 TOC 光学传感器无法彻底消除所有影响因素引起的误差，所以测量结果与国标法结果在合理范围内存在一定的误差。

（3）针对重新设计优化后的海洋 TOC 光学原位传感器与传统的国标燃烧法之间存在的一定误差等问题，新一代海洋 TOC 光学传感器相较上一代虽在光谱理论算法、硬件结构上进行了抗干扰优化，但仍然存在一些不足和缺点，后续如何彻底消除海洋环境复杂干扰因素的影响，减小传感器测量值的误差，使两种不同方法在测量海洋 TOC 浓度结果的相关性、一致性方面更加精确、客观、符合实际，是值得深入研究的方向，需要进一步优化和改进。

参 考 文 献

[1] 李熔曦. 关于废水处理技术与水环境保护措施探讨[J]. 资源节约与环保, 2020（9）: 35-36.

[2] 宣艳辉. 水环境质量影响因素及水生态环境保护措施研究[J]. 环境与发展, 2018, 30（3）: 188-189.

[3] 付佳煜. 流域水环境保护管理存在问题及对策[J]. 环境与发展, 2018, 30（7）: 191-192.

[4] 龚凯丽, 崔馨月, 朱奇, 等. 基于 ARIMA 模型对我国水资源状况的研究[J]. 中国地名, 2019（10）: 36-37，39.

[5] 谷亚男. 基于灰色关联分析法探析我国水资源开发利用状况[J]. 山西农经, 2019（9）: 39-41.

[6] 中华人民共和国生态环境部. 2019 中国环境状况公报[R]. 北京: 中华人民共和国生态环境部, 2019.

[7] 孟华. 浅谈饮用水源地水质保护对策分析[J]. 资源节约与环保, 2020（6）: 21-22.

[8] 胡耀龙. 城市饮用水水源地保护的问题与对策探究[J]. 科技创新与应用, 2019（3）: 134-135.

[9] 张彦. 基于水资源安全管理的农村饮用水安全问题研究[J]. 时代农机, 2018, 45（5）: 32.

[10] 袁秋月. 浅谈未来杭州市饮用水资源的优化配置[J]. 城市建设理论研究（电子版）, 2017（26）: 108-109.

[11] 闫晓寒, 文威, 解莹, 等. 溶解性有机物特性及在国内的污染研究现状[J]. 环境科学与技术, 2020, 43（6）: 169-178.

[12] 单德鑫, 刘璐瑶, 樊洪瑞, 等. 辽河流域水体中持久性有机物污染特征分

析[J]. 合肥学院学报（综合版）, 2018, 35（2）: 31-37.

[13] 薛爽, 韩琦, 惠秀娟, 等. 融雪期城市河流中溶解性有机物的时空分布特征[J]. 中国环境科学, 2015, 35（12）: 3670-3678.

[14] Andrzej G. Ecohydrological Determinants of Seasonality and Export of Total Organic Carbon in Narew River with High Peatland Contribution（North-eastern Poland）[J]. Ecohydrology & Hydrobiology, 2019, 19（1）: 1-13.

[15] Lee J H, Park K S, Woo H J. Characteristics of Total Carbon and Total Organic Carbon Using Elemental Analyzer in Hyung-Do Intertidal Zone Sediments[J]. Economic and Environmental Geology, 2012, 45（6）: 637-684.

[16] Mojtaba E, Ahmad J J, Mehdi S S, et al. Effect of Ozonation and Hydrogen Peroxide on Reducing the Volume and Chemical Oxygen Demand of Waste Water Treatment Plants Sludge[J]. Caspian Journal of Health Research, 2018, 3（1）: 15-19.

[17] Bikas V, Steve W W, Shelley J C, et al. Reduction of Chloride Ion Interference in Chemical Oxygen Demand （COD） Determinations Using Bismuth-based Adsorbents[J]. Analytica Chimica Acta, 1997, 357（1）: 167-175.

[18] Choi D, Cho S, Hwang T, et al. Characteristics of Biochemical Oxygen Demand Export from Paddy Fields during Storm and Non-storm Period and Evaluation of Unit Load[J]. Journal of Korean Society on Water Environment, 2017, 33（5）: 531-537.

[19] Gab-Joo C, Yoko N, Kazunori I, et al. Stopped-flow System with Ozonizer for the Estimation of Low Biochemical Oxygen Demand in Environmental Samples[J]. Biosensors and Bioelectronics, 2007, 22（12）: 3092-3098.

[20] 刘岩, 侯广利, 孙继昌, 等. 水质总有机碳（TOC）分析方法的研究[J]. 山东科学, 2005（5）: 1-5.

[21] 陈西花, 何兴舟. 水质污染监测指标：TOC（总有机碳）[J]. 卫生研究, 1979（2）: 32-38.

[22] HET. Peltzer. Spatial and Temporal Variations of Total Organic Carbon in the

Arabian Sea[J]. Deep-Sea Research Part II, 1998, 45（10）: 2171-2193.

[23] Park H G, Ock G. Estimation of the Total Terrestrial Organic Carbon Flux of Large Rivers in Korea using the National Water Quality Monitoring System[J]. Korean Journal of Environmental Biology, 2017, 35（4）: 549-556.

[24] Ma R, Xie Z X, Chu D Z, et al. Research on Signal Processing Method for Total Organic Carbon of Water Quality Online Monitor[J]. IOP Conference Series: Earth and Environmental Science, 2017, 82（1）: 012086.

[25] 陈竹. 水环境保护的立法探索[J]. 法制与社会, 2018（21）: 17-18.

[26] 耿宇昂. 水环境质量影响因素及水生态环境保护措施[J]. 环球市场信息导报, 2017（45）: 19.

[27] 任百康. 水监测中的有机污染物检测技术分析[J]. 科技与创新, 2017(13): 29-30.

[28] 邱灵佳, 黄国林, 苏玉, 等. 总有机碳测定方法研究进展[J]. 广东化工, 2015, 42（9）: 107-108，96.

[29] 吴丹, 曾艳, 徐洪梅, 等. 燃烧法与湿式氧化法检测二次盐水中总有机碳的对比[J]. 氯碱工业, 2012, 48（8）: 32-34.

[30] 熊艳. 湿法氧化法测定水中总有机碳[J]. 理化检验-化学分册, 2007, 43（6）: 502-503.

[31] Jasim S Y, Saththasivam J. Advanced Oxidation Processes to Remove Cyanotoxins in Water[J]. Desalination, 2016, 406: 83-87.

[32] 谭丽菊. 海水中总有机碳自动在线分析仪的研制和应用[D]. 青岛: 中国海洋大学, 2010: 4-5.

[33] 孙悦. 总有机碳测定方法及最新应用进展[J]. 天津药学, 2012, 24（1）: 60-64.

[34] 毛丽哈·阿合买提, 阿不都拉·艾尼瓦尔, 杜曼·加勒卡森. 燃烧氧化-非色散红外吸收法测定污水中总有机碳[J]. 现代科学仪器, 2007（3）: 112-113.

[35] Analytical C. Researchers Work from University of Texas Focuses on Analytical Chemistry （Nonlinear Absorbance Amplification Using A Diffuse Reflectance Cell: Total Organic Carbon Monitoring at 214 nm）[J]. Chemicals &

Chemistry, 2015, 87（2）: 1111-1117.
[36] Lourenco N D, Menezes J C, Pinheiro H M, et al. Development of PLS Calibration Models from UV-Vis Spectra for TOC Estimation at the Outlet of A Fuel Park Wastewater Treatment Plant[J]. Environmental Technology, 2008, 29（8）: 891-898.
[37] 武晓莉, 李艳君, 吴铁军. 基于选择性模型组合的三维荧光光谱水质分析方法[J]. 光谱学与光谱分析, 2010, 30（4）: 996-1001.
[38] 吴元清, 杜树新, 严赟. 水体有机污染物浓度检测中的紫外光谱分析方法[J]. 光谱学与光谱分析, 2011, 31（1）: 233-237.
[39] Bieroza M, Baker A, Bridgeman J. Classification and Calibration of Organic Matter Fluorescence Data with Multiway Analysis Methods and Artificial Neural Networks: An Operational Tool for Improved Drinking Water Treatment[J]. Environmetrics, 2011, 22（3）: 256-270.
[40] 汤斌. 紫外-可见光谱水质检测多参数测量系统的关键技术研究[D]. 重庆: 重庆大学, 2014: 29-32.
[41] Cao H, Qu W T, Yang X L, et al. Research on Rapid Determination of Organic Matter Concentration in Aquaculture Water Based on Ultraviolet/Visible Spectroscopy[J]. Spectroscopy and Spectral Analysis, 2014, 34（11）: 3015-3019.
[42] Bridgeman J, Baker A, Brown D, et al. Portable LED Fluorescence Instrumentation for the Rapid Assessment of Potable Water Quality[J]. The Science of the Total Environment, 2015, 524（35）: 338-346.
[43] Elfrida M C, Bridgeman J, Baker A, et al. Fluorescence Spectroscopy for Wastewater Monitoring: A review[J]. Water Research, 2016, 95（3）: 205-219.
[44] Yu Q J, Yin H, Wang K, et al. Adaptive Detection Method for Organic Contamination Events in Water Distribution Systems Using the UV-Vis Spectrum Based on Semi-Supervised Learning[J]. Water, 2018, 10（11）: 1566.
[45] Radzevičius A, Dapkienė M, Sabienė N, et al. A Rapid UV/Vis Spectrophotometric Method for the Water Quality Monitoring at On-Farm Root Vegetable Pack Houses[J]. Applied Sciences, 2020, 10（24）: 9072.

[46] 周昆鹏. 基于多光谱信息融合的水质 COD 检测模型与实验研究[D]. 秦皇岛：燕山大学, 2017: 3-4.

[47] Tsoumanis C M, Giokas D L, Vlessidis A G. Monitoring and Classification of Wastewater Quality Using Supervised Pattern Recognition Techniques and Deterministic Resolution of Molecular Absorption Spectra Based on Multiwavelength UV Spectra Deconvolution[J]. Talanta, 2010, 82（2）: 575-581.

[48] Hur J, Lee B M, Lee T H, et al. Estimation of Biological Oxygen Demand and Chemical Oxygen Demand for Combined Sewer Systems Using Synchronous Fluorescence Spectra[J]. Sensors, 2010, 10（4）: 2460-2471.

[49] 贾小勇, 徐传胜, 白欣. 最小二乘法的创立及其思想方法[J]. 西北大学学报（自然科学版）, 2006（3）: 507-511.

[50] Matsche N, Stumwohrer K. UV Absorption as Control Parameter for Biological Yreatment Plans[J]. Water Science Technology, 1996, 33（12）: 211-218.